"十三五"国家重点图书重大出版工程规划项目
中国农业科学院科技创新工程资助出版

中国沼气
——政策与标准

China Biogas—Policy and Standard

王登山 ◎ 主编

中国农业科学技术出版社

图书在版编目（CIP）数据

中国沼气．政策与标准／王登山主编．—北京：中国农业科学技术出版社，2019.10

ISBN 978-7-5116-4361-2

Ⅰ.①中…　Ⅱ.①王…　Ⅲ.①沼气工程-研究-中国　Ⅳ.①S216.4

中国版本图书馆 CIP 数据核字（2019）第 183347 号

责任编辑　闫庆健　王思文　马维玲
文字加工　杨从科
责任校对　贾海霞

出 版 者　中国农业科学技术出版社
北京市中关村南大街 12 号　邮编：100081
电　　话　（010）82106632（编辑室）　（010）82109702（发行部）
（010）82109709（读者服务部）
传　　真　（010）82106650
网　　址　http://www.castp.cn
经 销 者　各地新华书店
印 刷 者　北京科信印刷有限公司
开　　本　787 mm×1 092 mm　1/16
印　　张　16.25
字　　数　315 千字
版　　次　2019 年 10 月第 1 版　2019 年 10 月第 1 次印刷
定　　价　70.00 元

《现代农业科学精品文库》

编　委　会

《现代农业科学精品文库》

编委会办公室

《中国沼气——政策与标准》

编 委 会

主　　编： 王登山

编　　委： 蔡　萍　胡国全　邓　宇　王　超
邓良伟　张　敏　冉　毅　席　江
何明雄

编写人员： （按姓氏笔画排序）
马天舒　王　超　王登山　左　宁
冉　毅　刘永岗　刘　军　刘欣庆
刘　莉　江光华　孙丽英　李　刚
李延龙　李冰峰　李景明　杨光辉
吴延萍　邱永洪　张健军　张辉文
陈子爱　范荣豪　周国曾　赵　凯
侯　斌　徐文勇　郭　亮　席　江
唐志荣　黄　武　黄冠宇　黄振侠
董保成　蒋鸿涛　曾文俊

前　言

我国沼气事业始于20世纪20年代，经过近百年发展，户用沼气、养殖小区和联户沼气、大中型沼气工程、沼气服务体系建设不断取得新进展，这对资源化处理有机废弃物、开发清洁可再生能源、防治污染、促进生态循环农业发展、推动农民增收、改善生态环境等都有重要意义。特别是2015年以来，中央进一步优化投资结构，重点支持规模化大型沼气工程和生物天然气工程试点项目建设，我国沼气发展进入提档升级的新征程。

党和国家一直重视支持沼气事业发展，自2004年开始，连续14年每年的中央一号文件都对发展沼气提出了明确要求。党的十九大报告也指出要坚持人与自然和谐共生，坚持节约资源和保护环境的基本国策。报告提出推进绿色发展，构建市场导向的绿色技术创新体系，壮大节能环保产业、清洁生产产业、清洁能源产业，推进能源生产和消费革命；加强水污染和农业面源污染防治，开展农村人居环境整治行动，加强固体废弃物和垃圾处置；加大生态系统保护力度，优化生态安全屏障体系。《乡村振兴战略规划（2018—2022）》明确要求大力发展生物质能，加快推进生物质热电联产、生物质供热、规模化生物质天然气和规模化大型沼气等燃料清洁化工程。

2017年1月国家发展改革委和农业部发布的《全国农村沼气发展“十三五”规划》作为部署决策和具体指导“十三五”时期的农村沼气转型升级工作的重要文件，其重要任务之一是加快完善沼气标准体系，加快农村沼气标准的制定和修订，包括生物天然气产品标准和并入燃气管网标准、沼肥工程技术规范等，并研究制定沼气（生物天然气）前期工作编制规程。因此，沼气建设面临农村户用沼气使用率普遍下降、中小型沼气工程整体运行不佳、“三沼”综合利用水平不高、沼气发展机制不顺等挑战，同时也迎来生态文明建设、农业供给侧结构性改革、国家能源革命、新型城镇化建设和乡村振兴等机遇，在挑战与机遇并存的时代背景下，2019年是农业农村部沼气科学研究所建所40周年，为此组织汇编此书，以期为各级农村能源管理部门、科研机构、生产企业和沼气业主提供参考，推动我国沼气行业持续、健康发展。

本书收集了近年来中央和地方出台的与沼气相关的法律、法规、条例和管理办法等。内容涵盖沼气、生物质能、太阳能、风能等农村可再生能源，涉及以沼气为主的农村可再生能源项目建设、资金管理、质量安全和竣工验收等环节。同时，本书对中国沼气标准体系进行了分类和初步研究，摘录了部分标准。

本书的编辑出版得到了农业农村部农村能源综合建设项目和中国农业科学院科技创新工程的支持，还得到了农业农村部农业生态与资源保护总站和相关省（区、市）农村能源管理部门等单位的大力支持，在此一并表示感谢。由于时间有限以及相关条例、办法和标准等还在修订、完善和更新之中，本书难免有疏漏和不及时之处，敬请读者谅解。

《中国沼气——政策与标准》编写组

2019 年 6 月于成都

目　　录

政策法规

标　　准

政策法规

第一部分　国家法规

第一篇　中华人民共和国可再生能源法

（2005年2月28日第十届全国人民代表大会常务委员会第十四次会议通过，2009年12月26日第十一届全国人民代表大会常务委员会第十二次会议《关于修改〈中华人民共和国可再生能源法〉的决定》修正）

第一章　总则

第一条　为了促进可再生能源的开发利用，增加能源供应，改善能源结构，保障能源安全，保护环境，实现经济社会的可持续发展，制定本法。

第二条　本法所称可再生能源，是指风能、太阳能、水能、生物质能、地热能、海洋能等非化石能源。

水力发电对本法的适用，由国务院能源主管部门规定，报国务院批准。

通过低效率炉灶直接燃烧方式利用秸秆、薪柴、粪便等，不适用本法。

第三条　本法适用于中华人民共和国领域和管辖的其他海域。

第四条　国家将可再生能源的开发利用列为能源发展的优先领域，通过制定可再生能源开发利用总量目标和采取相应措施，推动可再生能源市场的建立和发展。

国家鼓励各种所有制经济主体参与可再生能源的开发利用，依法保护可再生能源开发利用者的合法权益。

第五条　国务院能源主管部门对全国可再生能源的开发利用实施统一管理。国务院有关部门在各自的职责范围内负责有关的可再生能源开发利用管理工作。

县级以上地方人民政府管理能源工作的部门负责本行政区域内可再生能源开发利用的管理工作。县级以上地方人民政府有关部门在各自的职责范围内负责有关的可再生能源开发利用管理工作。

第二章　资源调查与发展规划

第六条　国务院能源主管部门负责组织和协调全国可再生能源资源的调查，并会同国务院有关部门组织制定资源调查的技术规范。

国务院有关部门在各自的职责范围内负责相关可再生能源资源的调查，调查结果报国务院能源主管部门汇总。

可再生能源资源的调查结果应当公布；但是，国家规定需要保密的内容除外。

第七条　国务院能源主管部门根据全国能源需求与可再生能源资源实际状况，制定全国可再生能源开发利用中长期总量目标，报国务院批准后执行，并予公布。

国务院能源主管部门根据前款规定的总量目标和省、自治区、直辖市经济发展与可再生能源资源实际状况，会同省、自治区、直辖市人民政府确定各行政区域可再生能源开发利用中长期目标，并予公布。

第八条　国务院能源主管部门会同国务院有关部门，根据全国可再生能源开发利用中长期总量目标和可再生能源技术发展状况，编制全国可再生能源开发利用规划，报国务院批准后实施。

国务院有关部门应当制定有利于促进全国可再生能源开发利用中长期总量目标实现的相关规划。

省、自治区、直辖市人民政府管理能源工作的部门会同本级人民政府有关部门，依据全国可再生能源开发利用规划和本行政区域可再生能源开发利用中长期目标，编制本行政区域可再生能源开发利用规划，经本级人民政府批准后，报国务院能源主管部门和国家电力监管机构备案，并组织实施。

经批准的规划应当公布；但是，国家规定需要保密的内容除外。

经批准的规划需要修改的，须经原批准机关批准。

第九条　编制可再生能源开发利用规划，应当遵循因地制宜、统筹兼顾、合理布局、有序发展的原则，对风能、太阳能、水能、生物质能、地热能、海洋能等可再生能源的开发利用作出统筹安排。规划内容应当包括发展目标、主要任务、区域布局、重点项目、实施进度、配套电网建设、服务体系和保障措施等。

组织编制机关应当征求有关单位、专家和公众的意见，进行科学论证。

第三章　产业指导与技术支持

第十条　国务院能源主管部门根据全国可再生能源开发利用规划，制定、公布可再生能源产业发展指导目录。

第十一条　国务院标准化行政主管部门应当制定、公布国家可再生能源电力的并网技术标准和其他需要在全国范围内统一技术要求的有关可再生能源技术和产品的国家标准。

对前款规定的国家标准中未作规定的技术要求，国务院有关部门可以制定相关的行业标准，并报国务院标准化行政主管部门备案。

第十二条 国家将可再生能源开发利用的科学技术研究和产业化发展列为科技发展与高技术产业发展的优先领域，纳入国家科技发展规划和高技术产业发展规划，并安排资金支持可再生能源开发利用的科学技术研究、应用示范和产业化发展，促进可再生能源开发利用的技术进步，降低可再生能源产品的生产成本，提高产品质量。

国务院教育行政部门应当将可再生能源知识和技术纳入普通教育、职业教育课程。

第四章 推广与应用

第十三条 国家鼓励和支持可再生能源并网发电。

建设可再生能源并网发电项目，应当依照法律和国务院的规定取得行政许可或者报送备案。

建设应当取得行政许可的可再生能源并网发电项目，有多人申请同一项目许可的，应当依法通过招标确定被许可人。

第十四条 国家实行可再生能源发电全额保障性收购制度。

国务院能源主管部门会同国家电力监管机构和国务院财政部门，按照全国可再生能源开发利用规划，确定在规划期内应当达到的可再生能源发电量占全部发电量的比重，制定电网企业优先调度和全额收购可再生能源发电的具体办法，并由国务院能源主管部门会同国家电力监管机构在年度中督促落实。

电网企业应当与按照可再生能源开发利用规划建设，依法取得行政许可或者报送备案的可再生能源发电企业签订并网协议，全额收购其电网覆盖范围内符合并网技术标准的可再生能源并网发电项目的上网电量。发电企业有义务配合电网企业保障电网安全。

电网企业应当加强电网建设，扩大可再生能源电力配置范围，发展和应用智能电网、储能等技术，完善电网运行管理，提高吸纳可再生能源电力的能力，为可再生能源发电提供上网服务。

第十五条 国家扶持在电网未覆盖的地区建设可再生能源独立电力系统，为当地生产和生活提供电力服务。

第十六条 国家鼓励清洁、高效地开发利用生物质燃料，鼓励发展能源作物。

利用生物质资源生产的燃气和热力，符合城市燃气管网、热力管网的入网技术标准的，经营燃气管网、热力管网的企业应当接收其入网。

国家鼓励生产和利用生物液体燃料。石油销售企业应当按照国务院能源主管部门或者省级人民政府的规定，将符合国家标准的生物液体燃料纳入其燃料销售体系。

第十七条 国家鼓励单位和个人安装和使用太阳能热水系统、太阳能供热采暖和制冷系统、太阳能光伏发电系统等太阳能利用系统。

国务院建设行政主管部门会同国务院有关部门制定太阳能利用系统与建筑结合的技术经济政策和技术规范。

房地产开发企业应当根据前款规定的技术规范，在建筑物的设计和施工中，为太阳能利用提供必备条件。

对已建成的建筑物，住户可以在不影响其质量与安全的前提下安装符合技术规范和产品标准的太阳能利用系统；但是，当事人另有约定的除外。

第十八条 国家鼓励和支持农村地区的可再生能源开发利用。

县级以上地方人民政府管理能源工作的部门会同有关部门，根据当地经济社会发展、生态保护和卫生综合治理需要等实际情况，制定农村地区可再生能源发展规划，因地制宜地推广应用沼气等生物质资源转化、户用太阳能、小型风能、小型水能等技术。

县级以上人民政府应当对农村地区的可再生能源利用项目提供财政支持。

第五章 价格管理与费用分摊

第十九条 可再生能源发电项目的上网电价，由国务院价格主管部门根据不同类型可再生能源发电的特点和不同地区的情况，按照有利于促进可再生能源开发利用和经济合理的原则确定，并根据可再生能源开发利用技术的发展适时调整。上网电价应当公布。

依照本法第十三条第三款规定实行招标的可再生能源发电项目的上网电价，按照中标确定的价格执行；但是，不得高于依照前款规定确定的同类可再生能源发电项目的上网电价水平。

第二十条 电网企业依照本法第十九条规定确定的上网电价收购可再生能源电量所发生的费用，高于按照常规能源发电平均上网电价计算所发生费用之间的差额，由在全国范围对销售电量征收可再生能源电价附加补偿。

第二十一条 电网企业为收购可再生能源电量而支付的合理的接网费用以及其他合理的相关费用，可以计入电网企业输电成本，并从销售电价中回收。

第二十二条 国家投资或者补贴建设的公共可再生能源独立电力系统的销售电价，执行同一地区分类销售电价，其合理的运行和管理费用超出销售电价的部分，依照本法第二十条的规定补偿。

第二十三条 进入城市管网的可再生能源热力和燃气的价格，按照有利于促进可再生能源开发利用和经济合理的原则，根据价格管理权限确定。

第六章　经济激励与监督措施

第二十四条　国家财政设立可再生能源发展基金，资金来源包括国家财政年度安排的专项资金和依法征收的可再生能源电价附加收入等。

可再生能源发展基金用于补偿本法第二十条、第二十二条规定的差额费用，并用于支持以下事项：

（一）可再生能源开发利用的科学技术研究、标准制定和示范工程；

（二）农村、牧区的可再生能源利用项目；

（三）偏远地区和海岛可再生能源独立电力系统建设；

（四）可再生能源的资源勘查、评价和相关信息系统建设；

（五）促进可再生能源开发利用设备的本地化生产。

本法第二十一条规定的接网费用以及其他相关费用，电网企业不能通过销售电价回收的，可以申请可再生能源发展基金补助。

可再生能源发展基金征收使用管理的具体办法，由国务院财政部门会同国务院能源、价格主管部门制定。

第二十五条　对列入国家可再生能源产业发展指导目录、符合信贷条件的可再生能源开发利用项目，金融机构可以提供有财政贴息的优惠贷款。

第二十六条　国家对列入可再生能源产业发展指导目录的项目给予税收优惠。具体办法由国务院规定。

第二十七条　电力企业应当真实、完整地记载和保存可再生能源发电的有关资料，并接受电力监管机构的检查和监督。

电力监管机构进行检查时，应当依照规定的程序进行，并为被检查单位保守商业秘密和其他秘密。

第七章　法律责任

第二十八条　国务院能源主管部门和县级以上地方人民政府管理能源工作的部门和其他有关部门在可再生能源开发利用监督管理工作中，违反本法规定，有下列行为之一的，由本级人民政府或者上级人民政府有关部门责令改正，对负有责任的主管人员和其他直接责任人员依法给予行政处分；构成犯罪的，依法追究刑事责任：

（一）不依法作出行政许可决定的；

（二）发现违法行为不予查处的；

（三）有不依法，履行监督管理职责的其他行为的。

第二十九条　违反本法第十四条规定，电网企业未按照规定完成收购可再生能源电量，造成可再生能源发电企业经济损失的，应当承担赔偿责任，并由国家电力监管机构责令限期改正；拒不改正的，处以可再生能源发电企业经济损失额一倍以下的罚款。

第三十条 违反本法第十六条第二款规定，经营燃气管网、热力管网的企业不准许符合入网技术标准的燃气、热力入网，造成燃气、热力生产企业经济损失的，应当承担赔偿责任，并由省级人民政府管理能源工作的部门责令限期改正；拒不改正的，处以燃气、热力生产企业经济损失额一倍以下的罚款。

第三十一条 违反本法第十六条第三款规定，石油销售企业未按照规定将符合国家标准的生物液体燃料纳入其燃料销售体系，造成生物液体燃料生产企业经济损失的，应当承担赔偿责任，并由国务院能源主管部门或者省级人民政府管理能源工作的部门责令限期改正；拒不改正的，处以生物液体燃料生产企业经济损失额一倍以下的罚款。

第八章 附则

第三十二条 本法中下列用语的含义：

（一）生物质能，是指利用自然界的植物、粪便以及城乡有机废物转化成的能源。

（二）可再生能源独立电力系统，是指不与电网连接的单独运行的可再生能源电力系统。

（三）能源作物，是指经专门种植，用以提供能源原料的草本和木本植物。

（四）生物液体燃料，是指利用生物质资源生产的甲醇、乙醇和生物柴油等液体燃料。

第三十三条 本法自 2006 年 1 月 1 日起施行。

第二篇　畜禽规模养殖污染防治条例

（2013 年 10 月 8 日国务院第 26 次常务会议通过）

第一章　总则

第一条　为了防治畜禽养殖污染，推进畜禽养殖废弃物的综合利用和无害化处理，保护和改善环境，保障公众身体健康，促进畜牧业持续健康发展，制定本条例。

第二条　本条例适用于畜禽养殖场、养殖小区的养殖污染防治。

畜禽养殖场、养殖小区的规模标准根据畜牧业发展状况和畜禽养殖污染防治要求确定。

牧区放牧养殖污染防治，不适用本条例。

第三条　畜禽养殖污染防治，应当统筹考虑保护环境与促进畜牧业发展的需要，坚持预防为主、防治结合的原则，实行统筹规划、合理布局、综合利用、激励引导。

第四条　各级人民政府应当加强对畜禽养殖污染防治工作的组织领导，采取有效措施，加大资金投入，扶持畜禽养殖污染防治以及畜禽养殖废弃物综合利用。

第五条　县级以上人民政府环境保护主管部门负责畜禽养殖污染防治的统一监督管理。

县级以上人民政府农牧主管部门负责畜禽养殖废弃物综合利用的指导和服务。

县级以上人民政府循环经济发展综合管理部门负责畜禽养殖循环经济工作的组织协调。

县级以上人民政府其他有关部门依照本条例规定和各自职责，负责畜禽养殖污染防治相关工作。

乡镇人民政府应当协助有关部门做好本行政区域的畜禽养殖污染防治工作。

第六条　从事畜禽养殖以及畜禽养殖废弃物综合利用和无害化处理活动，应当符合国家有关畜禽养殖污染防治的要求，并依法接受有关主管部门的监督检查。

第七条　国家鼓励和支持畜禽养殖污染防治以及畜禽养殖废弃物综合利用和无害化处理的科学技术研究和装备研发。各级人民政府应当支持先进适用技术的推广，促进畜禽养殖污染防治水平的提高。

第八条　任何单位和个人对违反本条例规定的行为，有权向县级以上人民政府环境保护等有关部门举报。接到举报的部门应当及时调查处理。

对在畜禽养殖污染防治中做出突出贡献的单位和个人，按照国家有关规定给予表彰和奖励。

第二章　预防

第九条　县级以上人民政府农牧主管部门编制畜牧业发展规划，报本级人民政府或者其授权的部门批准实施。畜牧业发展规划应当统筹考虑环境承载能力以及畜禽养殖污染防治要求，合理布局，科学确定畜禽养殖的品种、规模、总量。

第十条　县级以上人民政府环境保护主管部门会同农牧主管部门编制畜禽养殖污染防治规划，报本级人民政府或者其授权的部门批准实施。畜禽养殖污染防治规划应当与畜牧业发展规划相衔接，统筹考虑畜禽养殖生产布局，明确畜禽养殖污染防治目标、任务、重点区域，明确污染治理重点设施建设，以及废弃物综合利用等污染防治措施。

第十一条　禁止在下列区域内建设畜禽养殖场、养殖小区：

（一）饮用水水源保护区，风景名胜区；

（二）自然保护区的核心区和缓冲区；

（三）城镇居民区、文化教育科学研究区等人口集中区域；

（四）法律、法规规定的其他禁止养殖区域。

第十二条　新建、改建、扩建畜禽养殖场、养殖小区应当符合畜牧业发展规划、畜禽养殖污染防治规划，满足动物防疫条件，并进行环境影响评价。对环境可能造成重大影响的大型畜禽养殖场、养殖小区应当编制环境影响报告书；其他畜禽养殖场、养殖小区应当填报环境影响登记表。大型畜禽养殖场、养殖小区的管理目录，由国务院环境保护主管部门商国务院农牧主管部门确定。

环境影响评价的重点应当包括：畜禽养殖产生的废弃物种类和数量，废弃物综合利用和无害化处理方案和措施，废弃物的消纳和处理情况以及向环境直接排放的情况，最终可能对水体、土壤等环境和人体健康产生的影响以及控制和减少影响的方案和措施等。

第十三条　畜禽养殖场、养殖小区应当根据养殖规模和污染防治需要，建设相应的畜禽粪便、污水与雨水分流设施，畜禽粪便、污水的贮存设施，粪污厌氧消化和堆沤、有机肥加工、制取沼气、沼渣沼液分离和输送、污水处理、畜禽尸体处理等综合利用和无害化处理设施。已经委托他人对畜禽养殖废弃物代为综合利用和无害化处理的可以不自行建设综合利用和无害化处理设施。

未建设污染防治配套设施、自行建设的配套设施不合格，或者未委托他人对畜禽养殖废弃物进行综合利用和无害化处理的畜禽养殖场、养殖小区不得投入生产或者使用。

畜禽养殖场、养殖小区自行建设污染防治配套设施的，应当确保其正常运行。

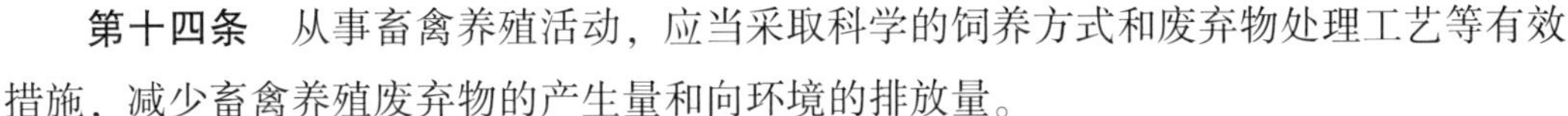

第十四条 从事畜禽养殖活动，应当采取科学的饲养方式和废弃物处理工艺等有效措施，减少畜禽养殖废弃物的产生量和向环境的排放量。

第三章 综合利用与治理

第十五条 国家鼓励和支持采取粪肥还田、制取沼气、制造有机肥等方法，对畜禽养殖废弃物进行综合利用。

第十六条 国家鼓励和支持采取种植和养殖相结合的方式消纳利用畜禽养殖废弃物，促进畜禽粪便、污水等废弃物就地就近利用。

第十七条 国家鼓励和支持沼气制取、有机肥生产等废弃物综合利用以及沼渣沼液输送和施用、沼气发电等相关配套设施建设。

第十八条 将畜禽粪便、污水、沼渣、沼液等用作肥料的，应当与土地的消纳能力相适应，并采取有效措施，消除可能引起传染病的微生物，防止污染环境和传播疫病。

第十九条 从事畜禽养殖活动和畜禽养殖废弃物处理活动，应当及时对畜禽粪便、畜禽尸体、污水等进行收集、贮存、清运，防止恶臭和畜禽养殖废弃物渗出、泄漏。

第二十条 向环境排放经过处理的畜禽养殖废弃物，应当符合国家和地方规定的污染物排放标准和总量控制指标。畜禽养殖废弃物未经处理，不得直接向环境排放。

第二十一条 染疫畜禽以及染疫畜禽排泄物、染疫畜禽产品、病死或者死因不明的畜禽尸体等病害畜禽养殖废弃物，应当按照有关法律、法规和国务院农牧主管部门的规定，进行深埋、化制、焚烧等无害化处理，不得随意处置。

第二十二条 畜禽养殖场、养殖小区应当定期将畜禽养殖品种、规模以及畜禽养殖废弃物的产生、排放和综合利用等情况，报县级人民政府环境保护主管部门备案。环境保护主管部门应当定期将备案情况抄送同级农牧主管部门。

第二十三条 县级以上人民政府环境保护主管部门应当依据职责对畜禽养殖污染防治情况进行监督检查，并加强对畜禽养殖环境污染的监测。

乡镇人民政府、基层群众自治组织发现畜禽养殖环境污染行为的，应当及时制止和报告。

第二十四条 对污染严重的畜禽养殖密集区域，市、县人民政府应当制定综合整治方案，采取组织建设畜禽养殖废弃物综合利用和无害化处理设施、有计划搬迁或者关闭畜禽养殖场所等措施，对畜禽养殖污染进行治理。

第二十五条 因畜牧业发展规划、土地利用总体规划、城乡规划调整以及划定禁止养殖区域，或者因对污染严重的畜禽养殖密集区域进行综合整治，确需关闭或者搬迁现有畜禽养殖场所，致使畜禽养殖者遭受经济损失的，由县级以上地方人民政府依法予以补偿。

第四章 激励措施

第二十六条 县级以上人民政府应当采取示范奖励等措施，扶持规模化、标准化畜禽养殖，支持畜禽养殖场、养殖小区进行标准化改造和污染防治设施建设与改造，鼓励分散饲养向集约饲养方式转变。

第二十七条 县级以上地方人民政府在组织编制土地利用总体规划过程中，应当统筹安排，将规模化畜禽养殖用地纳入规划，落实养殖用地。

国家鼓励利用废弃地和荒山、荒沟、荒丘、荒滩等未利用地开展规模化、标准化畜禽养殖。

畜禽养殖用地按农用地管理，并按照国家有关规定确定生产设施用地和必要的污染防治等附属设施用地。

第二十八条 建设和改造畜禽养殖污染防治设施，可以按照国家规定申请包括污染治理贷款贴息补助在内的环境保护等相关资金支持。

第二十九条 进行畜禽养殖污染防治，从事利用畜禽养殖废弃物进行有机肥产品生产经营等畜禽养殖废弃物综合利用活动的，享受国家规定的相关税收优惠政策。

第三十条 利用畜禽养殖废弃物生产有机肥产品的，享受国家关于化肥运力安排等支持政策；购买使用有机肥产品的，享受不低于国家关于化肥的使用补贴等优惠政策。

畜禽养殖场、养殖小区的畜禽养殖污染防治设施运行用电执行农业用电价格。

第三十一条 国家鼓励和支持利用畜禽养殖废弃物进行沼气发电，自发自用、多余电量接入电网。电网企业应当依照法律和国家有关规定为沼气发电提供无歧视的电网接入服务，并全额收购其电网覆盖范围内符合并网技术标准的多余电量。

利用畜禽养殖废弃物进行沼气发电的，依法享受国家规定的上网电价优惠政策。利用畜禽养殖废弃物制取沼气或进而制取天然气的，依法享受新能源优惠政策。

第三十二条 地方各级人民政府可以根据本地区实际，对畜禽养殖场、养殖小区支出的建设项目环境影响咨询费用给予补助。

第三十三条 国家鼓励和支持对染疫畜禽、病死或者死因不明畜禽尸体进行集中无害化处理，并按照国家有关规定对处理费用、养殖损失给予适当补助。

第三十四条 畜禽养殖场、养殖小区排放污染物符合国家和地方规定的污染物排放标准和总量控制指标，自愿与环境保护主管部门签订进一步削减污染物排放量协议的，由县级人民政府按照国家有关规定给予奖励，并优先列入县级以上人民政府安排的环境保护和畜禽养殖发展相关财政资金扶持范围。

第三十五条 畜禽养殖户自愿建设综合利用和无害化处理设施、采取措施减少污染物排放的，可以依照本条例规定享受相关激励和扶持政策。

第五章 法律责任

第三十六条 各级人民政府环境保护主管部门、农牧主管部门以及其他有关部门未依照本条例规定履行职责的，对直接负责的主管人员和其他直接责任人员依法给予处分；直接负责的主管人员和其他直接责任人员构成犯罪的，依法追究刑事责任。

第三十七条 违反本条例规定，在禁止养殖区域内建设畜禽养殖场、养殖小区的，由县级以上地方人民政府环境保护主管部门责令停止违法行为；拒不停止违法行为的，处3万元以上10万元以下的罚款，并报县级以上人民政府责令拆除或者关闭。在饮用水水源保护区建设畜禽养殖场、养殖小区的，由县级以上地方人民政府环境保护主管部门责令停止违法行为，处10万元以上50万元以下的罚款，并报经有批准权的人民政府批准，责令拆除或者关闭。

第三十八条 违反本条例规定，畜禽养殖场、养殖小区应当依法进行环境影响评价而未进行的，由有权审批该项目环境影响评价文件的环境保护主管部门责令停止建设，限期补办手续；逾期不补办手续的，处5万元以上20万元以下的罚款。

第三十九条 违反本条例规定，未建设污染防治配套设施或者自行建设的配套设施不合格，也未委托他人对畜禽养殖废弃物进行综合利用和无害化处理，畜禽养殖场、养殖小区即投入生产、使用，或者建设的污染防治配套设施未正常运行的，由县级以上人民政府环境保护主管部门责令停止生产或者使用，可以处10万元以下的罚款。

第四十条 违反本条例规定，有下列行为之一的，由县级以上地方人民政府环境保护主管部门责令停止违法行为，限期采取治理措施消除污染，依照《中华人民共和国水污染防治法》《中华人民共和国固体废物污染环境防治法》的有关规定予以处罚：

（一）将畜禽养殖废弃物用作肥料，超出土地消纳能力，造成环境污染的；

（二）从事畜禽养殖活动或者畜禽养殖废弃物处理活动，未采取有效措施，导致畜禽养殖废弃物渗出、泄漏的。

第四十一条 排放畜禽养殖废弃物不符合国家或者地方规定的污染物排放标准或者总量控制指标，或者未经无害化处理直接向环境排放畜禽养殖废弃物的，由县级以上地方人民政府环境保护主管部门责令限期治理，可以处5万元以下的罚款。县级以上地方人民政府环境保护主管部门作出限期治理决定后，应当会同同级人民政府农牧等有关部门对整改措施的落实情况及时进行核查，并向社会公布核查结果。

第四十二条 未按照规定对染疫畜禽和病害畜禽养殖废弃物进行无害化处理的，由动物卫生监督机构责令无害化处理，所需处理费用由违法行为人承担，可以处3 000元以下的罚款。

第六章　附则

第四十三条　畜禽养殖场、养殖小区的具体规模标准由省级人民政府确定，并报国务院环境保护主管部门和国务院农牧主管部门备案。

第四十四条　本条例自 2014 年 1 月 1 日起施行。

第二部分　国家管理办法、方案及规划

第一篇　农村沼气工程建设管理办法（试行）

（国家发展改革委员会　农业部）

第一章　总则

第一条　为加强农村沼气工程建设管理，根据《中央预算内投资补助和贴息项目管理办法》（国家发展改革委第 3 号令）、《关于将廉租住房等 31 类点多面广量大单项资金少的中央预算内投资补助项目交由地方具体安排的通知》（发改投资〔2013〕1238 号）等的有关规定和要求，制定本办法。

第二条　本办法适用于中央预算内投资补助建设的规模化大型沼气工程、规模化生物天然气工程。

第三条　各级发展改革部门和农村能源主管部门要按照职能分工，各负其责，密切配合，加强对工程建设管理的组织、指导和协调，共同做好工程建设管理的各项工作，确保发挥中央投资效益。

发展改革部门负责农村沼气建设规划衔接平衡；联合农村能源主管部门，做好年度投资计划申报、审核和下达，监督检查投资计划执行和项目实施情况。

农村能源主管部门负责农村沼气建设规划编制、行业审核、行业管理和监督检查等工作，具体组织和指导项目实施。

第四条　在农村沼气建设和运行过程中应牢固树立“安全第一、预防为主”的意识，落实安全生产责任制，科学规范操作，确保安全生产。

第二章　项目申报和投资计划管理

第五条　申请中央预算内投资补助的规模化大型沼气工程和规模化生物天然气工

程，应符合国家发展改革委和农业部编制的农村沼气工程有关规划、工作方案和申报通知的要求，落实备案、土地、规划、环评、能评、资金、安评等前期工作，确保当年能开工建设。已经获得中央财政投资或其他部门支持的项目不得重复申报，已经申报国家发展改革委其他专项或国家其他部门的项目不得多头申报。

第六条 规模化大型沼气工程，项目单位在落实前期工作后，根据工作方案提出资金申请，其资金申请的批复程序和要求等由省级发展改革部门商省级农村能源主管部门制定。

第七条 规模化生物天然气工程，在试点阶段，应由项目单位委托农业或环境工程设计甲级资质的咨询设计单位编制项目资金申请报告，报送省级发展改革部门审批，审批前应由省级农村能源主管部门出具行业审查意见。农业部成立专家委员会，提供技术指导。省级发展改革部门会同农村能源主管部门，根据项目单位报送的资金申请报告，开展实地调查，择优选取试点项目，在此基础上编制项目试点方案。

第八条 各地发展改革和农村能源主管部门应当对项目资金申请是否符合中央预算内投资使用方向和有关规定、是否符合工作方案或申报通知要求、是否符合投资补助的安排原则、项目前期工作是否落实等进行严格审查，并对审查结果和申报材料的真实性、合规性负责。要加强项目统筹，突出重点，确保申报项目质量。

第九条 省级发展改革部门会同农村能源主管部门编制本省农村沼气工程年度投资建议计划，联合报送至国家发展改革委和农业部。在试点阶段，申报规模化生物天然气工程试点项目的省份，一并报送项目试点方案，试点方案中要包含项目资金申请报告。

第十条 国家发展改革委会同农业部对各省报送的建议计划和项目试点方案进行审核，经综合平衡后，编制农村沼气工程年度投资计划并联合下达。

第十一条 省级发展改革部门和农村能源主管部门要在接到中央投资规模计划后20个工作日内，分解落实到具体项目并下达投资计划，明确项目建设地点、建设内容、建设工期及有关工作要求，确保项目按计划实施，并将分解的投资计划报国家发展改革委和农业部备核。凡安排中央预算内投资的项目，必须完成资金申请审批工作，可单独批复或者在下达投资计划的同时一并批复。

第十二条 投资计划一经下达，应严格执行。项目实施过程中确需调整的，由省级发展改革委会同农村能源主管部门做出调整决定。调整后拟安排中央补助资金的项目，要符合农村沼气工程中央投资支持范围，且要严格执行国家明确的投资补助标准，并报国家发展改革委和农业部备核。在试点阶段，规模化生物天然气工程报请国家发展改革委和农业部做出调整决定。

第十三条 按照政府信息公开要求，凡安排中央预算内投资的项目，各省应在政府网站上公开项目名称、项目建设单位、建设地点、建设内容等信息。凡申报项目的单位，视同同意公开项目信息。不同意公开相关信息的项目，请勿组织申报。

第三章　资金管理

第十四条　对于符合条件的规模化大型沼气工程和规模化生物天然气工程，按照规定的中央投资标准进行投资补助，其余资金由企业自筹解决。鼓励地方安排资金配套。对中央补助投资项目给予资金配套的地区，中央将加大支持力度。

第十五条　严格执行中央预算内投资管理的有关规定，切实加强资金和项目实施管理。对于中央补助投资，要做到专户管理，独立核算，专款专用，严禁滞留、挪用。

第十六条　推行资金管理报账制，根据项目实施进度拨付资金。对于已完成项目前期工作且自筹资金30%到位的项目，方可申请中央投资；工程竣工验收后申请最终20%中央投资。

第四章　组织实施

第十七条　鼓励各地在地方资金中安排部分工作经费，用于农村沼气工程的项目组织、审查论证、监督检查、技术指导、竣工验收和宣传培训等。

第十八条　项目实施要严格执行基本建设程序，落实项目法人责任制、招标投标制、建设监理制和合同管理制，确保工程质量和安全。

第十九条　农村沼气工程设计和建筑施工应严格执行国家、行业或地方标准，规范建设行为。规模化大型沼气工程的设计和施工单位应具备相应的资质。规模化生物天然气工程的施工单位原则上应具备环境工程专业承包一级资质。

第二十条　省级发展改革部门会同农村能源主管部门制定本省（区、市）的农村沼气工程竣工验收办法，并组织验收工作。项目建设完成后，应按照有关规定及时组织验收，确保验收合格的项目能达到预期效果。对验收不合格的项目，要限期整改。省级验收总结报告报送农业部，国家发展改革委、农业部视情况进行抽查。

第五章　建后管护

第二十一条　项目单位应成立或委托专业化运营机构承担日常维护管理，确保工程安全、稳定、持续运行。要做好必要的原料使用量、沼气沼渣沼液生产量和利用量、工程运营情况等的日常记录，配合当地农村能源主管部门开展技术培训、示范推广和信息搜集，接受行政主管部门在合理期限和范围内的跟踪监管。

第二十二条　农村能源主管部门要加强对项目运行管护的指导和监督，加强对项目单位和工程运行人员的专业技术培训，促进工程良性运行。

第二十三条　工程质量管理按照《建设工程质量管理条例》（国务院令〔2010〕第

279号）执行，实行终身负责制，农村沼气工程在合理运行期内，出现重大安全、质量事故的，将倒查责任，严格问责，严肃追究。

第六章　监督管理

第二十四条　省级农村能源主管部门要会同省级发展改革部门全面加强对本省农村沼气工程的监督检查。检查内容包括组织领导、相关管理制度和办法制定、项目进度、工程质量、竣工验收和工程效益发挥情况等。要建立项目信息定期通报制度，对建设进度、质量、效益等进行通报，并将通报内容报送农业部、国家发展改革委，原则上每半年一次，其中规模化生物天然气工程试点项目每月报一次。

第二十五条　省级农村能源主管部门具体负责项目信息的搜集、汇总与报送，并根据有关规定制定农村沼气工程档案管理的具体办法，档案保存年限不得少于工程设计寿命年限。规模化生物天然气工程项目建设要纳入农业建设信息系统管理，及时报送项目建设进度；项目建成后，要接入农业部正在建设的沼气远程在线监测平台。对于具备条件的规模化沼气工程，可根据需要，纳入农业建设信息系统管理或接入沼气远程在线监测平台。

第二十六条　国家发展改革委和农业部将不定期对项目执行情况进行监督和抽查，或者组织各地交叉检查，并将根据需要开展项目稽察。检查和稽察结果将作为安排后续年度中央投资的重要依据。

第二十七条　细化责任追究制度，对项目事中事后监管中发现的问题，国家发展改革委和农业部将根据情节轻重采取责令限期整改、通报批评、暂停拨付中央资金、扣减或收回项目资金、列入信用黑名单、一定时期内不再受理其资金申请、追究有关责任人行政或法律责任等处罚措施。各省也要进一步细化责任追究制度。

第二十八条　国家发展改革委和农业部将根据需要，组织有关专家和机构对项目质量、投资效益等进行后评价，进一步提高项目决策的科学性。鼓励各省积极开展后评价工作。

第二十九条　由于地方审核项目时把关不严、项目建设中和建成后监管工作不到位等问题，导致出现不能如期完成年度投资计划任务或未实现项目建设目标、频繁调整投资计划且调整范围大项目多等情况，将核减其后续年度投资计划规模。

第七章　附则

第三十条　本办法由国家发展改革委会同农业部负责解释，农村沼气工程涉及的建设规范和技术标准由农业部组织制定。各地应根据本办法，结合当地实际，制定实施细则。

第三十一条　本办法自发布之日起施行。原《农村沼气建设国债项目管理办法（试行）》同时废止。

第二篇 关于完善农林生物质发电价格政策的通知

（发改价格〔2010〕1579号）

中华人民共和国国家发展和改革委员会

二〇一〇年七月十八日

为促进农林生物质发电产业健康发展，决定进一步完善农林生物质发电价格政策。现将有关事项通知如下：

一、对农林生物质发电项目实行标杆上网电价政策。未采用招标确定投资人的新建农林生物质发电项目，统一执行标杆上网电价每千瓦时0.75元（含税，下同）。通过招标确定投资人的，上网电价按中标确定的价格执行，但不得高于全国农林生物质发电标杆上网电价。

二、已核准的农林生物质发电项目（招标项目除外），上网电价低于上述标准的，上调至每千瓦时0.75元；高于上述标准的国家核准的生物质发电项目仍执行原电价标准。

三、农林生物质发电上网电价在当地脱硫燃煤机组标杆上网电价以内的部分，由当地省级电网企业负担；高出部分，通过全国征收的可再生能源电价附加分摊解决。脱硫燃煤机组标杆上网电价调整后，农林生物质发电价格中由当地电网企业负担的部分要相应调整。

四、农林生物质发电企业和电网企业要真实、完整地记载和保存项目上网交易电量、价格和补贴金额等资料，接受有关部门监督检查。各级价格主管部门要加强对农林生物质上网电价执行情况和电价附加补贴结算情况的监管，确保电价政策执行到位。

五、上述规定自2010年7月1日起实行。

第三篇　可再生能源发电全额保障性收购管理办法

（发改能源〔2016〕625号）

中华人民共和国国家发展和改革委员会

2016年3月24日

第一章　总则

第一条　为贯彻落实《中共中央 国务院关于进一步深化电力体制改革的若干意见》（中发〔2015〕9号）及相关配套文件的有关要求，加强可再生能源发电全额保障性收购管理，保障非化石能源消费比重目标的实现，推动能源生产和消费革命，根据《中华人民共和国可再生能源法》等法律法规，制定本办法。

第二条　本办法适用于风力发电、太阳能发电、生物质能发电、地热能发电、海洋能发电等非水可再生能源。水力发电参照执行。

第二章　全额保障性收购

第三条　可再生能源发电全额保障性收购是指电网企业（含电力调度机构）根据国家确定的上网标杆电价和保障性收购利用小时数，结合市场竞争机制，通过落实优先发电制度，在确保供电安全的前提下，全额收购规划范围内的可再生能源发电项目的上网电量。

水力发电根据国家确定的上网标杆电价（或核定的电站上网电价）和设计平均利用小时数，通过落实长期购售电协议、优先安排年度发电计划和参与现货市场交易等多种形式，落实优先发电制度和全额保障性收购。根据水电特点，为促进新能源消纳和优化系统运行，水力发电中的调峰机组和大型机组享有靠前优先顺序。

第四条　各电网企业和其他供电主体（以下简称电网企业）承担其电网覆盖范围内，按照可再生能源开发利用规划建设、依法取得行政许可或者报送备案、符合并网技术标准的可再生能源发电项目全额保障性收购的实施责任。

第五条　可再生能源并网发电项目年发电量分为保障性收购电量部分和市场交易电量部分。其中，保障性收购电量部分通过优先安排年度发电计划、与电网公司签订优先发电合同（实物合同或差价合同）保障全额按标杆上网电价收购；市场交易电量部分由可再生能源发电企业通过参与市场竞争方式获得发电合同，电网企业按照优先调度原则执行发电合同。

第六条 国务院能源主管部门会同经济运行主管部门对可再生能源发电受限地区，根据电网输送和系统消纳能力，按照各类标杆电价覆盖区域，参考准许成本加合理收益，核定各类可再生能源并网发电项目保障性收购年利用小时数并予以公布，并根据产业发展情况和可再生能源装机投产情况对各地区各类可再生能源发电保障性收购年利用小时数适时进行调整。地方有关主管部门负责在具体工作中落实该小时数，可再生能源并网发电项目根据该小时数和装机容量确定保障性收购年上网电量。

第七条 不存在限制可再生能源发电情况的地区，电网企业应根据其资源条件保障可再生能源并网发电项目发电量全额收购。

第八条 生物质能、地热能、海洋能发电以及分布式光伏发电项目暂时不参与市场竞争，上网电量由电网企业全额收购；各类特许权项目、示范项目按特许权协议或技术方案明确的利用小时数确定保障性收购年利用小时数。

第九条 在保障性收购电量范围内，受非系统安全因素影响，非可再生能源发电挤占消纳空间和输电通道导致的可再生能源并网发电项目限发电量视为优先发电合同转让至系统内优先级较低的其他机组，由相应机组按影响大小承担对可再生能源并网发电项目的补偿费用，并做好与可再生能源调峰机组优先发电的衔接。计入补偿的限发电量最大不超过保障性收购电量与可再生能源实际发电量的差值。保障性收购电量范围内的可再生能源优先发电合同不得主动通过市场交易转让。

因并网线路故障（超出设计标准的自然灾害等不可抗力造成的故障除外）、非计划检修导致的可再生能源并网发电项目限发电量由电网企业承担补偿。由于可再生能源资源条件造成实际发电量达不到保障发电量以及因自身设备故障、检修等原因造成的可再生能源并网发电项目发电量损失由可再生能源发电项目自行承担，不予补偿。可再生能源发电由于自身原因，造成不能履行的发电量应采用市场竞争的方式由各类机组竞价执行。

可再生能源并网发电项目保障性收购电量范围内的限电补偿费用标准按项目所在地对应的最新可再生能源上网标杆电价或核定电价执行。

第十条 电网企业协助电力交易机构（未设立交易机构地区由电网企业负责）负责根据限发时段电网实际运行情况，参照调度优先级由低到高顺序确定承担可再生能源并网发电项目限发电量补偿费用的机组范围（含自备电厂），并根据相应机组实际发电量大小分摊补偿费用。保障性收购电量范围内限发电量及补偿费用分摊情况按月统计报送国务院能源主管部门派出机构和省级经济运行主管部门备案，限发电量补偿分摊可根据实际发电情况在月度间滚动调整，并按年度结算相关费用。

第十一条 鼓励超出保障性收购电量范围的可再生能源发电量参与各种形式的电力市场交易，充分发挥可再生能源电力边际成本低的优势，通过市场竞争的方式实现优先发电，促进可再生能源电力多发满发。

对已建立电力现货市场交易机制的地区，鼓励可再生能源发电参与现货市场和中长期电力合约交易，优先发电合同逐步按现货交易及相关市场规则以市场化方式实现；参与市场交易的可再生能源发电量按照项目所在地的补贴标准享受可再生能源电价补贴。

第三章 保障措施

第十二条 国务院能源主管部门按照全国可再生能源开发利用规划，确定在规划期内应当达到的可再生能源发电量占全部发电量的比重。省级能源主管部门会同经济运行主管部门指导电网企业制定落实可再生能源发电量比重目标的措施，并在年度发电计划和调度运行方式安排中予以落实。

第十三条 省级经济运行主管部门在制订发电量计划时，严格落实可再生能源优先发电制度，使可再生能源并网发电项目保障性收购电量部分通过充分安排优先发电并严格执行予以保障。发电计划须预留年内计划投产可再生能源并网发电项目的发电计划空间，在年度建设规模内的当年新投产项目按投产时间占全年比重确定保障性收购年利用小时数。

第十四条 电网企业应按照本办法与可再生能源并网发电项目企业在每年第四季度签订可再生能源优先发电合同。

第十五条 电网企业应按照节能低碳电力调度原则，依据有关部门制定的市场规则，优先执行可再生能源发电计划和可再生能源电力交易合同，保障风能、太阳能、生物质能等可再生能源发电享有最高优先调度等级，不得要求可再生能源项目向优先级较低的发电项目支付费用的方式实现优先发电。电网企业应与可再生能源发电企业在共同做好可再生能源功率预测预报的基础上，将发电计划和合同分解到月、周、日、小时等时段，优先安排可再生能源发电。

第十六条 电网企业应建立完善适应高比例可再生能源并网的调度运行机制，充分挖掘系统调峰潜力，科学安排机组组合，合理调整旋转备用容量，逐步改变按省平衡的调度方式，扩大调度平衡范围。各省（区、市）有关部门和省级电网企业应积极配合，促进可再生能源跨省跨区交易，合理扩大可再生能源电力消纳范围。

第十七条 风电、太阳能发电等可再生能源发电企业应配合电网企业加强功率预测预报工作，提高短期和中长期预测水平，按相关规定向电网企业或电力交易机构提交预报结果，由电网企业统筹确定网内可再生能源发电预测曲线，确保保障性收购电量的分解落实，并促进市场交易电量部分多发满发。可再生能源发电企业应按有关规定参与辅助服务费用分摊。

第十八条 建立供需互动的需求侧响应机制，形成用户参与辅助服务分担共享机制。鼓励通过价格手段引导电力用户优化用电负荷特性，实现负荷移峰填谷。鼓励用户参与调峰调频等辅助服务，提高系统的灵活性和可再生能源消纳能力。

第四章　监督管理

第十九条　国务院能源主管部门及派出机构履行可再生能源发电全额保障性收购的监管责任。

第二十条　国务院能源主管部门派出机构应会同省级经济运行主管部门，根据本办法，结合本地实际情况，制定实施细则，报国家发展改革委、国家能源局同意后实施。

第二十一条　国务院能源主管部门派出机构会同省级能源主管部门和经济运行主管部门负责对电网企业与可再生能源并网发电项目企业签订优先发电合同情况和执行情况进行监管。

第二十二条　可再生能源并网发电项目限发电量由电网企业和可再生能源发电企业协助电力交易机构按国家有关规定的进行计算统计。对于可再生能源并网发电项目限发电量及补偿费用分摊存在异议的，可由国务院能源主管部门派出机构会同省级经济运行主管部门协调。

第二十三条　对于发生限制可再生能源发电的情况，电网企业应及时分析原因，并保留相关运行数据，以备监管机构检查。相关情况由国务院能源主管部门及派出机构定期向社会公布。

第五章　附则

第二十四条　本办法由国家发展改革委、国家能源局负责解释，并根据电力体制改革和电力市场建设情况适时修订。

第二十五条　本办法自发布之日起施行。

第四篇　关于能源环保领域引入 PPP 模式的通知

（发改委发〔2016〕）

根据2016年7月7日国务院常务会议明确的政府和社会资本合作部门职责分工，按照《中共中央 国务院关于深化投融资体制改革的意见》（中发〔2016〕18号）、《国务院关于创新重点领域投融资机制鼓励社会投资的指导意见》（国发〔2014〕60号）等文件精神，现就进一步做好传统基础设施领域政府和社会资本合作（PPP）相关工作、积极鼓励和引导民间投资提出以下要求。

一、充分认识做好基础设施领域 PPP 工作的重要意义

20世纪80年代，我国就开始在基础设施领域引入PPP模式，经过30多年发展，PPP模式为持续提高我国基础设施水平发挥了积极作用。经济新常态下，继续做好基础设施领域PPP有关工作，有利于推进结构性改革尤其是供给侧结构性改革，增加有效供给，实施创新驱动发展战略，促进稳增长、补短板、扩就业、惠民生；有利于打破基础设施领域准入限制，鼓励引导民间投资，提高基础设施项目建设、运营和管理效率，激发经济活力，增强发展动力；有利于创新投融资机制，推动各类资本相互融合、优势互补，积极发展混合所有制经济；有利于理顺政府与市场关系，加快政府职能转变，充分发挥市场配置资源的决定性作用和更好发挥政府作用。

各地发展改革部门要会同有关行业主管部门等，切实做好能源、交通运输、水利、环境保护、农业、林业以及重大市政工程等基础设施领域PPP推进工作，进一步加强协调配合，形成政策合力，确保政令统一、政策协同、组织高效、精准发力，共同推动政府和社会资本合作工作顺利开展。

二、加强项目储备

各地发展改革部门要会同有关行业主管部门，根据经济社会发展需要，按照项目合理布局、政府投资有效配置等原则，切实做好基础设施领域PPP项目的总体规划、综合平衡和储备管理等工作，充分掌握了解各行业PPP项目总体情况。要在投资项目在线审批监管平台及重大建设项目库基础上，建立基础设施PPP项目库，切实做好项目储备、动态管理、实施监测等各项工作。

三、推行项目联审

积极推行多评合一、统一评审的工作模式，提高审核效率。各地发展改革部门要会

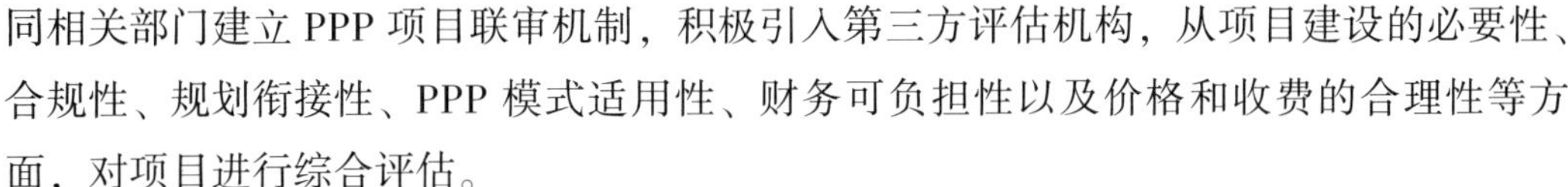

同相关部门建立PPP项目联审机制，积极引入第三方评估机构，从项目建设的必要性、合规性、规划衔接性、PPP模式适用性、财务可负担性以及价格和收费的合理性等方面，对项目进行综合评估。

四、做好项目决策

加强项目可行性研究，依法依规履行投资管理程序。对拟采用PPP模式的项目，要将项目是否适用PPP模式的论证纳入项目可行性研究论证和决策。充分考虑项目的战略价值、经济价值、商务模式、可融资性以及管理能力，科学分析项目采用PPP模式的必要性和可行性，不断优化工程建设规模、建设内容、建设标准、技术方案及工程投资等。

五、建立合理投资回报机制

积极探索优化基础设施项目的多种付费模式，采取资本金注入、直接投资、投资补助、贷款贴息，以及政府投资股权少分红、不分红等多种方式支持项目实施，提高社会资本投资回报，增强项目吸引力。鼓励加大项目前期资本金投入，减轻项目运营期间政府支出压力。鼓励社会资本创新商业模式及体制机制，提高运营效率，降低项目成本。

推进基础设施领域的价格改革，合理确定价格收费标准，依法适当延长特许经营年限，提供广告、土地等资源配置，充分挖掘项目运营商业价值，建立使用者付费和可行性缺口补贴类项目的合理投资回报机制，既要使社会资本获得合理投资回报，也要有效防止政府和使用者负担过重。

六、规范项目实施

对确定采用PPP模式的项目，要按照《招标投标法》等法律法规，通过公开招标、邀请招标等多种方式，公平择优选择具有相应管理经验、专业能力、融资实力以及信用状况良好的社会资本作为合作伙伴。依法签订规范的项目合同，明确服务标准、价格管理、回报方式、风险分担、履约监督、信息披露等内容，细化完善合同文本，确保合同内容全面、规范、有效。项目实施期间社会投资人出现重大违约或发生重大不可抗力等事项，需要政府提前回购的，要合理划分各方责任，妥善做好项目移交。项目结束后，适时对项目效率、效果、影响和可持续性等进行后评价，科学评价项目绩效，不断完善PPP模式制度体系。

七、构建多元化退出机制

政府和社会资本合作期满后，按照合同约定的移交形式、移交内容和移交标准，及时组织开展项目验收、资产交割等工作。推动PPP项目与资本市场深化发展相结合，依托各类产权、股权交易市场，通过股权转让、资产证券化等方式，丰富PPP项目投资退出渠道。提高PPP项目收费权等未来收益变现能力，为社会资本提供多元化、规范化、市场化的退出机制，增强PPP项目的流动性，提升项目价值，吸引更多社会资本参与。

八、积极发挥金融机构作用

各地发展改革部门要会同有关部门与金融机构加强合作对接，完善保险资金等参与PPP项目的投资机制，鼓励金融机构通过债权、股权、资产支持计划等多种方式，支持基础设施PPP项目建设。发挥各类金融机构专业优势，鼓励金融机构向政府提供规划咨询、融资顾问、财务顾问等服务，提前介入并帮助各地做好PPP项目策划、融资方案设计、融资风险控制、社会资本引荐等工作，切实提高PPP项目融资效率。

九、鼓励引导民间投资和外商投资

树立平等合作观念，多推介含金量高的项目，给予各类投资主体公平参与机会，鼓励和引导民营企业、外资企业参与PPP项目。招标选择社会资本方时，要合理设定投标资格和评标标准，消除隐性壁垒，确保一视同仁、公平竞争。探索在PPP项目中发展混合所有制，组建国有资本、民营资本、外商资本共同参与的项目公司，发挥各自优势，推动项目顺利实施。引导民间资本、外商资本参与PPP基金等，拓宽民间资本、外商资本参与PPP项目渠道。鼓励不同类型的民营企业、外资企业，通过组建联合体等方式共同参与PPP项目。

十、优化信用环境

各地发展改革部门要会同有关部门，加快推进社会信用体系建设，建立健全投融资领域相关主体信用记录，强化并提升政府和投资者的契约意识和诚信意识，规范履约行为，形成守信激励、失信惩戒的约束机制，促使相关主体切实强化责任，履行法定义务。加强政务诚信建设，提高政府履约能力，优化社会资本参与PPP项目的信用环境。

各地发展改革部门要高度重视，切实加强组织领导，认真做好统筹规划、综合协调等工作，形成合力，抓好落实。进一步推进简政放权、放管结合、优化服务，对各类社会资本一视同仁。加强PPP政策解读和宣传力度，提高各方对PPP的认知程度，培育积极的合作理念，建立规范的合作机制，营造良好的合作氛围，充分发挥政府、市场和社会资本的合力，保障基础设施领域政府和社会资本合作模式顺利推进。对其他领域的政府和社会资本合作项目，要积极配合有关部门开展相关工作。

附件：传统基础设施领域推广PPP模式重点项目。

附件　传统基础设施领域推广 PPP 模式重点项目

一、能源领域

电力及新能源类：供电/城市配电网建设改造、农村电网改造升级、资产界面清晰的输电项目、充电基础设施建设运营、分布式能源发电项目、微电网建设改造、智能电网项目、储能项目、光伏扶贫项目、水电站项目、热电联产、电能替代项目等。

石油和天然气类：油气管网主干/支线、城市配气管网和城市储气设施、液化天然气（LNG）接收站、石油和天然气储备设施等项目。

煤炭类：煤层气输气管网、压缩/液化站、储气库、瓦斯发电等项目。

二、交通运输领域

铁路运输类：列入中长期铁路网规划、国家批准的专项规划和区域规划的各类铁路项目。重点鼓励社会资本投资建设和运营城际铁路、市域（郊）铁路、资源开发性铁路以及支线铁路，鼓励社会资本参与投资铁路客货运输服务业务和铁路“走出去”项目。

道路运输类：公路建设、养护、运营和管理项目。城市地铁、轻轨、有轨电车等城市轨道交通项目。

水上运输类：港口码头、航道等水运基础设施建设、养护、运营和管理等项目。

航空运输类：民用运输机场、通用机场及配套基础设施建设等项目。

综合类：综合运输枢纽、物流园区、运输站场等建设、运营和管理项目、交通运输物流公共信息平台等项目。

三、水利领域

引调水工程、水生态治理工程、供水工程、江河湖泊治理工程、灌区工程、农业节水工程、水土保持等项目。

四、环境保护领域

水污染治理项目、大气污染治理项目、固体废物治理项目、危险废物治理项目、放射性废物治理项目、土壤污染治理项目。

湖泊、森林、海洋等生态建设、修复及保护项目。

五、农业领域

高标准农田、种子工程、易地扶贫搬迁、规模化大型沼气等三农基础设施建设项目。

现代渔港、农业废弃物资源化利用、示范园区、国家级农产品批发市场等项目。

旅游农业、休闲农业基础设施建设等项目。

六、林业领域

京津风沙源治理工程、岩溶地区石漠化治理工程、重点防护林体系建设、国家储备林、湿地保护与修复工程、林木种质资源保护、森林公园等项目。

七、重大市政工程领域

采取特许经营方式建设的城市供水、供热、供气、污水垃圾处理、地下综合管廊、园区基础设施、道路桥梁以及公共停车场等项目。

第五篇　关于推进农业废弃物资源化利用试点的方案

（农业部、国家发展改革委等部联合发文〔2016〕）

2016 年 8 月 11 日

农业废弃物资源化利用是农村环境治理的重要内容。据估算，全国每年产生畜禽粪污 38 亿吨，综合利用率不到 60%；每年生猪病死淘汰量约 6 000万头，集中的专业无害化处理比例不高；每年产生秸秆近 9 亿吨，未利用的约 2 亿吨；每年使用农膜 200 多万吨，当季回收率不足 2/3。这些未实现资源化利用无害化处理的农业废弃物量大面广、乱堆乱放、随意焚烧，给城乡生态环境造成了严重影响。开展农业废弃物资源化利用试点工作，是贯彻中央有关“推进种养业废弃物资源化利用”等决策部署的具体行动，是解决农村环境脏乱差、建设美丽宜居乡村的关键环节，也是应对经济新常态、促投资稳增长的积极举措。为此，特制定本方案。

一、总体思路

贯彻党的十八届五中全会、2016 年中央 1 号文件、《中共中央　国务院关于加快推进生态文明建设的意见》《国务院办公厅关于加快转变农业发展方式的意见》和《全国农业可持续发展规划（2015—2030 年）》的有关决策部署，围绕解决农村环境脏乱差等突出问题，聚焦畜禽粪污、病死畜禽、农作物秸秆、废旧农膜及废弃农药包装物等五类废弃物，以就地消纳、能量循环、综合利用为主线，采取政府支持、市场运作、社会参与、分步实施的方式，注重县乡村企联动、建管运行结合，着力探索构建农业废弃物资源化利用的有效治理模式。力争到 2020 年，试点县规模养殖场配套建设粪污处理设施比例达 80%左右，畜禽粪污基本资源化利用；病死畜禽基本实现无害化处理；秸秆综合利用率达到 85%以上；当季农膜回收和综合利用率达到 80%以上；废弃农药包装物有效回收利用。通过试点，形成可复制、可推广、可持续的模式和机制，辐射引领各地加快改善农村人居环境，建设美丽宜居乡村。

具体坚持以下原则：

一是整县统筹。以县为基本单元，统筹规划县域农业废弃物综合利用，加强相关资金县级整合和投融资创新，科学确定综合利用技术路径，探索整县推进农业废弃物资源化利用的有效模式。

二是技术集成。针对不同农业废弃物特点，集成现有零散的利用技术，制定不同类别、不同区域的技术解决方案，探索多元化、立体式、组合型资源化利用方式，提高综合利用效益。

三是企业运营。坚持市场主导，政府扶持，鼓励和引导企业参与，建立废弃物标准化分类收集、规范化转运、专业化处理、商品化应用的运营机制，在农业废弃物转化增值中延伸产业链。

四是因地制宜。根据各地农业废弃物种类分布、利用基础，相应采取资源化利用技术，集成适应不同区域特色的利用模式，优化和选配建设重点，避免生搬硬套和“一刀切”。

二、试点任务

（一）探索有效技术路径

针对畜禽粪污、病死畜禽、农作物秸秆、废旧农膜及废弃农药包装物等不同废弃物特点，优化集成技术方案，探索有效利用路径。

——畜禽粪污。围绕收集、处理、终端产品利用等关键环节，促进资源化利用。一是对不能自行处理废弃物的中小规模养殖场、养殖小区及散养户，实行干湿分离，干粪生产有机肥，尿液污水进行发酵处理，完善畜禽粪污收集、堆沤积肥、有机肥加工等设施设备；二是由专业化公司、农民合作社或养殖场成立专门机构，开展农村沼气工程专业化建设、管理、运营，建设原料收集存储和预处理系统、厌氧消化系统、沼气沼肥利用系统、智能监控系统等设施设备，实现沼气高值高效利用，沼渣沼液充分还田或生产商品化有机肥。

——病死畜禽。围绕收集、暂存、处理等关键环节，促进无害化处理。健全完善病死畜禽收集暂存体系，建设专业化病死畜禽无害化处理中心，配备相应收集、运输、暂存和冷藏设施以及无害化处理设施设备。有条件的地方探索开展副产品深加工，生产工业油脂、有机肥、无机炭等产品。

——农作物秸秆。围绕收集、利用等关键环节，促进多元化综合利用。采取肥料化、饲料化、燃料化、基料化、原料化等多种途径，着力提升综合利用水平。一是各类新型农业经营主体购置秸秆粉碎还田、深松机等设备，促进秸秆就地还田；二是加强专业化养殖企业和饲料企业生产优质粗饲料产品，建设青（黄）贮窖，购置秸秆收割、收集和处理设备、蒸汽膨化设施设备等；三是专业化企业生产固化成型燃料沼气或生物天然气，建设秸秆收集、固体成型或厌氧发酵和提纯设施设备；四是专业化企业生产食用菌基料和育秧、育苗基料，建设堆肥车间，购置秸秆收集、破碎和堆肥等设施设备；五是专业化企业生产秸秆板材和墙体材料，购置秸秆收集、打包和板材生产等设施设备。

——废旧农膜及废弃农药包装物。围绕回收、处理、奖补政策制定等关键环节，提升再利用水平。研究制定《农用地膜回收利用管理办法》，完善农业地膜产品标准，提高标准准入，鼓励回收地膜。按照“谁购买谁交回、谁销售谁收集、谁生产谁处理”的原则，实施废弃农药包装物押金制度，探索基于市场机制的回收处理机制，对废弃农药包装物实施无害化处理和资源化利用。

（二）探索综合利用模式

综合考虑区域地型地貌、气候特点、产业现状、生产生活方式和市场需求等因素，按照环境问题相近、强化源头治理的原则，聚焦种养密集区，将试点重点布局在南方丘陵多雨区、南方平原水网区、北方平原区三个类型区。每个区域以种养大县为基点，自主选配、科学组合相应的综合利用模式。

一是南方丘陵多雨地区“1+N”组合。集中在长江以南的广大区域，丘陵山地地形复杂，垂直分异明显，气温较高、雨量丰沛，全年日照1 600~2 500小时，人多地少，水热资源丰富，一年四季适宜种植，散养与规模养殖并存。本地区农村环境突出问题是畜禽粪污随意排放、病死畜禽无害化处理不足，可优先采用“病死畜禽无害化处理中心+若干畜禽粪污资源化利用点”模式开展综合治理。

二是南方平原水网地区“1+N+N”组合。集中在长江中下游区域，地形平坦、土壤肥沃、湖泊众多、水热资源丰富，全年日照1 600~2 500小时，一年四季适宜种植，畜禽养殖方式以规模化为主。本地区农村环境突出问题是畜禽粪污、病死畜禽和农作物秸秆综合利用程度不高，可优先采用“病死畜禽无害化处理中心+若干畜禽粪污资源化利用点+若干农作物秸秆综合利用点”模式开展综合治理。

三是北方平原地区“1+N+N+1”组合。集中在华北平原、东北平原及西北部分地区，地面辽阔平坦、土壤肥沃，区域夏季暖热，冬季寒冷，以一年一熟、一年二熟为主，水热资源不均，畜禽养殖方式以规模化为主。本地区农村除畜禽粪污、病死畜禽、秸秆利用不高外，地膜残留问题突出，根据实际需求，可优先采用“病死畜禽无害化处理中心+若干畜禽粪污资源化利用点+若干农作物秸秆综合利用点+废旧农膜（废弃农药包装物）回收与处理中心”模式开展综合治理。

三、试点选择

优先选择工作有基础、种养殖规模较大、地方有积极性的国家现代农业示范区、国家农业科技园区、农村综合改革试验区，以及国家农业可持续发展试验示范区所在县市开展试点。2016年，结合现有投资渠道在30个左右的县（市）开展试点。

根据试点进展和年度财政支持情况，后续年度逐步推进，并适时编制全国农业废弃物资源化利用规划，系统梳理各类农业废弃物利用模式与机制，明确建设标准、总体目标、技术路线和总体布局。

四、组织管理

按照自下而上和自上而下相结合的方式，统筹推进试点申报、实施与管理工作。

（一）试点申报

农业部等有关部门加强协调沟通，确定试点标准、内容及目标，明确各省试点指标，统筹开展试点工作。省级农业发改、财政、环保、住房城乡建设、科技等部门加强协作，按照要求组织试点申报、审核等工作，并按分配的指标确定本省试点县（市）。县（市）根据自身实际和相关要求，自愿申报。

（二）组织实施

充分发挥基层的创造性，由试点县（市）农业等部门依据本方案和有关要求制定实施方案，加强资金整合和投融资创新，合力推进试点进程，探索以企业为主体的专业化生产、市场化运营机制，保障工程设施持续运行和长久发挥作用。

（三）管理考核

试点县（市）加强工作自查，主动公开项目进度、资金使用等情况；省级农业等相关部门加强项目定期调度、考核评估和技术服务，研究解决试点实施中遇到的困难和问题，将有关情况及时报告农业部等部门；农业部等有关部门加强跟踪指导，及时总结试点经验，提炼形成可复制、可推广、可持续的模式和机制，适时向全国推广。

五、保障措施

（一）实行分类支持。针对不同建设内容，分别采取相应投资方式予以支持。对于开展畜禽粪污、农作物秸秆综合利用的试点，充分利用沼气工程、农业面源污染综合治理、奶牛肉牛肉羊标准化养殖小区（场）等现有投资渠道予以支持。对于病死畜禽无害化处理的试点，各地采取多种方式，探索以企业为主体的村收集、乡（镇）转运、县处理运行机制。对于有机肥加工厂、沼气纯化等利用内容，积极探索市场化方式，引导和鼓励社会资本投资。

（二）积极完善配套政策。各地要优先落实项目建设有关土地、水电等条件，将秸秆和畜禽粪污等储存用地按照设施农业用地管理。鼓励各地探索对沼气、秸秆发电企业的上网价格及有机肥生产企业的支持政策，实现与市场上其他相互替代产品的平等竞争。

（三）强化技术创新转化。围绕产品开发，分类开展科技创新，加强成果转化应用。加大生物燃料科技研发力度，探索生物液体燃料和生物质成型燃料商业化的有效途径。实施生物基材料集群式科技示范工程，提升生物基材料产品在高分子材料市场中的替代率。突破新型饲料、生物肥料和生物基料转化核心技术，探索多种循环利用技术体系和商业化有效途径。

（四）营造良好氛围。强化政策宣讲、技术业务培训等工作，提高基层和广大农民对农业废弃物资源化利用重要性的认识，激发改变生活环境的内生动力。采取“以奖代补”等方式，鼓励各地通过“一事一议”，引导农民投资投劳参与相关设施建设和污染防治，积极营造良好的社会氛围。

第六篇　可再生能源发电有关管理规定

（发改能源〔2016〕13号）

中华人民共和国国家发展和改革委员会

二〇〇六年一月五日

第一章　总则

第一条　为了促进可再生能源发电产业的发展，依据《中华人民共和国可再生能源法》和《中华人民共和国电力法》，特制定本规定。

第二条　本规定所称的可再生能源发电包括：水力发电、风力发电、生物质发电（包括农林废弃物直接燃烧和气化发电、垃圾焚烧和垃圾填埋气发电、沼气发电）、太阳能发电、地热能发电以及海洋能发电等。

第三条　依照法律和国务院规定取得行政许可的可再生能源并网发电项目和电网尚未覆盖地区的可再生能源独立发电项目适用本规定。

第四条　可再生能源发电项目实行中央和地方分级管理。

国家发展和改革委员会负责全国可再生能源发电项目的规划、政策制定和需国家核准或审批项目的管理。省级人民政府能源主管部门负责本辖区内属地方权限范围内的可再生能源发电项目的管理工作。

可再生能源发电规划应纳入同级电力规划。

第二章　项目管理

第五条　可再生能源开发利用要坚持按规划建设的原则。可再生能源发电规划的制定要充分考虑资源特点、市场需求和生态环境保护等因素，要注重发挥资源优势和规模效益。项目建设要符合省级以上发展规划和建设布局的总体要求，做到合理有序开发。

第六条　主要河流上建设的水电项目和25万千瓦及以上水电项目，5万千瓦及以上风力发电项目，由国家发展和改革委员会核准或审批。其他项目由省级人民政府投资主管部门核准或审批，并报国家发展和改革委员会备案。需要国家政策和资金支持的生物质发电、地热能发电、海洋能发电和太阳能发电项目向国家发展和改革委员会申报。

第七条　可再生能源发电项目的上网电价，由国务院价格主管部门根据不同类型可再生能源发电的特点和不同地区的情况，按照有利于促进可再生能源开发利用和经济合理的原则确定，并根据可再生能源开发利用技术的发展适时调整和公布。

实行招标的可再生能源发电项目的上网电价，按照中标确定的价格执行；电网企业收购和销售非水电可再生能源电量增加的费用在全国范围内由电力用户分摊，具体办法另行制定。

第八条 国家发展和改革委员会负责制定可再生能源发电统计管理办法。省级人民政府能源主管部门负责可再生能源发电的统计管理和汇总，并于每年2月10日前上报国家发展和改革委员会。

第九条 国家电力监管委员会负责可再生能源发电企业的运营监管工作，协调发电企业和电网企业的关系，对可再生能源发电、上网和结算进行监管。

第三章 电网企业责任

第十条 省级（含）以上电网企业应根据省级（含）以上人民政府制定的可再生能源发电中长期规划，制定可再生能源发电配套电网设施建设规划，并纳入国家和省级电网发展规划，报省级人民政府与国家发展和改革委员会批准后实施。

第十一条 电网企业应当根据规划要求，积极开展电网设计和研究论证工作，根据可再生能源发电项目建设进度和需要，进行电网建设与改造，确保可再生能源发电全额上网。

第十二条 可再生能源并网发电项目的接入系统，由电网企业建设和管理。

对直接接入输电网的水力发电、风力发电、生物质发电等大中型可再生能源发电项目，其接入系统由电网企业投资，产权分界点为电站（场）升压站外第一杆（架）。

对直接接入配电网的太阳能发电、沼气发电等小型可再生能源发电项目，其接入系统原则上由电网企业投资建设。发电企业（个人）经与电网企业协商，也可以投资建设。

第十三条 电网企业负责对其所收购的可再生能源电量进行计量、统计，省级电网企业应于每年1月20日前汇总报送省级人民政府能源主管部门，并抄报国家发展和改革委员会。

第四章 发电企业责任

第十四条 发电企业应当积极投资建设可再生能源发电项目，并承担国家规定的可再生能源发电配额义务。发电配额指标及管理办法另行规定。

大型发电企业应当优先投资可再生能源发电项目。

第十五条 可再生能源发电项目建设、运行和管理应符合国家和电力行业的有关法律法规、技术标准和规程规范，注重节约用地，满足环保、安全等要求。

第十六条 发电企业应按国家可再生能源发电项目管理的有关规定，认真做好设计、用地、水资源、环保等有关前期准备工作，依法取得行政许可，未经许可不得擅自开工建设。

获得行政许可的项目，应在规定的期限内开工和建成发电。未经原项目许可部门同意，不得对项目进行转让、拍卖或变更投资方。

第十七条 可再生能源发电项目建设，应当严格执行国家基本建设项目管理的有关规定，落实环境保护、生态建设、水土保持等措施，加强施工管理，确保工程质量。

第十八条 发电企业应该安装合格的发电计量系统，并在每年的1月15日前将上年度的装机容量、发电量及上网电量上报省级人民政府能源主管部门。

第五章 附则

第十九条 电网企业和发电企业发生争议，可以根据事由向国家发展和改革委员会或国家电力监管委员会申请调解，不接受调解的，可以通过民事诉讼裁处。

第二十条 不执行本规定造成企业和国家损失的，由国家发展和改革委员会或省级人民政府委托的审计事务所进行审查核定损失，按照核定的损失额赔偿损失。有关罚款办法另行制定。

第二十一条 本规定自发布之日起执行。

第二十二条 本规定由国家发展和改革委员会负责解释。

第七篇　2015年农村沼气工程转型升级工作方案

（中华人民共和国国家发展和改革委员会　农业部）

为加快推进农村沼气转型升级，加强农村沼气项目建设管理，经认真研究，制定本工作方案。

一、总体思路、基本原则和预期目标

（一）总体思路

贯彻落实中央关于建设生态文明、做好“三农”工作的总体部署，适应农业生产方式、农村居住方式、农民用能方式的变化对农村沼气发展的新要求，积极发展规模化大型沼气工程，开展规模化生物天然气工程建设试点，推动农村沼气工程向规模发展、综合利用、科学管理、效益拉动的方向转型升级，全面发挥农村沼气工程在提供可再生清洁能源、防治农业面源污染和大气污染、改善农村人居环境、发展现代生态农业、提高农民生活水平等方面的重要作用，促进沼气事业健康持续发展。

（二）基本原则

1. 坚持发展农村清洁能源与改善农村生态环境相结合。农村沼气综合效益显著，不仅是提供清洁可再生能源的重要方式，而且对于防治农业面源污染和大气污染、改善农村人居环境、发展生态农业等具有重要作用。必须深刻领会农村沼气建设的重要意义，在项目建设和运营时，不仅要重视农村沼气工程的能源效益，促进沼气高值高效利用，而且要重视农村沼气工程的生态效益，促进农业农村废弃物的资源化利用和农村生态环境的改善。

2. 坚持统筹兼顾与转型升级相结合。根据农村沼气发展需要，因地制宜开展农村沼气工程各类项目建设。鼓励地方政府利用地方资金建设中小型沼气工程、户用沼气、沼气服务体系等。中央预算内投资突出重点，主要用于支持规模化大型沼气工程建设，开展规模化生物天然气工程建设试点，促进农村沼气工程转型升级。

3. 坚持引导沼气工程向规模化发展与科学规划建设布局相结合。在利用中央投资引导沼气工程向规模化发展的同时，要根据当地经济社会发展水平、农业农村发展情况、资源环境承载能力、沼气工程原料的可获得性、周边农田的消纳能力和终端产品利用渠道，因地制宜、因区施策，科学规划项目建设布局，合理确定区域内规模化大型沼气工程建设数量、建设地点和建设规模。

4. 坚持完善政府扶持政策与推进市场化运营相结合。沼气工程兼有公益性和经营性。政府对项目建设给予投资补助，加强技术指导和服务，探索完善终端产品补贴政策，逐步破除行业壁垒和体制机制障碍，为沼气工程发展创造良好的环境。同时要注重更好地发挥市场机制作用，引导企业和农民合作组织等各种社会主体进行规模化沼气工程建设，形成多元化投入机制；推进工程实行专业化管理、市场化运营，不断提高经济效益和可持续发展能力。

5. 坚持推广先进工艺技术与强化建设管理相结合。鼓励规模化大型沼气工程推广中温高浓度混合原料发酵工艺技术路线，采用专业化设施和成套化装备，提高沼气产气率，提升沼渣沼液综合利用的便捷程度和附加值。严格标准化设计、规范化施工，确保项目建设质量和运行效果。规范建设程序，强化管理措施，保证项目任务与技术力量相匹配，发展速度与建设质量相协调。在规范事前审核的同时，切实加强事中事后监管，提高投资效益。

（三）预期目标

2015 年在适宜地区支持建设一批规模化大型沼气工程，开展规模化生物天然气工程建设试点，年可新增沼气生产能力 4.87 亿立方米（折合生物天然气生产能力 2.92 亿立方米），年处理 150 万吨农作物秸秆或 800 万吨畜禽鲜粪等农业有机废弃物。2015 年促进农村沼气转型升级试点，重点围绕规模化生物天然气工程，综合考虑不同区域特点、不用原料来源、不同建设运营模式等，择优选取典型项目开展试点，在创新项目建设管理机制和运营模式、完善支持政策、破除行业壁垒和体制机制障碍、提高沼气工程科技水平等方面，探索总结有价值、可复制、可推广的经验。

二、项目建设与试点的范围、中央支持政策

（一）项目建设与试点范围

1. 支持建设规模化大型沼气工程。支持建设日产沼气 500 立方米及以上的沼气工程（不含规模化生物天然气工程）。其中，给农户集中供气的规模化大型沼气工程，可适当考虑由同一业主建设的多个集中供气工程组成。支持沼气开展给农户供气、发电上网、企业自用等多元化利用。沼渣沼液用于还田、加工有机肥或开展其他有效利用。

2. 开展规模化生物天然气工程试点。支持日产生物天然气 1 万立方米以上的工程开展试点。提纯后的生物天然气主要用于并入城镇天然气管网、车用燃气、罐装销售等。沼渣沼液用于还田、加工有机肥或开展其他有效利用。

根据专家意见，日产生物天然气 1 万立方米以上的工程，由于工程规模大，对原料收集、周边农田消纳能力和终端产品利用渠道的要求高，工程能否实现持续良性运营、

能否形成可复制的模式还有待检验。择优选取试点项目，有利于形成有价值、可推广的经验，有利于用成功的典型来统一认识、争取政策完善，2015 年将积极稳妥地开展试点，原则上每个省推荐安排 1 个符合条件的试点项目，对于种植业优势产区和规模化养殖重点区域等原料资源丰富、工程需求量大的省份，最多可推荐安排 2 个试点项目。

（二）试点内容

对于规模化生物天然气试点工程，一是开展工程建设和运营机制创新试点，以专业化企业为主体，按照市场机制，投资工程建设，开展原料收集、工程运行管理、终端产品销售利用为一体的全产业链运营，探索可持续、可复制、可推广的生物天然气产业化发展模式。二是终端产品补贴试点，鼓励有积极性的地方政府，利用地方财政资金，按照生物天然气（沼气）销售量或有效利用量、沼渣沼液利用量或加工成有机肥的数量，对项目业主进行补贴，探索建立生物天然气或沼气工程终端产品补贴机制。三是破除行业壁垒和体制机制障碍试点，鼓励地方政府比照国产化石天然气，探索制定鼓励生物天然气或沼气产业发展的税收优惠政策；清理和整顿燃气特许经营权市场，为生物天然气或沼气发展创造公平的市场竞争环境。

对于具备条件的规模化大型沼气工程，若项目业主和地方政府有积极性，也鼓励在项目建管模式、工程运营机制、终端产品补贴政策、税收优惠等方面开展试点。

（三）中央支持政策

中央对符合条件的规模化大型沼气工程、规模化生物天然气试点工程予以投资补助。补助标准为：规模化大型沼气工程，每立方米沼气生产能力安排中央投资补助 1 500元；规模化生物天然气工程试点项目，每立方米生物天然气生产能力安排中央投资补助 2 500元。其余资金由企业自筹解决，鼓励地方安排资金配套。中央对单个项目的补助额度上限为 5 000万元。

当地政府已出台沼气或生物天然气发展的支持政策、对中央补助投资项目给予地方资金配套、已按照或在申报时明确将按照试点内容开展相关工作的地区，中央将优先支持。

对于已经建成或已投入运营的规模化生物天然气工程，也鼓励按上述内容积极开展试点，中央将进一步研究完善有关支持政策。

三、选项条件和项目建设内容

（一）选项条件

1. 项目单位具有法人资格，具备沼气专业化运营的条件，配备必需的专业技术人才；具有较高的信用等级、较强的资金实力，能够落实承诺的自筹资金。规模化生物天然气工程项目单位的经营范围应包括生物质能源或可再生能源的生产、销售、安全管理等内容，掌握规模化生物天然气生产的主要技术，对项目建设、运营的可行性进行了充分论证，优先安排具有天然气生产、销售等有关特许经营许可的项目单位。

2. 工程具有充足、稳定的原料来源，能够保障沼气工程达到设计日产气量的原料需要。鼓励以农作物秸秆、畜禽粪便和园艺等多种农业有机废弃物作为发酵原料，确定合理的配比结构。对于规模化生物天然气工程，建设地点周边20公里范围内有数量足够、可以获取且价格稳定的有机废弃物，其中半径10公里以内核心区的原料要保障整个工程原料需求的80%以上；与原料供应方签订协议，建立完善的原料收储运体系，并考虑原料不足时的替代方案。

3. 工程建设方案应参照国内外成功运行案例和运行监测数据，工艺技术和建设内容要符合有关标准规范要求（相关标准见附件）。规模化大型沼气工程执行《沼气工程规模分类》（NY/T 667—2011）中对于发酵工艺和池容产气率的要求。规模化生物天然气工程采用中高温高浓度混合原料发酵工艺技术路线，池容产气率大于等于1，所产沼气提纯制取生物天然气（BNG）。沼渣生产固体有机肥，沼液加工制作液体有机肥。

4. 要科学评估终端产品产出量、产品潜在用户、输送方式和距离、周边农田和农业生产对养分需求等因素，科学确定沼气工程终端产品的利用方式。其中，沼渣沼液的消纳标准应按照每立方米沼气生产能力配套0.5亩以上农田计算。要与用户签订供气、供电、沼肥利用协议，使工程所产沼气、沼渣沼液全部得到有效利用，确保沼气不排空，确保沼渣沼液不产生二次污染。

5. 项目单位应委托有资质、有经验的专业机构承担项目设计、施工、监理等工作，成立或委托专业化运营机构承担日常维护管理。落实必要的流动资金，制定产品质量保证、成本控制、设施管护等管理制度，确保工程能安全、稳定、持续运行。

6. 项目备案、土地、规划、环评、能评、资金等前期工作落实，配套条件较好，确保2015年能开工建设。

（二）建设内容

1. 原料仓储和预处理系统。以秸秆为主要原料的，要建设不低于4个月连续运行所需原料的仓储和预处理设施；以畜禽粪便为主要原料的，要建立粪污输送管道等设施设备或配备运输车。

2. 厌氧消化系统。按照《沼气工程技术规范》（NY/T 1220）等标准执行，包括进出料、厌氧发酵、增温保温和搅拌等设施设备。其中规模化生物天然气工程厌氧发酵装置总容积要求1.67万立方米以上，单体发酵装置容积一般控制在3 000立方米左右；规模化大型沼气工程发酵装置总容积要求500立方米以上。

3. 沼气利用系统。包括脱硫脱水等净化设备，燃气提纯装备，气柜、管网等储存输配系统，气热电等利用设施设备，防雷、防爆、防火等安全防护设施。规模化生物天然气工程利用系统按照《城镇燃气设计规范》（GB 50028）、《城镇燃气输配工程施工及验收规范》（CJJ33）等标准执行。规模化大型沼气工程利用系统按照《农村沼气集中供气工程技术规范》（NY/T 2371）、《沼气电站技术规范》（NY/T 1704）等标准执行。

4. 沼肥利用系统。包括沼渣、沼液存贮设施，有机肥料的生产加工设施设备，按照《沼肥加工设备》（NY/T 2139）、《沼肥施用技术规范》（NY/T 2065）等标准执行。

5. 智能监控系统。包括在线计量和远程监控智能平台，具备可测量、可识别、可核查和可追溯的功能。监控系统按照《沼气远程信息化管理技术规范》（待颁布）标准执行。

四、工作程序和要求

（一）工作程序

1. 地方发展改革部门和农村能源主管部门要按照职能分工，密切配合，根据国家发展改革委和农业部联合下发的申报通知和工作方案，抓紧开展需求摸底，为项目单位做好指导服务，及时组织项目申报。

2. 对于规模化大型沼气工程，项目单位在落实前期工作后，根据工作方案提出资金申请，其资金申请的批复程序和要求等由省级发展改革部门商省级农村能源主管部门制定。

3. 对于规模化生物天然气工程试点项目，为达到试点目标，要严格管理，规范事前审核。由项目单位委托有资质的咨询设计单位编制项目资金申请报告，报送省级发展改革部门审批，审批前应由省级农村能源主管部门出具行业审查意见。农业部成立专家委员会，提供技术指导。

项目资金申请报告应包括以下内容：（1）项目单位的基本情况；（2）项目的基本情况，包括建设地点、建设内容和规模、总投资及资金来源、建设条件落实情况等；（3）申请投资补助的主要理由和政策依据；（4）“选项条件”中要求的相关内容；（5）项目经济、环境、社会效益分析，项目风险分析与控制。（6）附具项目备案、环评、用地、能评、规划选址等审批文件复印件，并提供自筹资金落实证明或承诺函。

4. 省级发展改革部门会同农村能源主管部门，根据项目单位报送的资金申请报告，开展实地调查，择优选取1～2个符合本工作方案要求，能探索出有价值、可复制、可推广的经验，有利于用成功的典型来推动国家政策完善的试点项目，在此基础上编制项目试点方案。项目试点方案除包括每个项目的资金申请报告外，还应说明项目试点的必要性和可行性，明确试点工作的目标和任务，以及试点工作的保障措施。对于地方政府已经或有积极性即将开展地方财政支持沼气终端产品补贴试点、燃气特许经营权市场清理和整顿工作试点、制定鼓励生物天然气或沼气产业发展的税收优惠试点等情况，一并在试点方案中说明。

5. 省级发展改革部门会同农村能源主管部门编制本省农村沼气工程年度投资建议计划，联合报送至国家发展和改革委员会、农业部。申报规模化生物天然气工程试点项目的省份，一并报送项目试点方案。

6. 国家发展和改革委员会会同农业部对各省报送的建议计划和项目试点方案进行初审，经综合平衡后，编制农村沼气工程年度投资规模计划并联合下达。

7. 省级发展改革部门和农村能源主管部门要在接到中央投资规模计划后 20 个工作日内，分解落实到具体项目并下达投资计划，明确项目建设地点、建设内容、建设工期及有关工作要求，确保项目按计划实施，并将分解的投资计划报国家发展和改革委员会和农业部备核。凡安排中央预算内投资的项目，必须完成资金申请审批工作，可单独批复或者在下达投资计划的同时一并批复。

（二）有关要求

1. 各省发展改革和农村能源主管部门应当对项目资金申请是否符合中央预算内投资使用方向和有关规定、是否符合工作方案要求、是否符合投资补助的安排原则、项目前期工作是否落实等进行严格审查，并对审查结果和申报材料的真实性、合规性负责。要加强项目统筹，突出重点，确保申报项目质量。

2. 按照政府信息公开要求，凡安排中央预算内投资的项目，各省应在政府网站上公开项目名称、项目建设单位、建设地点、建设内容等信息。凡申报项目的单位，视同同意公开项目信息。不同意公开相关信息的项目，请勿组织申报。

3. 切实加强事中事后监管。一是严格执行中央预算内投资管理的有关规定，切实加强资金和项目实施管理。对于中央补助投资，要做到专户管理，独立核算，专款专用，严禁滞留、挪用。二是推行资金管理报账制，根据项目实施进度拨付资金。对于已完成项目前期工作且企业自筹资金 30%到位的项目，方可申请中央投资；工程竣工验收后申请最终 20%中央投资。三是省级农村能源主管部门会同发展改革部门建立定期检查和通报制度，对建设进度、质量、效益等进行检查和通报，并将通报内容报送农业部和国家发展和改革委员会，原则上每半年一次。其中规模化生物天然气工程试点项目每月报一次。四是国家发展和改革委员会和农业部，将不定期对项目执行情况进行监督和抽查，或者组织各地交叉检查，并将根据需要开展项目稽察。检查和稽察结果将作为安排后续年度中央投资的重要依据。五是进一步细化责任追究制度，对项目事中事后监管中发现的问题，根据情节轻重采取责令限期整改、通报批评、暂停拨付中央资金、扣减或收回项目资金、列入信用黑名单、一定时期内不再受理其资金申请、追究有关责任人行

政或法律责任等处罚措施。六是开展项目后评价，组织有关专家和机构对项目质量、投资效益等进行后评价，进一步提高项目决策的科学性。

4. 及时总结试点经验。对于安排中央投资的规模化生物天然气试点项目，要及时跟踪了解其建设和运营情况，总结成功经验，发展存在问题，积极推动国家相关政策的完善。各省发展改革部门要会同农村能源主管部门，于年底前将项目试点总结报告报送国家发展和改革委员会和农业部。对于其他具备条件的规模化大型沼气工程，或未申请中央投资支持的规模化生物天然气工程，也在开展相关试点的，请将其试点情况一并报送。

五、其他重点工作

（一）编制农村沼气工程相关规划

在全面总结“十二五”以来农村沼气工程的发展情况、深入分析农村沼气工程发展面临的新形势和新问题、2015 年推进规模化大型沼气工程建设和开展规模化生物天然气工程试点的基础上，研究制订全国农村沼气工程中长期发展规划，明确农村沼气发展的总体思路、方向目标、建设原则、区域布局、重点任务、保障措施等。

（二）修订项目管理办法

按照投资体制改革的要求，根据农村沼气工程发展方向、建设任务的变化，进一步修订完善《农村沼气建设项目管理办法》并及时印发。

（三）起草关于加快农村沼气工程转型升级的指导意见

根据项目试点情况，探索成功的运营管理模式、有效的支持政策，基本形成有价值、可复制、可推广的经验，争取有关部门统一认识，完善农村沼气发展的扶持政策。会同有关部门研究起草《关于加快农村沼气转型升级的指导意见》，为顺利推进农村沼气工程转型升级指明方向，提供政策支撑。

第八篇　可再生能源发展“十三五”规划

（发改能源〔2016〕2619号）

中华人民共和国国家发展和改革委员会

2016年12月10日

前言

可再生能源是能源供应体系的重要组成部分。目前，全球可再生能源开发利用规模不断扩大，应用成本快速下降，发展可再生能源已成为许多国家推进能源转型的核心内容和应对气候变化的重要途径，也是我国推进能源生产和消费革命、推动能源转型的重要措施。

“十二五”期间，我国可再生能源发展迅速，为我国能源结构调整做出了重要贡献。“十三五”时期是我国全面建成小康社会的决胜阶段，也是全面深化改革的攻坚期，更是落实习近平总书记提出的“四个革命、一个合作”能源发展战略的关键时期。为实现2020年和2030年非化石能源分别占一次能源消费比重15%和20%的目标，加快建立清洁低碳的现代能源体系，促进可再生能源产业持续健康发展，按照《可再生能源法》要求，根据《中华人民共和国国民经济和社会发展第十三个五年规划纲要》和《能源发展“十三五”规划》，制定《可再生能源发展“十三五”规划》（以下简称“《规划》”）。

《规划》包括了水能、风能、太阳能、生物质能、地热能和海洋能，明确了2016年至2020年我国可再生能源发展的指导思想、基本原则、发展目标、主要任务、优化资源配置、创新发展方式、完善产业体系及保障措施，是“十三五”时期我国可再生能源发展的重要指南。

一、发展基础和形势

（一）国际形势

随着国际社会对保障能源安全、保护生态环境、应对气候变化等问题日益重视，加快开发利用可再生能源已成为世界各国的普遍共识和一致行动，国际可再生能源发展呈现出以下几个趋势：

一是可再生能源已成为全球能源转型及实现应对气候变化目标的重大战略举措。全球能源转型的基本趋势是实现化石能源体系向低碳能源体系的转变，最终进入以可再生能源为主的可持续能源时代。为此，许多国家提出了以发展可再生能源为核心内容的能源转型战略，联合国政府间气候变化专家委员会（IPCC）、国际能源署（IEA）和国际可再生能源署（IRENA）等机构的报告均指出，可再生能源是实现应对气候变化目标的重要措施。90%以上的联合国气候变化《巴黎协定》签约国都设定了可再生能源发展目标。欧盟以及美国、日本、英国等发达国家都把发展可再生能源作为温室气体减排的重要措施。

二是可再生能源已在一些国家发挥重要替代作用。近年来，欧美等国每年60%以上的新增发电装机来自可再生能源。2015年，全球可再生能源发电新增装机容量首次超过常规能源发电装机容量，表明全球电力系统建设正在发生结构性转变。特别是德国等国家可再生能源已逐步成为主流能源，并成为这些国家能源转型、低碳发展的重要组成部分。美国可再生能源占全部发电量的比重也逐年提高，印度、巴西、南非以及沙特等国家也都在大力建设可再生能源发电项目。

三是可再生能源的经济性已得到显著提升。随着可再生能源技术的进步及应用规模的扩大，可再生能源发电的成本显著降低。风电设备和光伏组件价格近五年分别下降了约20%和60%。南美、非洲和中东一些国家的风电、光伏项目招标电价与传统化石能源发电相比已具备竞争力，美国风电长期购电协议价格已与化石能源发电达到同等水平，德国新增的新能源电力已经基本实现与传统能源平价，可再生能源发电的补贴强度持续下降，经济竞争能力明显增强。

四是可再生能源已成为全球具有战略性的新兴产业。许多国家都将可再生能源作为新一代能源技术的战略制高点和经济发展的重要新领域，投入大量资金支持可再生能源技术研发和产业发展。可再生能源产业的国际竞争加剧，围绕相关技术和产品的国际贸易摩擦不断增多。可再生能源已成为国际竞争的重要新领域，是许多国家新一代制造技术的代表性产业。

（二）国内形势

1. 发展基础

“十二五”期间，我国可再生能源产业开始全面规模化发展，进入了大范围增量替代和区域性存量替代的发展阶段。

一是可再生能源在推动能源结构调整方面的作用不断增强。2015年，我国商品化可再生能源利用量为4.36亿吨标准煤，占一次能源消费总量的10.1%；如将太阳能热利用等非商品化可再生能源考虑在内，全部可再生能源年利用量达到5.0亿吨标准煤；计入核电的贡献，全部非化石能源利用量占到一次能源消费总量12%，比2010年提高2.6个百分点。到2015年年底，全国水电装机为3.2亿千瓦，风电、光伏并网装机分别为1.29亿千瓦、4 318万千瓦，太阳能热利用面积超过4.0亿平方米，应用规模都位居全球首位。全部可再生能源发电量 1.38 万亿千瓦时，约占全社会用电量的 25%，其中非水可再生能源发电量占 5%。生物质能继续向多元化发展，各类生物质能年利用量约 3 500万吨标准煤。

二是可再生能源技术装备水平显著提升。随着开发利用规模逐步扩大，我国已逐步从可再生能源利用大国向可再生能源技术产业强国迈进。我国已具备成熟的大型水电设计、施工和管理运行能力，自主制造投运了单机容量 80 万千瓦的混流式水轮发电机组，掌握了 500 米级水头、35 万千瓦级抽水蓄能机组成套设备制造技术。风电制造业集中度显著提高，整机制造企业由“十二五”初期的 80 多家逐步减少至 20 多家。风电技术水平明显提升，关键零部件基本国产化，5 兆~6 兆瓦大型风电设备已经试运行，特别是低风速风电技术取得突破性进展，并广泛应用于中东部和南方地区。光伏电池技术创新能力大幅提升，创造了晶硅等新型电池技术转换效率的世界纪录。建立了具有国际竞争力的光伏发电全产业链，突破了多晶硅生产技术封锁，多晶硅产量已占全球总产量的 40%左右，光伏组件产量达到全球总产量的 70%左右。技术进步及生产规模扩大使“十二五”时期光伏组件价格下降了 60%以上，显著提高了光伏发电的经济性。各类生物质能、地热能、海洋能和可再生能源配套储能技术也有了长足进步。

三是可再生能源发展支持政策体系逐步完善。“十二五”期间，我国陆续出台了光伏发电、垃圾焚烧发电、海上风电电价政策，并根据技术进步和成本下降情况适时调整了陆上风电和光伏发电上网电价，明确了分布式光伏发电补贴政策，公布了太阳能热发电示范电站电价，完善了可再生能源发电并网管理体系。根据《可再生能源法》要求，结合行业发展需要三次调整了可再生能源电价附加征收标准，扩大了支持可再生能源发展的资金规模，完善了资金征收和发放管理流程。建立完善了可再生能源标准体系，产品检测和认证能力不断增强，可再生能源设备质量稳步提高，有效促进了各类可再生能源发展。

专栏 1　“十二五”期末可再生能源主要发展指标

内容	2010 年	“十二五”预期目标	2015 年	年均增长（%）
一、发电				
1. 水电（万千瓦）	21 606	29 000	31 954	8.1
2. 并网风电（万千瓦）	3 100	10 000	12 900	33.0
3. 光伏发电（万千瓦）	80	2 100	4 318	122.0
4. 各类生物质发电（万千瓦）	550	1 300	1 030	13.4
二、供气				
沼气（亿立方米）	140	220	190	6.3

（续表）

内容	2010 年	“十二五” 预期目标	2015 年	年均增长（%）
三、供热				
1. 太阳能热水器（万平方米）	16 800	40 000	44 000	21.2
2. 地热等（万吨标准煤/年）	460	1 500	460	0.0
四、燃料				
1. 生物成型燃料（万吨）	0	1 000	800	
2. 燃料乙醇（万吨）	180	400	210	3.1
3. 生物柴油（万吨）	50	100	80	9.9
总利用量（万吨标准煤/年）	28 600	47 800	51 248	12.4

2. 面临的形势与挑战

随着可再生能源技术进步和产业化步伐的加快，我国可再生能源已具备规模化开发应用的产业基础，展现出良好的发展前景，但也面临着体制机制方面的明显制约，主要表现在：

一是现有的电力运行机制不适应可再生能源规模化发展需要。以传统能源为主的电力系统尚不能完全满足风电、光伏发电等波动性可再生能源的并网运行要求。电力市场机制与价格机制不够完善，电力系统的灵活性未能充分发挥，可再生能源与其他电源协调发展的技术管理体系尚未建立，可再生能源发电大规模并网仍存在技术障碍，可再生能源电力的全额保障性收购政策难以有效落实，弃水、弃风、弃光现象严重。

二是可再生能源对政策的依赖度较高。目前，风电、太阳能发电、生物质能发电等的发电成本相对于传统化石能源仍偏高，度电补贴强度较高，补贴资金缺口较大，仍需要通过促进技术进步和建立良好的市场竞争机制进一步降低发电成本。可再生能源整体对政策扶持的依赖度较高，受政策调整的影响较大，可再生能源产业的可持续发展受到限制。此外，全国碳排放市场尚未建立，目前的能源价格和税收制度尚不能反映各类能源的生态环境成本，没有为可再生能源发展建立公平的市场竞争环境。

三是可再生能源未能得到有效利用。虽然可再生能源装机特别是新能源发电装机逐年快速增长，但是各市场主体在可再生能源利用方面的责任和义务不明确，利用效率不高，“重建设、轻利用”的情况较为突出，供给与需求不平衡、不协调，致使可再生能源可持续发展的潜力未能充分挖掘，可再生能源占一次能源消费的比重与先进国家相比仍较低。

二、指导思想和基本原则

（一）指导思想

全面贯彻党的十八大和十八届三中、四中、五中、六中全会精神，坚持创新、协调、绿色、开放、共享的发展理念，遵循能源发展“四个革命、一个合作”的战略方向，坚持清洁低碳、安全高效的发展方针，顺应全球能源转型大趋势，完善促进可再生能源产业发展的政策体系，统筹各类可再生能源协调发展，切实缓解弃水弃风弃光问题，加快推动可再生能源分布式应用，大幅增加可再生能源在能源生产和消费中的比重，加速对化石能源的替代，在规模化发展中加速技术进步和产业升级，促进可再生能源布局优化和提质增效，加快推动我国能源体系向清洁低碳模式转变。

（二）基本原则

1. 坚持目标管控，促进结构优化。把扩大可再生能源的利用规模、提高可再生能源在能源消费中的比重作为各地区能源发展的重要约束性指标，形成优先开发利用可再生能源的能源发展共识，积极推动各类可再生能源多元发展。

2. 坚持市场主导，完善政策机制。充分发挥市场配置资源的决定性作用，鼓励以竞争性方式配置资源，加快成本降低，实施强制性的市场份额及可再生能源电力绿色证书制度，逐步减少新能源发电的补贴强度，落实可再生能源发电全额保障性收购制度，提升可再生能源电力消纳水平。

3. 坚持创新引领，推动转型升级。把加快技术进步和提高产业创新能力作为引导可再生能源发展的主要方向，通过严格可再生能源产品市场准入标准，促进先进技术进入市场，完善和升级产业链，逐步建立良性竞争市场，淘汰落后产能，不断提高可再生能源的经济性和市场竞争力。

4. 坚持扩大交流，促进国际合作。积极参与国际政策对话和技术交流，充分利用国际、国内市场和资源，吸引全球技术、资金、开发经验等优势资源，鼓励企业由单纯设备出口或投资项目转向国际化综合服务，积极参与全球能源治理和产业资源整合。

三、发展目标

为实现2020、2030年非化石能源占一次能源消费比重分别达到15%、20%的能源发展战略目标，进一步促进可再生能源开发利用，加快对化石能源的替代进程，改善可再生能源经济性，提出主要指标如下：

1. 可再生能源总量指标。到2020年，全部可再生能源年利用量7.3亿吨标准煤。其中，商品化可再生能源利用量5.8亿吨标准煤。

2. 可再生能源发电指标。到 2020 年，全部可再生能源发电装机 6.8 亿千瓦，发电量 1.9 万亿千瓦时，占全部发电量的 27%。

3. 可再生能源供热和燃料利用指标。到 2020 年，各类可再生能源供热和民用燃料总计约替代化石能源 1.5 亿吨标准煤。

4. 可再生能源经济性指标。到 2020 年，风电项目电价可与当地燃煤发电同平台竞争，光伏项目电价可与电网销售电价相当。

5. 可再生能源并网运行和消纳指标。结合电力市场化改革，到 2020 年，基本解决水电弃水问题，限电地区的风电、太阳能发电年度利用小时数全面达到全额保障性收购的要求。

6. 可再生能源指标考核约束机制指标。建立各省（自治区、直辖市）一次能源消费总量中可再生能源比重及全社会用电量中消纳可再生能源电力比重的指标管理体系。到 2020 年，各发电企业的非水电可再生能源发电量与燃煤发电量的比重应显著提高。

专栏 2　2020 年可再生能源开发利用主要指标

内容	利用规模		年产能量		折标煤（万吨/年）
	数量	单位	数量	单位	
一、发电	67 500	万千瓦	19 045	亿千瓦时	56 188
1. 水电（不含抽水蓄能）	34 000		12 500		36 875
2. 并网风电	21 000		4 200		12 390
3. 光伏发电	10 500		1 245		3 673
4. 太阳能热发电	500		200		590
5. 生物质发电	1 500		900		2 660
二、生物天然气			80	亿立米	960
三、供热		万平米			15 100
1. 太阳能热水器	80 000				9 600
2. 地热能热利用	160 000				4 000
3. 生物质能供热（万吨）					1 500
四、生物液体燃料		万吨			680
1. 生物燃料乙醇	400				380
2. 生物柴油	200				300
可再生能源合计					72 928
商品化可再生能源合计					57 828

注：商品化可再生能源包含发电、生物天然气和燃料三类。

四、主要任务

“十三五”时期，要通过不断完善可再生能源扶持政策，创新可再生能源发展方式和优化发展布局，加快促进可再生能源技术进步和成本降低，进一步扩大可再生能源应用规模，提高可再生能源在能源消费中的比重，推动我国能源结构优化升级。

（一）积极稳妥发展水电

积极推进水电发展理念创新，坚持开发与保护、建设与管理并重，不断完善水能资源评价，加快推进水电规划研究论证，统筹水电开发进度与电力市场发展，以西南地区主要河流为重点，积极有序推进大型水电基地建设，合理优化控制中小流域开发，确保水电有序建设、有效消纳。统筹规划，合理布局，加快抽水蓄能电站建设。

1. 积极推进大型水电基地建设。在做好环境保护、移民安置工作和统筹电力市场的基础上，继续做好金沙江中下游、雅砻江、大渡河等水电基地建设工作；适应能源转型发展需要，优化开发黄河上游水电基地。到2020年，基本建成长江上游、黄河上游、乌江、南盘江红水河、雅砻江、大渡河六大水电基地，总规模超过1亿千瓦。积极推进金沙江上游等水电基地开发，着力打造藏东南“西电东送”接续基地。“十三五”期间，新增投产常规水电4 000万千瓦，新开工常规水电6 000万千瓦。

加快推进雅砻江两河口、大渡河双江口等调节性能好的控制性水库建设，加快金沙江中游龙头水库研究论证，积极推进龙盘水电站建设，提高流域水电质量和开发效益。统筹协调水电开发和电网建设，加快推动配套送出工程建设，完善水电市场消纳协调机制，促进水能资源跨区优化配置，着力解决水电弃水问题。

专栏3 “十三五”常规水电重点项目

序号	河流	重点开工项目	加快推进项目
1	金沙江	白鹤滩、叶巴滩、拉哇、巴塘、金沙	昌波、波罗、岗托、旭龙、奔子栏、龙盘、银江等
2	雅砻江	牙根一级、孟底沟、卡拉	牙根二级、楞古等
3	大渡河	金川、巴底、硬梁包、枕头坝二级、沙坪一级	安宁、丹巴等
4	黄河	玛尔挡、羊曲	茨哈峡、宁木特等
5	其他	林芝、白马	阿青、忠玉、康工、扎拉等

2. 转变观念优化控制中小流域开发。落实生态文明建设要求，统筹全流域、干支流开发与保护工作，按照流域内干流开发优先、支流保护优先的原则，严格控制中小流域、中小水电开发，保留流域必要生境，维护流域生态健康。水能资源丰富、开发潜力

大的西部地区重点开发资源集中、环境影响较小的大型河流、重点河段和重大水电基地，严格控制中小水电开发；开发程度较高的东、中部地区原则上不再开发中小水电。弃水严重的四川、云南两省，除水电扶贫工程外，“十三五”暂停小水电和无调节性能的中型水电开发。加强总结中小流域梯级水电站建设管理经验，开展水电开发后评价工作，推行中小流域生态修复。

支持边远缺电离网地区因地制宜、合理适度开发小水电，重点扶持西藏自治区，四川、云南、青海、甘肃四省藏区和少数民族贫困地区小水电扶贫开发工作。“十三五”期间，全国规划新开工小水电500万千瓦左右。

3. 加快抽水蓄能发展。坚持“统筹规划、合理布局”的原则，根据各地区核电和新能源开发、区域间电力输送情况及电网安全稳定运行要求，加快抽水蓄能电站建设。抓紧落实规划站点建设条件，加快开工建设一批距离负荷中心近、促进新能源消纳、受端电源支撑的抽水蓄能电站。“十三五”期间新开工抽水蓄能电站约6 000万千瓦，抽水蓄能电站装机达到4 000万千瓦。做好抽水蓄能规划滚动调整工作，统筹考虑区域电力系统调峰填谷需要、安全稳定运行要求和站址建设条件，开展部分地区抽水蓄能选点规划启动、调整工作，充分论证系统需求，优选确定规划站点。根据发展需要，适时启动新一轮的全国抽水蓄能规划工作。加强关键技术研究，推动建设海水抽水蓄能电站示范项目。积极推进抽水蓄能电站建设主体多元化，鼓励社会资本投资，加快建立以招标方式确定业主的市场机制。进一步完善抽水蓄能电站运营管理体制和电价形成机制，加快建立抽水蓄能电站辅助服务市场。研究探索抽水蓄能与核能、风能、太阳能等新能源一体化建设运营管理的新模式、新机制。

专栏4　“十三五”抽水蓄能电站重点开工项目

所在区域	省份	项目名称	总装机容量（万千瓦）
东北电网	辽宁	清原、庄河、兴城	380
	黑龙江	尚志、五常	220
	吉林	蛟河、桦甸	240
	内蒙古（东部）	芝瑞	120
华东电网	江苏	句容、连云港	255
	浙江	宁海、缙云、磐安、衢江	540
	福建	厦门、周宁、永泰、云霄	560
	安徽	桐城、宁国	240

（续表）

所在区域	省份	项目名称	总装机容量（万千瓦）
华北电网	河北	抚宁、易县、尚义	360
	山东	莱芜、潍坊、泰安二期	380
	山西	垣曲、浑源	240
	内蒙古（西部）	美岱、乌海	240
华中电网	河南	大鱼沟、花园沟、宝泉二期、五岳	480
	江西	洪屏二期、奉新	240
	湖北	大幕山、上进山	240
	湖南	安化、平江	260
	重庆	栗子湾	120
西北电网	新疆	阜康、哈密天山	240
	陕西	镇安	140
	宁夏	牛首山	80
	甘肃	昌马	120
南方电网	广东	新会	120
	海南	三亚	60
总计			5 875

4. 积极完善水电运行管理机制。研究流域梯级电站水库综合管理体制，建立电站运行协调机制。开展流域综合监测工作，建立流域综合监测平台，构建全流域全过程的实时监测、巡视检查、信息共享、监督管理体系。研究流域梯级联合调度体制机制，统筹考虑综合利用需求，优化水电站运行调度。制定梯级水电站联合优化调度运行规程和技术标准，推动主要流域全面实现梯级联合调度。探索各大流域按照现代企业制度组建统一规范的流域公司，逐步推动建立流域统一电价模式和运营管理机制，充分发挥流域梯级水电开发的整体效益。深化抽水蓄能电站作用、效益形成机制及与新能源电站联合优化运行方案和补偿机制研究，实行区域电网内统一优化调度，建立运行考核机制，确保抽水蓄能电站充分发挥功能效用。

5. 推动水电开发扶贫工作。贯彻落实中央关于发展生产脱贫一批的精神，积极发挥当地资源优势，充分尊重地方和移民意愿，科学谋划，加快推进贫困地区水电重大项目建设，更好地将资源优势转变为经济优势和扶贫优势。进一步完善水电开发移民政策，理顺移民工作体制机制，加强移民社会管理，提升移民安置质量。探索贫困地区水电开发资产收益扶贫制度，建立完善水电开发群众共享利益机制和资源开发收益分配政策，将从发电中提取的资金优先用于本水库移民和库区后续发展，增加贫困地区年度发电指标，提高贫困地区水电工程留成电量比例。研究完善水电开发财政税收政策，探索资产收益扶贫，让当地群众从能源资源开发中更多地受益。

（二）全面协调推进风电开发

按照“统筹规划、集散并举、陆海齐进、有效利用”的原则，严格开发建设与市场消纳相统筹，着力推进风电的就地开发和高效利用，积极支持中东部分散风能资源的开发，在消纳市场、送出条件有保障的前提下，有序推进大型风电基地建设，积极稳妥开展海上风电开发建设，完善产业服务体系。到2020年年底，全国风电并网装机确保达到2.1亿千瓦以上。

1. 加快开发中东部和南方地区风电。加强中东部和南方地区风能资源勘查，提高低风速风电机组技术和微观选址水平，做好环境保护、水土保持和植被恢复等工作，全面推进中东部和南方地区风能资源的开发利用。结合电网布局和农村电网改造升级，完善分散式风电的技术标准和并网服务体系，考虑资源、土地、交通运输以及施工安装等建设条件，按照“因地制宜、就近接入”的原则，推动分散式风电建设。到2020年，中东部和南方地区陆上风电装机规模达到7 000万千瓦，江苏省、河南省、湖北省、湖南省、四川省、贵州省等地区风电装机规模均达到500万千瓦以上。

2. 有序建设“三北”大型风电基地。在充分挖掘本地风电消纳能力的基础上，借助“三北”地区已开工建设和明确规划的特高压跨省区输电通道，按照“多能互补、协调运行”的原则，统筹风、光、水、火等各类电源，在落实消纳市场的前提下，最大限度地输送可再生能源，扩大风能资源的配置范围，促进风电消纳。在解决现有弃风问题的基础上，结合电力供需变化趋势，逐步扩大“三北”地区风电开发规模，推动“三北”地区风电规模化开发和高效利用。到2020年，“三北”地区风电装机规模确保1.35亿千瓦以上，其中本地消纳新增规模约3 500万千瓦。另外，利用跨省跨区通道消纳风电容量4 000万千瓦（含存量项目）。

3. 积极稳妥推进海上风电开发。开展海上风能资源勘测和评价，完善沿海各省（区、市）海上风电发展规划。加快推进已开工海上风电项目建设进度，积极推动后续海上风电项目开工建设，鼓励沿海各省（区、市）和主要开发企业建设海上风电示范项目，带动海上风电产业化进程。完善海上风电开发建设管理政策，加强部门间的协调，规范和精简项目核准手续，完善海上风电价格政策。健全海上风电配套产业服务体系，加强海上风电技术标准、规程规范、设备检测认证、信息监测工作，形成覆盖全产业链的设备制造和开发建设能力。到2020年，海上风电开工建设1 000万千瓦，确保建成500万千瓦。

4. 切实提高风电消纳能力。加强电网规划和建设，有针对性地对重要送出断面、风电汇集站、枢纽变电站进行补强和增容扩建，完善主网架结构，减少因局部电网送出能力或变电容量不足导致的弃风限电问题。充分挖掘电力系统调峰潜力，提升常规煤电机组和供热机组运行灵活性，鼓励通过技术改造提升煤电机组调峰能力，化解冬季供暖期风电与热电的运行矛盾。结合电力体制改革，取消或缩减煤电发电计划，推进燃气机组、燃煤自备电厂参与调峰。优化风电调度运行管理，建立辅助服务市场，加强需求侧管理和用户响应体系建设，提高风电功率预测精度并加大考核力度，在发电计划中留足风电电量空间，合理安排常规电源开机规模和发电计划，将风电纳入电力平衡和开机组合，鼓励风电等可再生能源机组通过参与市场辅助服务和实时电价竞争等方式，逐步提高系统消纳风电的能力。

（三）推动太阳能多元化利用

按照“技术进步、成本降低、扩大市场、完善体系”的原则，促进光伏发电规模化应用及成本降低，推动太阳能热发电产业化发展，继续推进太阳能热利用在城乡应用。到2020年年底，全国太阳能发电并网装机确保实现1.1亿千瓦以上。

1. 全面推进分布式光伏和“光伏+”综合利用工程。继续支持在已建成且具备条件的工业园区、经济开发区等用电集中区域规模化推广屋顶光伏发电系统；积极鼓励在电力负荷大、工商业基础好的中东部城市和工业区周边，按照就近利用的原则建设光伏电站项目；结合土地综合利用，依托农业种植、渔业养殖、林业栽培等，因地制宜创新各类“光伏+”综合利用商业模式，促进光伏与其他产业有机融合；创新光伏的分布利用模式，在中东部等有条件的地区，开展“人人1千瓦光伏”示范工程，建设光伏小镇和光伏新村。

2. 有序推进大型光伏电站建设。在资源条件好、具备接入电网条件、消纳能力强的中西部地区，在有效解决已有弃光问题的前提下，有序推进光伏电站建设。积极支持在中东部地区，结合环境治理和土地再利用要求，实施光伏“领跑者”计划，促进先进光伏技术和产品应用，加快市场优胜劣汰和光伏上网电价快速下降。在水电资源丰富的地区，利用水电调节能力开展水光互补或联合外送示范。

3. 因地制宜推进太阳能热发电示范工程建设。按照总体规划、分步实施的思路，积极推进太阳能热发电产业进程。太阳能热发电先期发展以示范为主，通过首批太阳能热发电示范工程建设，促进技术进步和规模化发展，带动设备国产化，逐步培育形成产业集成能力。按照先示范后推广的发展原则，及时总结示范项目建设经验，扩大热发电项目市场规模，推动西部资源条件好、具备消纳条件、生态条件允许地区的太阳能热发电基地建设，充分发挥太阳能热发电的调峰作用，实现与风电、光伏的互补运行。尝试煤电耦合太阳能热发电示范的运行机制。提高太阳能热发电设备技术水平和系统设计能力，提升系统集成能力和产业配套能力，形成我国自主化的太阳能热发电技术和产业体

系。到 2020 年，力争建成太阳能热发电项目 500 万千瓦。

4. 大力推广太阳能热利用的多元化发展。持续扩大太阳能热利用在城乡的普及应用，积极推进太阳能供暖、制冷技术发展，实现太阳能热水、采暖、制冷系统的规模化利用，促进太阳能与其他能源的互补应用。继续在城镇民用建筑以及广大农村地区普及太阳能热水系统，到 2020 年，太阳能热水系统累计安装面积达到 4.5 亿平方米。加快太阳能供暖、制冷系统在建筑领域的应用，扩大太阳能热利用技术在工农业生产领域的应用规模。到 2020 年，太阳能热利用集热面积达到 8 亿平方米。

5. 积极推进光伏扶贫工程。充分利用太阳能资源分布广的特点，重点在前期开展试点的、光照条件好的建档立卡贫困村，以资产收益扶贫和整村推进的方式，建设户用光伏发电系统或村级大型光伏电站，保障 280 万建档立卡无劳动能力贫困户（包括残疾人）每年每户增加收入 3 000元以上；其他光照条件好的贫困地区可按照精准扶贫的要求，因地制宜推进光伏扶贫工程。

（四）加快发展生物质能

按照因地制宜、统筹兼顾、综合利用、提高效率的思路，建立健全资源收集、加工转化、就近利用的分布式生产消费体系，加快生物天然气、生物质能供热等非电利用的产业化发展步伐，提高生物质能利用效率和效益。

1. 加快生物天然气示范和产业化发展。选择有机废弃物资源丰富的种植养殖大县，以县为单位建立产业体系，开展生物天然气示范县建设，推进生物天然气技术进步和工程建设现代化。建立原料收集保障和沼液沼渣有机肥利用体系，建立生物天然气输配体系，形成并入常规天然气管网、车辆加气、发电、锅炉燃料等多元化消费模式。到 2020 年，生物天然气年产量达到 80 亿立方米，建设 160 个生物天然气示范县。

2. 积极发展生物质能供热。结合用热需求对已投运生物质纯发电项目进行供热改造，提高生物质能利用效率，积极推进生物质热电联产为县城及工业园区供热，形成 20 个以上以生物质热电联产为主的县城供热区域。加快发展技术成熟的生物质成型燃料供热，推动 20 蒸吨/小时（14MW）以上大型先进低排放生物质成型燃料锅炉供热的应用，污染物排放达到天然气锅炉排放水平，在长三角、珠三角、京津冀鲁等地区工业供热和民用采暖领域推广应用，为工业生产和学校、医院、宾馆、写字楼等公共设施和商业设施提供清洁可再生能源，形成一批生物质清洁供热占优势比重的供热区域。到 2020 年，生物质成型燃料利用量达到3 000万吨。

3. 稳步发展生物质发电。在做好选址和落实环保措施的前提下，结合新型城镇化建设进程，重点在具备资源条件的地级市及部分县城，稳步发展城镇生活垃圾焚烧发电，到 2020 年，城镇生活垃圾焚烧发电装机达到 750 万千瓦。根据生物质资源条件，有序发展农林生物质直燃发电和沼气发电，到 2020 年，农林生物质直燃发电装机达到

700 万千瓦，沼气发电达到 50 万千瓦。到 2020 年，生物质发电总装机达到 1 500万千瓦，年发电量超过 900 亿千瓦时。

4. 推进生物液体燃料产业化发展。稳步扩大燃料乙醇生产和消费。立足国内自有技术力量，积极引进、消化、吸收国外先进经验，大力发展纤维乙醇。结合陈次和重金属污染粮消纳，控制总量发展粮食燃料乙醇。根据资源条件，适度发展木薯、甜高粱等燃料乙醇项目。对生物柴油项目进行升级改造，提升产品质量，满足交通燃料品质需要。加快木质生物质、微藻等非粮原料多联产生物液体燃料技术创新。推进生物质转化合成高品位燃油和生物航空燃料产业化示范应用。到 2020 年，生物液体燃料年利用量达到 600 万吨以上。

5. 完善促进生物质能发展的政策体系。加强废弃物综合利用，保护生态环境。制定生物天然气、液体燃料优先利用的政策，建立无歧视无障碍并入管网机制，研究建立强制配额机制。完善支持生物质能发展的价格、财税等优惠政策，研究出台生物天然气产品补贴政策，加快生物天然气产业化发展步伐。

（五）加快地热能开发利用

坚持“清洁、高效、可持续”的原则，按照“技术先进、环境友好、经济可行”的总体要求，加快地热能开发利用，加强全过程管理，创新开发利用模式，全面促进地热能资源的合理有效利用。

1. 积极推广地热能利用。加强地热能开发利用规划与城市总体规划的衔接，将地热供暖纳入城镇基础设施建设，在用地、用电、财税、价格等方面给予地热能开发利用政策扶持。在实施区域集中供暖且地热资源丰富的京津冀鲁豫及毗邻区，在严格控制地下水资源过度开采的前提下，大力推动中深层地热供暖重大项目建设。加大浅层地热能开发利用的推广力度，积极推动技术进步，进一步规范管理，重点在经济发达、夏季制冷需求高的长江经济带地区，特别是苏南地区城市群、重庆、上海、武汉等地区，整体推进浅层地热能重大项目。

2. 有序推进地热发电。综合考虑地质条件、资源潜力及应用方式，在青藏铁路沿线、西藏、四川西部等高温地热资源分布地区，新建若干万千瓦级高温地热发电项目，对西藏羊八井地热电站进行技术升级改造。在东部沿海及油田等中低温地热资源富集地区，因地制宜发展中小型分布式中低温地热发电项目。支持在青藏高原及邻区、京津唐等东部经济发达地区开展深层高温干热岩发电系统关键技术研究和项目示范。

3. 加大地热资源潜力勘察和评价。到 2020 年，基本查清全国地热能资源情况和分布特点，重点在华北地区、长江中下游地区主要城市群及中心城镇开展浅层地热能资源勘探评价，在松辽盆地、河淮盆地、江汉盆地、环鄂尔多斯盆地等未来具有开发前景且勘察程度不高的典型传导型地热区开展中深层地热资源勘察工作，在青藏高原及邻区、

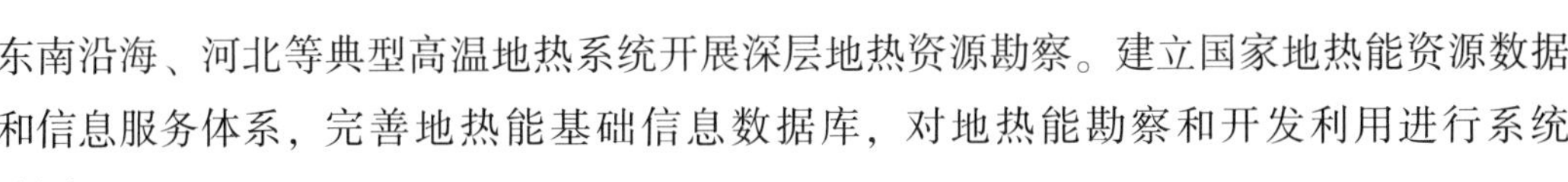

东南沿海、河北等典型高温地热系统开展深层地热资源勘察。建立国家地热能资源数据和信息服务体系，完善地热能基础信息数据库，对地热能勘察和开发利用进行系统监测。

（六）推进海洋能发电技术示范应用

结合我国海洋能资源分布及地方区位优势，妥善协调海岸和海岛资源开发利用方案，因地制宜开展海洋能开发利用，使我国海洋能技术和产业迈向国际领先水平。

完善海洋能开发利用公共支撑服务平台建设，初步建成山东、浙江、广东、海南四大重点区域的海洋能示范基地。加强海洋能综合利用技术研发，重点支持百千瓦级波浪能、兆瓦级潮流能示范工程建设，开展小型化、模块化海洋能的能源供给系统研发，争取突破高效转换、高效储能、高可靠设计等瓶颈，形成若干个具备推广应用价值的海洋能综合利用装备产品。开展海岛（礁）海洋能独立电力系统示范工程建设；在浙江、福建等地区启动万千瓦级潮汐能电站建设，为规模化开发海洋能资源奠定基础。

（七）推动储能技术示范应用

配合国家能源战略行动计划，推动储能技术在可再生能源领域的示范应用，实现储能产业在市场规模、应用领域和核心技术等方面的突破。

1. 开展可再生能源领域储能示范应用。结合可再生能源发电、分布式能源、新能源微电网等项目开发和建设，开展综合性储能技术应用示范，通过各种类型储能技术与风电、太阳能等间歇性可再生能源的系统集成和互补利用，提高可再生能源系统的稳定性和电网友好性。重点探索适合可再生能源发展的储能技术类型和开发模式，探索开展储能设施建设的管理体制、激励政策和商业模式。

2. 提升可再生能源领域储能技术的技术经济性。通过示范工程建设培育稳定的可再生能源领域储能市场，重点提升储能系统的安全性、稳定性、可靠性和适用性，逐步完善储能技术标准、检测认证和入网规范，通过下游应用带动上游产品技术创新和成本下降，推动实现储能技术在可再生能源领域的商业化应用。

（八）加强可再生能源产业国际合作

结合经济全球化及国际能源转型趋势，充分发挥我国可再生能源产业比较优势，紧密结合“一带一路”倡议，推进可再生能源产业链全面国际化发展，提升我国可再生能源产业国际竞争水平，积极参与并推动全球能源转型。

1. 加强对话，搭建国际合作交流服务平台。继续加强与重要国际组织及国家间的政策对话和技术合作，充分掌握国际可再生能源发展趋势。整合已有的多边和双边合作机制，建立可再生能源产业国际合作服务和能力建设平台，提供政策对接、规划引领、技术交流、融资互动、风险预警、品牌建设、经验分享等全方位信息和对接服务，有效支撑我国可再生能源产业的国际化发展。

2. 合理布局，参与全球可再生能源市场。紧密结合“一带一路”沿线国家发展规划和建设需求，巩固和深耕传统市场，培养和开拓新兴市场，适时启动一批标志性合作项目，带动可再生能源领域的咨询、设计、承包、装备、运营等企业共同走出去，形成我国企业优势互补、协同国际化发展的良好局面。

3. 提升水平，参与国际标准体系建设。支持企业和相关机构积极参与国际标准的制修订工作，在领先领域主导制修订一批国际标准，提升我国可再生能源产业的技术水平。加大与主要可再生能源市场开展技术标准的交流合作与互认力度，积极运用国际多边互认机制，深度参与国际电工委员会可再生能源认证互认体系（IECRE）合格评定标准、规则的制定、实施和评估，提升我国在国际认证、认可、检测等领域的话语权。

4. 发挥优势，推动全球能源转型发展。充分发挥我国各类援外合作机制的支持条件，共享我国在可再生能源应用领域的政策规划和技术开发经验，为参与全球能源转型的国家，特别是经济技术相对落后的发展中国家，提供能力建设、政策规划等帮助和支持。

五、优化资源配置

充分利用规划、在建和已建输电通道，在科学论证送端电网调峰能力、受端电网可再生能源消纳能力的基础上，尽量提高输送电量中可再生能源电量比例。结合大气污染防治，促进京津冀周边地区可再生能源协同发展，有序推动可再生能源跨省消纳。发挥水电、光热等可再生能源调节能力，促进水电、风电、光伏、光热等可再生能源多能互补和联合外送。

（一）有序推进大型可再生能源基地建设

借助已建的特高压外送输电通道，加快新疆哈密、宁夏宁东等地区配套的可再生能源项目建设，确保2020年前可再生能源项目全部并网发电。结合在建输电通道的建设进度，有序推进甘肃酒泉、内蒙古、山西、新疆准东等可再生能源项目建设，有效扩大消纳范围，最大限度的提高外送可再生能源电量比重。

专栏5　利用规划、在建和已建输电通道外送可再生能源
——已建输电通道：哈密-郑州±800千伏直流、宁夏-山东±660千伏直流、高岭背靠背等。 ——规划和在建输电通道：锡盟-山东1 000千伏交流、锡盟-江苏±800千伏直流、蒙西-天津南1 000千伏交流、上海庙-山东±800千伏直流、晋北-江苏±800千伏直流、宁东-浙江±800千伏直流、酒泉-湖南±800千伏直流、扎鲁特-山东±800千伏直流等。

（二）加强京津冀及周边地区可再生能源协同发展

贯彻落实《大气污染防治行动计划》有关要求，结合“绿色奥运”“京津冀一体化”发展战略等，积极推进河北张家口、承德等地区可再生能源基地建设，研究论证并适时推动内蒙古乌兰察布、赤峰等地区可再生能源基地规划建设，加强配套输电通道的规划建设，提高京津冀地区电网协同消纳新能源能力，推广普及可再生能源清洁供暖，实现清洁能源电能替代，显著提高可再生能源在京津冀地区能源消费中的比重。

专栏6　京津冀及周边地区可再生能源协同发展
——张家口可再生能源示范区：深入贯彻“低碳奥运”理念，落实张家口可再生能源示范区规划，推进张家口风电、太阳能、地热能等可再生能源建设和应用，着力推进体制机制创新、商业模式创新、技术创新，构建多元化和智能化的能源系统。 ——承德风电基地三期项目：适时推进承德风电基地三期项目建设，在京津冀地区统筹消纳。 ——乌兰察布风电基地：根据市场需求规划建设，积极推进华北电网区域内消纳方案论证。 ——赤峰风电基地：根据市场需求规划建设，积极推进华北电网区域内消纳方案论证。

（三）开展水风光互补基地示范

利用水风光发电出力的互补特性，在不增加弃水的前提下，在西南和西北等水能资源丰富的地区，借助水电站外送通道和灵活调节能力，建设配套的风电和光伏发电项目，协同推进水风光互补示范项目建设。重点推进四川省凉山州风水互补基地、雅砻江水风光互补基地、金沙江水风光互补基地、贵州省乌江和北盘江流域风水联合运行、青海海南州水风光互补基地等可再生能源基地建设。

专栏7　水风光互补示范基地
——四川省凉山州风电基地：在四川省内消纳利用。 ——雅砻江水风光互补基地：通过锦屏-江苏等特高压直流实现水风光联合外送和跨区消纳。 ——金沙江水风光互补基地：通过溪洛渡-浙江特高压直流、向家坝-上海特高压直流、溪洛渡-广东直流等实现水风光联合外送和跨区消纳。 ——贵州省乌江和北盘江风水互补基地：在贵州省内消纳利用。 ——青海海南州水风光互补基地：结合受端电力市场情况，推进水电、风电、光伏、光热联合外送方案论证。

（四）论证风光热综合新能源基地规划

在风能、太阳能资源富集地区，统筹考虑送端地区风电、光伏、光热、抽水蓄能等各类资源互补调节能力，研究规划新增外送输电通道，统筹送端资源和受端市场，充分发挥受端调节作用，实现高品质新能源资源在更大范围内的优化配置。研究探索内蒙古阿拉善盟、青海海西州、甘肃金昌武威等地区以可再生能源电量为主的外送方案。

专栏 8　风光热综合新能源基地
——内蒙古阿拉善盟：推进风电、光伏、光热、抽蓄联合运行机制、方式等研究，结合受端电力市场情况，适时探索启动联合外送方案论证。 ——青海海西州：推进风电、光伏、光热、抽蓄联合运行机制、方式等研究，结合受端电力市场情况，适时探索启动联合外送方案论证。

六、创新发展方式

结合电力市场建设和电力体制改革，选择适宜地区开展各类可再生能源示范，探索可再生能源集成技术应用、规模化发展路径及商业运营模式，为加快推动可再生能源利用、替代化石能源消费打下坚实基础。

（一）可再生能源供热示范工程

按照“优先利用、经济高效、多能互补、综合集成”的原则，开展规模化应用的可再生能源供热示范工程。在城镇规划建设过程中，做好区域能源规划与城市发展规划的衔接，树立优先发展可再生能源的理念，将可再生能源供热作为区域能源规划的重要内容。推进建筑领域、工业领域可再生能源供热，启动生物质替代城镇燃料工程，加快供热领域各类可再生能源对化石能源的替代。统筹规划建设和改造热力供应的基础设施，加强配套电网建设与改造，优化设计供热管网，建立可再生能源与传统能源协同互补、梯级利用的综合热能供应体系。到 2020 年，各类可再生能源供热和民用燃料总计可替代化石能源约 1.5 亿吨标准煤。

专栏 9　可再生能源供热示范工程
——太阳能供热。在继续推广太阳能建筑一体化基础上，加快各类中高温太阳能热利用技术在工业领域应用，满足热水、取暖、蒸气、制冷等各种品质用热/用冷需要。在适宜地区推广跨季太阳能蓄热工程供热。 ——生物质能供热。因地制宜推进农林废弃物、城市垃圾等生物质能综合开发，鼓励城镇小型燃煤供热锅炉改造为以生物质成型颗粒为燃料，扩大生物质热电联产比重，提高生物质利用效率，替代城镇化石燃料消费。 ——地热能供热。鼓励地热能资源丰富地区，建立以地热能为主的供热利用体系，满足各种供热需求。 ——清洁电力供热。在风能资源富集、供热需求量大、电力供应相对过剩的北方地区，以替代燃煤小锅炉为目标，推广规模化的清洁电力供热工程，在满足这些地区刚性供热需要的同时，扩大清洁电力就地消纳比重，减少煤炭消费。

（二）区域能源转型示范工程

在继续做好绿色能源示范县、新能源示范城市等工作基础上，支持资源条件好、管理有基础、发展潜力大、示范作用显著的地区，以推进新能源应用、显著提高新能源消费比重为目标，以省级、市级、县级或园区级为单位，开展区域能源转型综合应用示范工程建设，促进新能源技术集成、应用方式和体制机制等多层面的创新，探索建立以可再生能源为主的能源技术应用和综合管理新体系。在“三北”地区开展就近消纳试点，发展与可再生能源配套的高载能工业，探索风电制氢、工业直供电等新型可再生能源开发利用模式。争取到2020年，在一些地区工业、建筑、交通等领域增量或存量的能源消费中，率先实现高比例可再生能源应用。

专栏10　区域能源转型示范工程
——能源转型示范省（区）。支持可再生能源资源富集的西北、西南等省（区），规划能源转型战略目标，探索可再生能源就地消纳与省间互济、风光水电等互补协调运行机制，建设能源转型示范省（区）。到2020年，示范省（区）内可再生能源在能源消费中的占比超过30%。支持中东部可再生能源资源一般或相对贫乏但能源消费集中的省份，充分发挥网际输电能力、区域调峰能力，探索实施需求侧管理等综合优化调度运行模式，增加可再生能源消纳比重，争取在“十三五”期间，通过市场化机制消纳区外可再生能源，示范省可再生能源在能源消费中的比重超过30%，新增可再生能源在全部新增能源消费中的占比超过50%。 ——能源转型示范城市。在继续深入开展新能源示范城市创建工作的基础上，引导积极的城市创建能源转型示范城市。示范城市以分布式能源和可再生能源供热为重点领域，完善相关政策措施，建立健全信息统计和监测体系等管理制度，力争城市增量能源消费大部分由新能源提供，加快新能源对存量化石能源消费的替代，提高新能源在城市用能中的消费比重，推动城市能源结构转型。示范城市能源消费中的可再生能源比重占城市用能消费的50%以上。 ——农村能源转型示范县（区）。支持在农业及人口大省开展农村能源转型示范县（区）建设。加快城乡电力服务均等化进程，实现稳定可靠的供电服务全覆盖。推进各类生物质集中供气、沼气集中供气、成型燃料供热项目在农村和城镇应用。利用荒山荒坡、农业大棚或设施农业等建设“光伏+”项目，因地制宜推动光伏和风力发电在提水灌溉等农业生产中的应用。支持示范县（区）建设新型农村可再生能源开发利用合作模式，加快实现农村能源清洁化、优质化、产业化、现代化。 ——高比例可再生能源应用示范区。在可再生能源资源富集、体制机制创新等先行先试区域，支持因地制宜创建更高可再生能源比例的清洁能源应用示范区，满足用电、供热、制冷、用气等各类用能需要，实现不同新能源技术之间以及新能源与常规能源生产消费体系的融合。示范区可再生能源在能源消费中的占比超过80%。

（三）新能源微电网应用示范工程

为探索建立容纳高比例波动性可再生能源电力的发输（配）储用一体化的局域电力系统，探索电力能源服务的新型商业运营模式和新业态，推动更加具有活力的电力市场化创新发展，最终形成较为完善的新能源微电网技术体系和管理体制，按照“因地制宜、多能互补、技术先进、创新机制”的原则，推进以可再生能源为主、分布式电源多元互补的新能源微电网应用示范工程建设。

专栏 11　新能源微电网应用示范工程
——联网型微电网。鼓励在需求较大和资源条件好的地区，建设可再生能源为主、天然气等互补的联网型微电网，实现区域内冷热电负荷的动态平衡及与大电网的灵活互动。 ——独立型微电网。在偏远、海岛或电网薄弱地区建立风、光、水为主，储能、天然气、柴油备用的独立型微电网。

七、完善产业体系

逐步完善可再生能源产业体系建设，坚持将科技创新驱动作为促进可再生能源产业持续健康发展的基本动力，不断提高可再生能源利用效率，提升可再生能源使用品质，降低可再生能源项目建设和运行成本，增强可再生能源的技术经济综合竞争力。

（一）加强可再生能源资源勘查工作

根据能源结构调整需要，对重要地区的可再生能源资源量进行调查评价，适时启动河流水能资源开发后评价工作。全面完成西藏水能资源调查，组织发布四川水力资源复查成果。加大中东部和南方复杂地形区域的低风速风能资源、海域风能资源评价。加大中东部地区分布式光伏、西部和北部地区光热等资源勘查。加强地热能、生物质能、海洋能等新型可再生能源资源勘查工作。及时公布各类可再生能源资源勘查结果，引导和优化项目投资布局。

（二）加快推动可再生能源技术创新

推动可再生能源产业自主创新能力建设，促进技术进步，提高设备效率、性能与可靠性，提升国际竞争力。建设可再生能源综合技术研发平台，建立先进技术公共研发实验室，推动全产业链的原材料、产品制备技术、生产工艺及生产装备国产化水平提升，加快掌握关键技术的研发和设备制造能力。充分发挥企业的研发创新主体作用，加大资金投入，推动产业技术升级，加快推动风电、太阳能发电等可再生能源发电成本的快速下降。

（三）建立可再生能源质量监督管理体系

开展可再生能源电站主体工程及相关设备质量综合评价，定期公开可再生能源电站开发建设和运行安全质量情况。加强可再生能源电站运行数据采集和监控，建立透明公开的覆盖设计、生产、运行全过程的质量监督管理和安全故障预警机制。建立可再生能源行业事故通报机制，及时发布重大事故通报和共性事故的反事故措施。建立政府监管

和行业自律相结合的优胜劣汰市场机制，构建公平、公正、开放的招投标市场环境和可再生能源开发建设不良行为负面清单制度。

（四）提高可再生能源运行管理的技术水平

积极推动可再生能源项目的自动化管理水平和技术改造，提高发电能力和对电网的适应性。逐步完善施工、检修、运维等环节的专业化服务，加强后服务市场建设，建立较为完善的产业服务和技术支持体系。大力推动风电、光伏等新能源并网消纳技术研究，重点推动电储能、柔性直流输电等高新技术的示范应用，推动能源结构调整，加强调峰能力建设，挖掘调峰潜力，提高电力系统灵活性。完善电网结构，优化调度运行，加强新能源外送通道的规划建设，提高外送通道利用率，逐步建立可再生能源大规模融入电力系统的新型电力运行机制，实现可再生能源与现有能源系统的深度融合。

（五）完善可再生能源标准检测认证体系

加强可再生能源标准体系的协调发展，形成覆盖资源勘测、工程规划、项目设计、装备制造、检测认证、施工建设、接入电网、运行维护等各环节的可再生能源标准体系。鼓励有关科研院校和企业积极参与可再生能源相关标准的编制修订工作，推进标准体系与国际接轨。支持检测机构能力建设，加强设备检测和认证平台建设，合理布局可再生能源发电装备产品检测试验中心。提升认证机构业务水平，加快推动可再生能源产业信用体系建设，规范可再生能源发电装备市场秩序。推进认证结果国际互认，为我国可再生能源装备企业参与全球市场提供支持。

（六）提升可再生能源信息化管理水平

建设产业公共服务平台，全面实行可再生能源行业信息化管理，建立和完善全国可再生能源发电项目信息管理平台，全面、系统、及时、准确监测和发布可再生能源发电项目建设和运行信息，为可再生能源行业管理和政策决策提供支撑。充分运用大数据、“互联网+”等先进理念、技术和资源，建设项目全生命周期信息化管理体系，建设可再生能源发电实证系统、测试系统和数据中心，为产业提供全方位的数据和信息监测服务。

八、保障措施

为落实可再生能源发展的主要任务，实现可再生能源发展目标，采取以下保障措施：

（一）建立可再生能源开发利用目标导向的管理体系

落实《可再生能源法》的要求，按照可再生能源发展规划目标，确定规划期内各地区一次能源消费总量中可再生能源消费比重指标，以及全社会电力消费量中可再生能源电力消费比重指标。抓紧研究有利于可再生能源大规模并网的电力运行机制及技术支撑方案，建立以可再生能源利用指标为导向的能源发展指标考核体系，完善国家及省级间协调机制，按年度分解落实，并对各省（区、市）、电网公司和发电企业可再生能源开发利用情况进行监测，及时向全社会发布并进行考核，以此作为衡量能源转型的基本标准以及推动能源生产和消费革命的重要措施。各级地方政府要按照国家规划要求，制定本地区可再生能源发展规划，并将主要目标和任务纳入地方国民经济和社会发展规划。

（二）贯彻落实可再生能源发电全额保障性收购制度

根据电力体制改革的总体部署，落实可再生能源全额保障性收购制度，按照《可再生能源发电全额保障性收购管理办法》要求，严格执行国家明确的风电、光伏发电的年度保障小时数。加大改革创新力度，推进适应可再生能源特点的电力市场体制机制改革示范，逐步建立新型电力运行机制和电价形成机制，积极探索多部制电价机制。建立煤电调频调峰补偿机制，建立辅助服务市场，激励市场各方提供辅助服务，建立灵活的电力市场机制，实现与常规能源系统的深度融合。

（三）建立可再生能源绿色证书交易机制

根据非化石能源消费比重目标和可再生能源开发利用目标的要求，建立全国统一的可再生能源绿色证书交易机制，进一步完善新能源电力的补贴机制。通过设定燃煤发电机组及售电企业的非水电可再生能源配额指标，要求市场主体通过购买绿色证书完成可再生能源配额义务，通过绿色证书市场化交易补偿新能源发电的环境效益和社会效益，逐步将现行差价补贴模式转变为定额补贴与绿色证书收入相结合的新型机制，同时与碳交易市场相对接，降低可再生能源电力的财政资金补贴强度，为最终取消财政资金补贴创造条件。

（四）加强可再生能源监管工作

贯彻落实国务院关于转变职能、简政放权的有关要求，确保权力与责任同步下放、调控与监管同步加强。强化规划、年度计划、部门规章规范性文件和国家标准的指导作用，充分发挥行业监管部门的监管和行业协会的自律作用，打造法规健全、监管闭合、运转高效的管理体制。完善行业信息监测体系，健全产业风险预警防控体系和应急预案机制，完善考核惩罚机制。开展水电流域梯级联合调度运行和综合监测工作，进一步完善新能源项目信息管理，建立覆盖全产业链的信息管理体系，实行重大质量问题和事故报告制度。定期开展可再生能源消纳、补贴资金征收和发放、项目建设进度和工程质

量、项目并网接入等专项监管工作。

九、投资估算和环境社会影响分析

（一）投资情况

到2020年，水电新增装机约6 000万千瓦，新增投资约5 000亿元，新增风电装机约8 000千瓦，新增投资约7 000亿元，新增各类太阳能发电装机投资约1万亿元。加上生物质发电投资、太阳能热水器、沼气、地热能利用等，“十三五”期间可再生能源新增投资约2.5万亿元。

（二）环境社会影响分析

可再生能源开发利用可替代大量化石能源消耗、减少温室气体和污染物排放、显著增加新的就业岗位，对环境和社会发展起到重要且积极作用。

水电、风电、太阳能发电、太阳能热利用在能源生产过程中不排放污染物和温室气体，而且可显著减少各类化石能源消耗，同时降低煤炭开采的生态破坏和燃煤发电的水资源消耗。农林生物质从生长到最终利用的全生命周期内不增加二氧化碳排放，生物质发电排放的二氧化硫、氮氧化物和烟尘等污染物也远少于燃煤发电。

2020年，全国可再生能源年利用量折合7.3亿吨标准煤，其中商品化可再生能源利用量5.8亿吨标准煤。届时可再生能源年利用量相当于减少二氧化碳排放量约14亿吨，减少二氧化硫排放量约1 000万吨，减少氮氧化物排放约430万吨，减少烟尘排放约580万吨，年节约用水约38亿立方米，环境效益显著。

可再生能源产业涉及领域广，可有力带动相关产业发展，可大幅增加新增就业岗位，也是实现脱贫攻坚的重要措施，对宏观经济发展产生积极影响，更是实现经济发展方式转变的重要推动力。2020年，全国可再生能源部门就业人数超过1 300万，其中“十三五”时期新增就业人数超过300万。

第九篇　生物质能发展“十三五”规划

（国能新能〔2016〕291号）

国家能源局

2016年10月

生物质能是重要的可再生能源，具有绿色、低碳、清洁、可再生等特点。加快生物质能开发利用，是推进能源生产和消费革命的重要内容，是改善环境质量、发展循环经济的重要任务。

“十二五”时期，我国生物质能产业发展较快，开发利用规模不断扩大，生物质发电和液体燃料形成一定规模。生物质成型燃料、生物天然气等发展已起步，呈现良好势头。“十三五”是实现能源转型升级的重要时期，是新型城镇化建设、生态文明建设、全面建成小康社会的关键时期，生物质能面临产业化发展的重要机遇。根据国家《能源发展“十三五”规划》和《可再生能源发展“十三五”规划》，制定《生物质能发展“十三五”规划》（以下简称“《规划》”）。

《规划》分析了国内外生物质能发展现状，阐述了“十三五”时期我国生物质能产业发展的指导思想、基本原则、发展目标、发展布局和建设重点，提出了保障措施，是“十三五”时期我国生物质能产业发展的基本依据。

一、发展现状和面临形势

（一）发展基础

1. 国际发展现状

（1）发展现状。

生物质能是世界上重要的新能源，技术成熟，应用广泛，在应对全球气候变化、能源供需矛盾、保护生态环境等方面发挥着重要作用，是全球继石油、煤炭、天然气之后的第四大能源，成为国际能源转型的重要力量。

生物质发电。截至2015年，全球生物质发电装机容量约1亿千瓦，其中美国1 590万千瓦、巴西1 100万千瓦。生物质热电联产已成为欧洲，特别是北欧国家重要的供热方式。生活垃圾焚烧发电发展较快，其中日本垃圾焚烧发电处理量占生活垃圾无害化处理量的70%以上。

生物质成型燃料。截至2015年，全球生物质成型燃料产量约3 000万吨，欧洲是世界最大的生物质成型燃料消费地区，年均约1 600万吨。北欧国家生物质成型燃料消费

比重较大，其中瑞典生物质成型燃料供热约占供热能源消费总量的70%。

生物质燃气。截至2015年，全球沼气产量约为570亿立方米，其中德国沼气年产量超过200亿立方米，瑞典生物天然气满足了全国30%车用燃气需求。

生物液体燃料。截至2015年，全球生物液体燃料消费量约1亿吨，其中燃料乙醇全球产量约8 000万吨，生物柴油产量约2 000万吨。巴西甘蔗燃料乙醇和美国玉米燃料乙醇已规模化应用。

（2）发展趋势。

一是生物质能多元化分布式应用成为世界上生物质能发展较好国家的共同特征。二是生物天然气和成型燃料供热技术和商业化运作模式基本成熟，逐渐成为生物质能重要发展方向。生物天然气不断拓展车用燃气和天然气供应等市场领域。生物质供热在中、小城市和城镇应用空间不断扩大。三是生物液体燃料向生物基化工产业延伸，技术重点向利用非粮生物质资源的多元化生物炼制方向发展，形成燃料乙醇、混合醇、生物柴油等丰富的能源衍生替代产品，不断扩展航空燃料、化工基础原料等应用领域。

2. 国内发展现状

我国生物质资源丰富，能源化利用潜力大。全国可作为能源利用的农作物秸秆及农产品加工剩余物、林业剩余物和能源作物、生活垃圾与有机废弃物等生物质资源总量每年约4.6亿吨标准煤。截至2015年，生物质能利用量约3 500万吨标准煤，其中商品化的生物质能利用量约1 800万吨标准煤。生物质发电和液体燃料产业已形成一定规模，生物质成型燃料、生物天然气等产业已起步，呈现良好发展势头。

生物质发电。截至2015年，我国生物质发电总装机容量约1 030万千瓦，其中，农林生物质直燃发电约530万千瓦，垃圾焚烧发电约470万千瓦，沼气发电约30万千瓦，年发电量约520亿千瓦时，生物质发电技术基本成熟。

生物质成型燃料。截至2015年，生物质成型燃料年利用量约800万吨，主要用于城镇供暖和工业供热等领域。生物质成型燃料供热产业处于规模化发展初期，成型燃料机械制造、专用锅炉制造、燃料燃烧等技术日益成熟，具备规模化、产业化发展基础。

生物质燃气。截至2015年，全国沼气理论年产量约190亿立方米，其中户用沼气理论年产量约140亿立方米，规模化沼气工程约10万处，年产气量约50亿立方米，沼气正处于转型升级关键阶段。

生物液体燃料。截至2015年，燃料乙醇年产量约210万吨，生物柴油年产量约80万吨。生物柴油处于产业发展初期，纤维素燃料乙醇加快示范，我国自主研发生物航煤成功应用于商业化载客飞行示范。

专栏 1　全国生物质能利用现状

利用方式	利用规模		年产量		折标煤
	数量	单位	数量	单位	万吨/年
1. 生物质发电	1 030	万千瓦	520	亿千瓦时	1 520
2. 户用沼气	4 380	万户	190	亿立方米	1 320
3. 大型沼气工程	10	万处			
4. 生物质成型燃料	800	万吨			400
5. 生物燃料乙醇			210	万吨	180
6. 生物柴油			80	万吨	120
总计					3 540

（二）存在问题

生物质能是唯一可转化成多种能源产品的新能源，通过处理废弃物直接改善当地环境，是发展循环经济的重要内容，综合效益明显。从资源和发展潜力来看，生物质能总体仍处于发展初期，还存在以下主要问题：

一是尚未形成共识。目前社会各界对生物质能认识不够充分，一些地方甚至限制成型燃料等生物质能应用，导致生物质能发展受到制约。

二是分布式商业化开发利用经验不足。受制于我国农业生产方式，农林生物质原料难以实现大规模收集，一些年利用量超过 10 万吨的项目，原料收集困难。畜禽粪便收集缺乏专用设备，能源化无害化处理难度较大。急需探索就近收集、就近转化、就近消费的生物质能分布式商业化开发利用模式。

三是专业化市场化程度低，技术水平有待提高。生物天然气和生物质成型燃料仍处于发展初期，受限于农村市场，专业化程度不高，大型企业主体较少，市场体系不完善，尚未成功开拓高价值商业化市场。纤维素乙醇关键技术及工程化尚未突破，急待开发高效混合原料发酵装置、大型低排放生物质锅炉等现代化专用设备，提高生物天然气和成型燃料工程化水平。

四是标准体系不健全。尚未建立生物天然气、生物成型燃料工业化标准体系，缺乏设备、产品、工程技术标准和规范。尚未出台生物质锅炉和生物天然气工程专用的污染物排放标准。生物质能检测认证体系建设滞后，制约了产业专业化规范化发展。缺乏对产品和质量的技术监督。

五是政策不完善。生物质能开发利用涉及原料收集、加工转化、能源产品消费、伴生品处理等诸多环节，政策分散，难以形成合力。尚未建立生物质能产品优先利用机

制，缺乏对生物天然气和成型燃料的终端补贴政策支持。

二、指导思想和发展目标

（一）指导思想

全面贯彻党的十八大、十八届三中、四中、五中全会和中央经济工作会议精神，坚持创新、协调、绿色、开放、共享的发展理念，紧紧围绕能源生产和消费革命，主动适应经济发展新常态，按照全面建成小康社会的战略目标，把生物质能作为优化能源结构、改善生态环境、发展循环经济的重要内容，立足于分布式开发利用，扩大市场规模，加快技术进步，完善产业体系，加强政策支持，推进生物质能规模化、专业化、产业化和多元化发展，促进新型城镇化和生态文明建设。

（二）基本原则

坚持分布式开发。根据资源条件做好规划，确定项目布局，因地制宜确定适应资源条件的项目规模，形成就近收集资源、就近加工转化、就近消费的分布式开发利用模式，提高生物质能利用效率。

坚持用户侧替代。发挥生物质布局灵活、产品多样的优势，大力推进生物质冷热电多联产、生物质锅炉、生物质与其他清洁能源互补系统等在当地用户侧直接替代燃煤，提升用户侧能源系统效率，有效应对大气污染。

坚持融入环保。将生物质能开发利用融入环保体系，通过有机废弃物的大规模能源化利用，加强主动型源头污染防治，直接减少秸秆露天焚烧、畜禽粪便污染排放，减轻对水、土、气的污染，建立生物质能开发利用与环保相互促进机制。

坚持梯级利用。立足于多种资源和多样化用能需求，开发形成电、气、热、燃料等多元化产品，加快非电领域应用，推进生物质能循环梯级利用，构建生物质能多联产循环经济。

（三）发展目标

到 2020 年，生物质能基本实现商业化和规模化利用。生物质能年利用量约 5 800万吨标准煤。生物质发电总装机容量达到 1 500万千瓦，年发电量 900 亿千瓦时，其中农林生物质直燃发电 700 万千瓦，城镇生活垃圾焚烧发电 750 万千瓦，沼气发电 50 万千瓦；生物天然气年利用量 80 亿立方米；生物液体燃料年利用量 600 万吨；生物质成型燃料年利用量3 000万吨。

专栏 2 “十三五”生物质能发展目标					
利用方式	利用规模		年产量		替代化石能源万吨/年
	数量	单位	数量	单位	
1. 生物质发电	1 500	万千瓦	900	亿千瓦时	2 660
2. 生物天然气			80	亿立方米	960
3. 生物质成型燃料	3 000	万吨			1 500
4. 生物液体燃料	600	万吨			680
生物燃料乙醇	400	万吨			680
生物柴油	200	万吨			300
总计					5 800

三、发展布局和建设重点

（一）大力推动生物天然气规模化发展

到 2020 年，初步形成一定规模的绿色低碳生物天然气产业，年产量达到 80 亿立方米，建设 160 个生物天然气示范县和循环农业示范县。

1. 发展布局

在粮食主产省份以及畜禽养殖集中区等种植养殖大县，按照能源、农业、环保“三位一体”格局，整县推进，建设生物天然气循环经济示范区。

专栏 3 “十三五”全国生物天然气建设布局							
序号	区域	重点省份	种植养殖大县数量	到 2020 年前建设示范县数量	秸秆理论资源量（万吨）	粪便理论资源量（万吨）	生物天然气发展规模（亿立方米/年）
1	华北	河北、内蒙古等	37	22	5 550	9 250	11
2	东北	辽宁、吉林、黑龙江	57	36	8 550	14 250	18
3	华东	江苏、浙江、安徽、江西、山东等	66	32	9 900	16 500	16
4	华中	河南、湖北、湖南	69	32	10 350	17 250	16

（续表）

序号	区域	重点省份	种植养殖大县数量	到2020年前建设示范县数量	秸秆理论资源量（万吨）	粪便理论资源量（万吨）	生物天然气发展规模（亿立方米/年）
5	华南西南	广西、重庆、四川等	34	16	5 100	8 500	8
6	西北	陕西、甘肃、新疆等	37	22	5 550	9 250	11
总计			300	160	45 000	75 000	80

注：秸秆理论资源量为干物质量（万吨），畜禽粪便理论资源量为鲜重量（万吨）。

2. 建设重点

推动全国生物天然气示范县建设。以县为单位建立产业体系，选择有机废弃物丰富的种植养殖大县，编制县域生物天然气开发建设规划，立足于整县推进，发展生物天然气和有机肥，建立原料收集保障、生物天然气消费、有机肥利用和环保监管体系，构建县域分布式生产消费模式。

加快生物天然气技术进步和商业化。探索专业化投资建设管理模式，形成技术水平较高、安全环保的新型现代化工业门类。建立县域生物天然气开发建设专营机制。加快关键技术进步和工程现代化，建立健全检测、标准、认证体系。培育和创新商业化模式，提高商业化水平。

推进生物天然气有机肥专业化规模化建设。以生物天然气项目产生的沼渣沼液为原料，建设专业化标准化有机肥项目。优化提升已建有机肥项目，加强关键技术研发与装备制造。创新生物天然气有机肥产供销用模式，促进有机肥大面积推广，减少化肥使用量，促进土壤改良。

建立健全产业体系。创新原料收集保障模式，形成专业化原料收集保障体系。构建生物天然气多元化消费体系，强化与常规天然气衔接并网，加快生物天然气市场化应用。建立生物天然气有机肥利用体系，促进有机肥高效利用。建立健全全过程环保监管体系，保障产业健康发展。

（二）积极发展生物质成型燃料供热

1. 发展布局

在具备资源和市场条件的地区，特别是在大气污染形势严峻、淘汰燃煤锅炉任务较重的京津冀鲁、长三角、珠三角、东北等区域，以及散煤消费较多的农村地区，加快推广生物质成型燃料锅炉供热，为村镇、工业园区及公共和商业设施提供可再生清洁热力。

专栏 4 “十三五”全国生物质成型燃料建设布局					
序号	重点区域	重点省份（市）	重点	2020 年规划年利用量（万吨）	替代煤炭消费量（万吨标准煤）
1	京津冀鲁	北京、天津、河北、山东等	农村居民采暖、工业园区供热、商业设施冷热联供	600	300
2	长三角	上海、江苏、浙江、安徽等	工业园区供热、商业设施冷热联供	600	300
3	珠三角	广东等	工业园区供热、商业设施冷热联供	450	225
4	东北	辽宁、吉林、黑龙江	农村居民采暖、工业园区供热、商业设施冷热联供	450	225
5	中东部	江西、河南、湖北、湖南等	工业园区供热、商业设施冷热联供	900	450
总计				3 000	1 500

2. 建设重点

积极推动生物质成型燃料在商业设施与居民采暖中的应用。结合当地关停燃煤锅炉进程，发挥生物质成型燃料锅炉供热面向用户侧布局灵活、负荷响应能力较强的特点，以供热水、供蒸气、冷热联供等方式，积极推动在城镇商业设施及公共设施中的应用。结合农村散煤治理，在政策支持下，推进生物质成型燃料在农村炊事采暖中的应用。

加快大型先进低排放生物质成型燃料锅炉供热项目建设。发挥成型燃料含硫量低的特点，在工业园区大力推进 20 蒸吨/小时以上低排放生物质成型燃料锅炉供热项目建设，污染物排放达到天然气水平，烟尘、二氧化硫、氮氧化物排放量不高于 20 毫克/米^3、50 毫克/米^3、200 毫克/米^3，替代燃煤锅炉供热。建成一批以生物质成型燃料供热为主的工业园区。

加强技术进步和标准体系建设。加强大型生物质锅炉低氮燃烧关键技术进步和设备制造，推进设备制造标准化系列化成套化。制定出台生物质供热工程设计、成型燃料产品、成型设备、生物质锅炉等标准。加快制定生物质供热锅炉专用污染物排放标准。加强检测认证体系建设，强化对工程与产品的质量监督。

（三）稳步发展生物质发电

1. 发展布局

在农林资源丰富区域，统筹原料收集及负荷，推进生物质直燃发电全面转向热电联产；在经济较为发达地区合理布局生活垃圾焚烧发电项目，加快西部地区垃圾焚烧发电发展；在秸秆、畜禽养殖废弃物资源比较丰富的乡镇，因地制宜推进沼气发电项目建设。

专栏5 “十三五”全国农林生物质与垃圾焚烧发电建设布局

序号	区域	垃圾焚烧发电领域			农林生物质直燃发电领域	
		重点重份	垃圾处理能力（万吨/日）	2020年规模装机规模（万千瓦）	重点省份	2020年规模装机规模（万千瓦）
1	华北	河北等	6.1	80	河北、山西、内蒙古等	120
2	东北	辽宁等	3.1	40	辽宁、吉林、黑龙江	100
3	华东	江苏、浙江、安徽、福建、江西、山东等	20.9	310	上海、江苏、浙江、安徽、福建、江西、山东	210
4	华中	河南、湖南、湖北	5.7	100	河南、湖南、湖北	140
5	华南	广东、广西等	5	70	广东、河南、广西	65
6	西南	重庆、四川、贵州、云南、西藏	5.7	120	重庆、四川、贵州、云南等	30
7	西北	陕西、甘肃等	1.5	30	陕西、甘肃、青海、宁夏等	35
总计			48	750		700

2. 建设重点

积极发展分布式农林生物质热电联产。农林生物质发电全面转向分布式热电联产，推进新建热电联产项目，对原有纯发电项目进行热电联产改造，为县城、大乡镇供暖及为工业园区供热。加快推进糠醛渣、甘蔗渣等热电联产及产业升级。加强项目运行监管，杜绝掺烧煤炭、骗取补贴的行为。加强对发电规模的调控，对于国家支持政策以外的生物质发电方式，由地方出台支持措施。

稳步发展城镇生活垃圾焚烧发电。在做好环保、选址及社会稳定风险评估的前提下，在人口密集、具备条件的大中城市稳步推进生活垃圾焚烧发电项目建设。鼓励建设垃圾焚烧热电联产项目。加快应用现代垃圾焚烧处理及污染防治技术，提高垃圾焚烧发电环保水平。加强宣传和舆论引导，避免和减少邻避效应。

因地制宜发展沼气发电。结合城镇垃圾填埋场布局，建设垃圾填埋气发电项目；积极推动酿酒、皮革等工业有机废水和城市生活污水处理沼气设施热电联产；结合农村规模化沼气工程建设，新建或改造沼气发电项目。积极推动沼气发电无障碍接入城乡配电网和并网运行。到2020年，沼气发电装机容量达到50万千瓦。

（四）加快生物液体燃料示范和推广

1. 发展布局

在玉米、水稻等主产区，结合陈次和重金属污染粮消纳，稳步扩大燃料乙醇生产和消费；根据资源条件，因地制宜开发建设以木薯为原料，以及利用荒地、盐碱地种植甜高粱等能源作物，建设燃料乙醇项目。加快推进先进生物液体燃料技术进步和产业化示范。到2020年，生物液体燃料年利用量达到600万吨以上。

2. 建设重点

推进燃料乙醇推广应用。大力发展纤维乙醇。立足国内自有技术力量，积极引进、消化、吸收国外先进经验，开展先进生物燃料产业示范项目建设；适度发展木薯等非粮燃料乙醇。合理利用国内外资源，促进原料多元化供应。选择木薯、甜高粱茎秆等原料丰富地区或利用边际土地和荒地种植能源作物，建设10万吨级燃料乙醇工程；控制总量发展粮食燃料乙醇。统筹粮食安全、食品安全和能源安全，以霉变玉米、毒素超标小麦、“镉大米”等为原料，在“问题粮食”集中区，适度扩大粮食燃料乙醇生产规模。

加快生物柴油在交通领域应用。对生物柴油项目进行升级改造，提升产品质量，满足交通燃料品质需要。建立健全生物柴油产品标准体系。开展市场封闭推广示范，推进生物柴油在交通领域的应用。

推进技术创新与多联产示范。加强纤维素、微藻等原料生产生物液体燃料技术研发，促进大规模、低成本、高效率示范应用。加快非粮原料多联产生物液体燃料技术创新，建设万吨级综合利用示范工程。推进生物质转化合成高品位燃油和生物航空燃料产业化示范应用。

四、保障措施

1. 协同推进。将生物质能利用纳入国家能源、环保、农业战略，加强协调、协同推进，充分发挥生物质能综合效益，特别是在支持循环农业、促进县域生态环保方面的作用，推进生物质能开发利用。研究将生物质能纳入绿色消费配额及交易体系。

2. 优先利用。落实国家有关可再生能源优先利用和全额保障性收购的要求，建立生物质能优先利用机制，加强对燃气、石油和电网企业公平开放接纳生物质能产品的监管，确保生物天然气、液体燃料、生物质发电无障碍接入燃气管网、成品油销售网及城乡配电网。

3. 加强规划。将规划作为项目开发建设的主要依据，统筹生物质各类资源和各种利用方式，以省为单位编制生物质能开发利用规划。以县为单位编制生物天然气、生物成型燃料开发利用规划，做好与环保、农业等规划衔接。编制生物质热电联产区域专项规划。在规划指导下，积极推进生物质能新技术和新利用模式的示范建设。

4. 加大扶持。发挥中央和地方合力，完善支持生物质能利用政策措施体系。制定生物质发电全面转向热电联产的产业政策。研究出台生物天然气、生物质成型燃料供热和液体燃料终端补贴政策。积极支持民间资本进入生物质能领域。引导地方出台措施支持现有政策之外的其他生物质发电方式。

5. 加强监管。会同有关部门加强对生物质能项目建设和运行监管，保障产品质量和安全，加强标准认证管理，做好环保监管，建立生物质能行业监测平台和服务体系。加强工程咨询、技术服务等产业能力建设，支撑生物质能产业可持续发展。

五、投资估算和环境社会影响分析

（一）投资估算

到 2020 年，生物质能产业新增投资约 1 960亿元。其中，生物质发电新增投资约 400 亿元，生物天然气新增投资约 1 200亿元，生物质成型燃料供热产业新增投资约 180 亿元，生物液体燃料新增投资约 180 亿元。

（二）环境效益

生物质能产业具备显著的环境效益。预计到 2020 年，生物质能合计可替代化石能源总量约 5 800万吨，年减排二氧化碳约 1. 5 亿吨，减少粉尘排放约 5 200万吨，减少二氧化硫排放约 140 万吨，减少氮氧化物排放约 44 万吨。

（三）社会效益

“十三五”期间，生物质重点产业将实现规模化发展，成为带动新型城镇化建设、农村经济发展的新型产业。预计到 2020 年，生物质能产业年销售收入约 1 200亿元，提供就业岗位 400 万个，农民收入增加 200 亿元，经济和社会效益明显。

第十篇　全国农村沼气发展“十三五”规划

国家发展和改革委员会　农业部

二〇一七年一月

“十二五”期间，农村沼气快速发展，在改善农村生活条件，促进农业发展方式转变，推进农业农村节能减排及保护生态环境等方面，发挥了重要作用。当前，农村沼气事业发展的外部环境发生了巨大变化，特别是农业生产方式、农村居住方式、农民用能方式的新转变，对农村沼气事业发展提出了新任务和新要求。

习近平总书记在中央财经领导小组第十四次会议上指出，以沼气和生物天然气为主要处理方向，以就地就近用于农村能源和农用有机肥为主要使用方向，力争在“十三五”时期，基本解决大规模畜禽养殖场粪污处理和资源化问题。遵照中央部署和习近平总书记的重要指示精神，发展改革委和农业部会同有关部门、地方主管部门，在大量调查研究和反复论证的基础上，编制了《全国农村沼气发展“十三五”规划》（以下简称《规划》）。《规划》在分析农村沼气发展成就、机遇与挑战、资源潜力等基础上，明确了“十三五”农村沼气发展的指导思想、基本原则、目标任务，规划了发展布局和重大工程，提出了政策措施和组织实施要求。

《规划》与《中华人民共和国国民经济和社会发展第十三个五年规划纲要》《中共中央　国务院关于加快推进生态文明建设的意见》《全国农业可持续发展规划（2015—2030年）》《全国农业现代化规划（2016—2020年）》《全国农村经济发展“十三五”规划》《可再生能源发展“十三五”规划》等作了衔接。

本规划是“十三五”时期全国农村沼气发展的指导性文件。

一、“十二五”农村沼气发展成就

党中央、国务院始终高度重视发展农村沼气事业，自2004年起，每年中央一号文件都对发展农村沼气提出明确要求。“十二五”期间，国家发展和改革委员会会同农业部累计安排中央预算内投资142亿元用于农村沼气建设，并不断优化投资结构。根据农村沼气发展面临的新形势，2015年调整中央投资方向，重点用于支持规模化大型沼气工程和生物天然气工程试点项目建设，农村沼气迈出了转型升级的新步伐。

（一）增强了能源安全保障能力

农村沼气历史性的解决2亿多人口炊事用能质量提升问题，促进了农村家庭用能清洁化、便捷化。规模化沼气工程在为周边农户供气的同时，也满足了养殖场内部的用气、用热、用电等清洁用能需求。规模化大型沼气工程尤其是生物天然气工程所产沼气用于发电上网或提纯后并入天然气管网、车用燃气、工商企业用气，实现了高值高效利用。到 2015 年，全国沼气年生产能力达到 158 亿立方米，约为全国天然气消费量的 5%，每年可替代化石能源约1 100万吨标准煤，对优化国家能源结构、增强国家能源安全保障能力发挥了积极作用。

（二）推动了农业发展方式转变

农村沼气上联养殖业，下促种植业，是促进生态循环农业发展的重要举措，不仅有效防止和减轻了畜禽粪便排放和化肥农药过量施用造成的面源污染，而且对提高农产品质量安全水平，促进绿色和有机农产品生产，实现农业节本增效，转变农业发展方式发挥了重要作用。据测算，农村沼气年可生产沼肥 7 100万吨，按氮素折算可减施 310 万吨化肥，每年可为农民增收节支近 500 亿元。

（三）促进了农村生态文明发展

农村沼气实现了畜禽养殖粪便、秸秆、有机垃圾等农业农村有机废弃物的无害化处理、资源化利用，缓解了困扰农村环境的“脏乱差”问题。沼气利用不增加大气中二氧化碳排放，具有显著的温室气体减排效应。农户建设农村沼气配套改厨、改厕、改圈，改善了家庭卫生条件。规模化大型沼气工程和规模化生物天然气工程，大幅提升了畜禽粪便、农作物秸秆等农业废弃物集中处理水平和清洁燃气集中供应能力，适应了新时代广大农民对美丽宜居乡村建设的新要求。目前，全国农村沼气年处理畜禽养殖粪便、秸秆、有机生活垃圾近 20 亿吨，年减排二氧化碳 6 300多万吨，对实现农村家园、田园、水源清洁，建设美丽宜居乡村、发展农村生态文明起到了积极作用。

（四）转型升级取得了积极成效

2015 年农村沼气转型升级以来，中央重点支持建设日产 1 万立方米以上的规模化生物天然气工程试点项目与厌氧消化装置总体容积 500 立方米以上的规模化大型沼气工程项目，着重在创新建设组织方式、发挥规模效益、利用先进技术、建立有效运转模式等方面进行试点，实现了四个转变，由主要发展户用沼气向规模化沼气转变，由功能单一向功能多元化转变，由单个环节项目建设向全产业链一体化统筹推进转变，由政府出资为主向政府与社会资本合作转变。一批规模化沼气工程和生物天然气工程，在集中供气、发电上网以及城镇燃气供应等方面取得了积极成效，正在不断探索有价值、可复制、可推广的实践经验。

专栏1　农村沼气发展成就

2003—2015年，在中央投资带动下，经过各地共同努力，农村沼气发展进入了大发展、快发展的新阶段。截至2015年年底，全国户用沼气达到4 193.3万户，受益人口达2亿人；由中央和地方投资支持建成各类型沼气工程达到110 975处，其中，中小型沼气工程103 898处，大型沼气工程6 737处，特大型沼气工程34处，工业废弃物沼气工程306处。以秸秆为主要原料的沼气工程有458处，以畜禽粪污为主要原料的沼气工程有110 517处。全国农村沼气工程总池容达到1 892.58万立方米，年产沼气22.25亿立方米，供气户数达到209.18万户。

2015年，中央安排预算内投资20亿元，重点支持建设了25个规模化生物天然气工程试点项目与386个规模化大型沼气工程项目，其中，25个生物天然气项目和3个特大型沼气工程日处理14 888.2吨畜禽粪便（含部分冲洗水）、1411.1吨秸秆、620吨能源草、512.7吨酒糟、40吨餐厨垃圾，22.6吨果蔬或其他有机废弃物，可生产沼气102.66万立方米，提纯后生物天然气55.713万立方米，主要用作车用燃料、居民、工业用气，农村沼气转型升级工作取得较为显著成效。据统计，在同时具备果园、菜园、茶园和畜禽养殖优势的350个（次）大县（以下简称“双优县”）中，共有大、中、小型沼气工程25 688处，池容约为658万立方米，部分覆盖了果树、蔬菜和茶叶优势区域，为果（菜、茶）沼畜种养循环发展奠定了很好的基础。长期以来，各地在沼气工程建设中，将果树、蔬菜、茶叶种植与沼渣沼液消纳利用结合在一起，在种养循环方面积累了许多成功经验和做法。

全国乡村服务网点达到11.07万个、县（区）级服务站达到1 140处，服务沼气用户3 257.62万户，覆盖率达到74.3%，服务体系不断完善，服务能力显著提升；以沼气设计、沼气施工、沼气服务、沼气装备和“三沼”综合利用为主要内容的服务体系初步建立。

二、“十三五”农村沼气发展机遇与挑战

在充分肯定农村沼气发展取得巨大成就的同时，也要清楚地看到，农村沼气的定位、工作思路和发展模式始于2003年的沼气建设政策体系框架，长期的实践积累了丰富的经验，同时也有不少教训。“十三五”时期是农业发展方式的加快转变期，农业现代化的快速发展期，新型城镇化建设的加速推进期，农村沼气发展面临的形势和环境将持续发生重要变化，对农村沼气事业提出了新的更高的要求。

（一）发展机遇

1. 生态文明建设对农村沼气事业发展提出了新任务

生态文明建设已纳入到“五位一体”国家总体战略布局，农村生态文明建设的任务也更加重要，农村生态环境向清洁化转变的要求也更加迫切。随着农业集约化程度提高和规模化种养业的快速发展，畜禽粪便随意堆弃、秸秆就地废弃焚烧等问题越来越突出，对大气、土壤和水等生产生活环境造成破坏，导致农业面源污染日趋严重。据测算，全国每年产生农作物秸秆10.4亿吨，可收集资源量约9亿吨，尚有1.8亿吨的秸秆未得到有效利用，多数被田间就地焚烧；规模化畜禽养殖场每年产生畜禽粪污20.5亿吨，仍有56%未得到有效利用。农业发展不仅要杜绝生态环境欠新账，而且要逐步还旧账，要打好农业面源污染治理攻坚战，力争到2020年农业面源污染加剧的趋势得

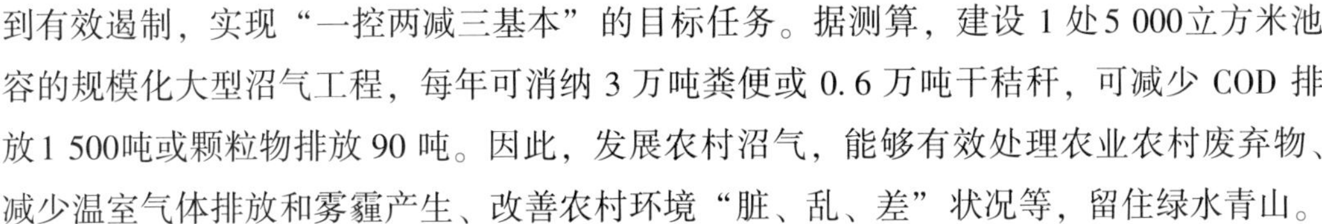

到有效遏制，实现“一控两减三基本”的目标任务。据测算，建设1处5 000立方米池容的规模化大型沼气工程，每年可消纳3万吨粪便或0.6万吨干秸秆，可减少COD排放1 500吨或颗粒物排放90吨。因此，发展农村沼气，能够有效处理农业农村废弃物、减少温室气体排放和雾霾产生、改善农村环境“脏、乱、差”状况等，留住绿水青山。

2. 农业供给侧改革对农村沼气事业发展提出了新要求

农业供给侧结构性改革的关键是“提质增效转方式、稳粮增收可持续”。为市场提供更多优质安全的“米袋子”“菜篮子”“果盘子”和“茶盒子”等农产品，是农业供给侧结构性改革的重要任务。目前全国大田作物播种面积24.82亿亩，亩均化肥施用量21.9千克，远高于世界平均水平（每亩8千克），是美国的2.6倍，欧盟的2.5倍。果树亩均化肥用量73.4千克，是美国的6倍、欧盟的7倍；蔬菜亩均化肥用量46.7千克，比美国高29.7千克、比欧盟高31.4千克。化肥的过量使用，增加了生产成本，在一些地区导致了土壤板结、地力下降、土壤和水体污染等问题。沼肥富含氮磷钾、微量元素、氨基酸等，可以替代或部分替代大田作物和果（菜、茶）园化肥施用，能够显著改善产地生态环境，生产包括大田作物、水果蔬菜茶叶在内的优质农产品，提升产品品质，有效满足人们对优质农产品日益增长的旺盛需求。据测算，建设1处日产500立方米沼气的规模化沼气工程，每年可生产沼肥1 000吨，按氮素折算可减施43吨化肥，沼液作为生物农药长期施用可减施化学农药20%以上。因此，发展农村沼气能够实现化肥、农药减量，推动优质绿色农产品生产，保障食品安全。

专栏2　果（菜、茶）园发展现状

2015年，全国果（菜、茶）园种植面积达5.27亿亩，其中，果园种植面积达1.89亿亩，形成了柑橘、苹果、梨等优势水果产业带；蔬菜种植面积达3亿亩，包括设施蔬菜0.5亿亩，已经形成了华南西南热区、长江中下游、云贵高原、黄土高原、高纬度地区、黄淮海地区等六大优势产区；茶园种植面积0.38亿亩，形成了西南、华南、江南和江北等四大茶叶主产区。据统计，全国果（菜、茶）园种植优势县有1 039个，拥有总面积2.32亿亩。

据测算，全国果树亩均化肥施用量达73.4千克，蔬菜亩均化肥施用量达46.7千克，茶叶亩均化肥施用量达30千克。目前，全国果（菜、茶）园化肥年施用量达2 900万吨，约占全国化肥施用量的50%。果（菜、茶）园化肥减施潜力巨大。

3. 国家能源革命对农村沼气事业发展注入了新动力

我国能源生产供应结构不合理、总体缺口较大。2015年，全国能源消费总量43亿吨标准煤，其中煤炭消费量占比为64%，比重过高；天然气净进口量621亿立方米，对外依存度32.1%。能源生产和消费要立足国内多元供应保安全，形成煤、油、气、核、新能源、可再生能源多轮驱动的能源供应体系。我国在G20峰会和巴黎峰会做出承诺，到2030年非化石能源占一次能源消费比重提高到20%左右。据测算，建设1处日产1

万立方米的生物天然气工程，年可产生物天然气 365 万立方米，可替代4 343吨标准煤。据统计，全国每年可用于沼气生产的农业废弃物资源总量约 14. 04 亿吨，可产生物天然气 736 亿立方米，可替代约8 760万吨标准煤。因此，发展农村沼气，可降低煤炭消费比重、填补天然气缺口，进一步优化能源供应结构。

4. 新型城镇化建设对农村沼气事业发展提供了新契机

《国家新型城镇化规划（2014—2020 年）》的发布开启了积极稳妥、扎实有序推进城镇化建设的新时期，规划到 2020 年，全国常住人口城镇化率达到 60%左右，实现 1 亿左右农业转移人口和其他常住人口在城镇落户。据国务院发展研究中心研究表明，城镇化率每提高 1 个百分点，能源消费至少会增长6 000万吨以上标准煤。同时，国家鼓励农村人口在中小城市和小城镇就近就地城镇化，这些地区民用燃气短缺、管网铺设投资和输送成本过高，现有的城镇燃气供应体系难以覆盖新型城镇化区域。据测算，每户每年炊事热水平均用天然气 284 立方米，要实现 1 亿农业人口转移年需增加沼气 118 亿立方米沼气。加之，城镇及农村地区经济水平不断提高，对优质清洁便利能源的需求显著增加，也对居住环境提出了更高要求。因此，发展农村沼气，生产供应清洁能源，能够实现新型城镇集中供气供热，满足炊事采暖用能需求。

（二）面临挑战

1. 农村沼气的发展方式亟待转型升级

近年来，随着种养业的规模化发展、城镇化步伐的加快、农村生活用能的日益多元化和便捷化、农民对生态环保的要求更加迫切，农村沼气建设与发展的外部环境发生了很大变化。农村户用沼气使用率普遍下降，农民需求意愿越来越小，废弃现象日益突出；中小型沼气工程整体运行不佳，多数亏损，长期可持续运营能力较低，存在许多闲置现象。此外，现有的沼气工程还面临着原料保障难和储运成本过高、大量沼液难以消纳、工程科技含量不高、沼气工程终端产品商品化开发不足等瓶颈，一些工程甚至存在沼气排空和沼液二次污染等严重问题。因此，农村沼气亟待向规模发展、综合利用、效益拉动、科技支撑的方向转型升级。2015 年开始的农村沼气转型升级，在这方面进行了有益的尝试。

2. 农村沼气发展的扶持政策亟待完善

农村沼气承担着农村废弃物的处理、农村清洁能源供应、农村生态环境保护等多重社会公益职能，国家应不断健全沼气政策支持体系，加大支持力度。长期以来，国家支持主要体现在前端的投资补助，方式单一，且存在较大的资金缺口，政府和社会资本合作机制尚未有效建立，社会资金投入沼气工程建设运营不足，政府投资放大效应发挥不够。农村沼气持续发展的支持政策还不够系统，农业废弃物处理收费、终端产品补贴、沼气产品保障收购以及流通等环节的政策还有所缺失。沼气转型升级发展以来，大型沼气工程和生物天然气工程建设对用地、用电、信贷等方面的政策需求也在迅速增加。此外，沼气标准体系建设还不够完善，沼气项目建设手续不够清晰，各地执行标准不同，给项目建设、施工、运营和监管带来困难。

3. 农村沼气的体制性和制度性障碍亟须破除

沼气可通过开展高值高效利用实现商品化、产业化开发，但在沼气发电上网和和生物天然气并入城镇天然气管网等方面还存在许多歧视和障碍。目前全国地级以上城市和绝大部分县城的燃气特许经营权已经授出，存在生物天然气无法在当地销售或被取得特许经营权的企业对生物天然气压制价格现象。国家出台的《中华人民共和国可再生能源法》《畜禽规模养殖污染防治条例》等法律法规及《关于完善农林生物质发电价格政策的通知》《可再生能源电价附加收入调配暂行办法》等相关政策在沼气领域难以落地，有的电网公司以各种理由阻碍沼气发电上网，沼气发电上网后也无法享受农林生物质电价。这些问题造成了沼气和生物天然气的市场竞争能力不强，制约了农村沼气的发展。

4. 农村沼气的科技支撑和监管能力亟需强化

长期以来，中央和地方对沼气技术、适用产品和装备设备的研发投入有限，科研单位和企业缺乏技术创新的动力与积极性，尚未形成与产业紧密结合的产学研推用技术支撑体系。与沼气技术先进的国家相比，我国规模化沼气工程池容产气率和自动化水平有待提高，新技术、新材料的标准和规范急需建立。农村沼气管理体系仍存在注重项目投资建设、忽视行业监管的问题，一些地方在政府与市场之间、政府部门之间还存在边界不清、职能交叉、缺乏统筹等问题。沼气服务体系尽管已基本实现了全覆盖，但服务对象主要是户用沼气和中小型沼气工程，也未建立有效的服务机制和运营模式，服务人员不稳定、服务范围小、服务内容单一、技术水平偏低等问题致使现有沼气服务体系难以维系。

（三）资源潜力

目前，全国可用于沼气的农业废弃物资源潜力巨大。农村沼气原料主要包括农作物秸秆、畜禽粪便、农产品加工剩余物、蔬菜剩余物、农村有机生活垃圾等。据测算，可用于沼气生产的废弃物资源总量约 14. 04 亿吨，其中，秸秆可利用资源量超过 1 亿吨、畜禽粪便可利用资源量超过 10 亿吨、其他有机废弃物可利用量超过 1 亿吨，沼气生产潜力约为1 227亿立方米。随着经济社会发展、生态文明建设和农业现代化推进，沼气生产潜力还将进一步增大。其中：

农作物秸秆。主要包括玉米、水稻、小麦、豆类、薯类等作物秸秆，2015 年作物秸秆的理论资源量为 10. 4 亿吨，可收集资源量约 9 亿吨，主要分布在华北平原、长江中下游平原、东北平原等 13 个粮食主产省（自治区）。作为肥料、饲料、食用菌基料以及造纸等用途共计约 7. 2 亿吨，可供沼气生产利用的秸秆资源量约 1. 8 亿吨，沼气生产潜力约为500亿立方米。

畜禽粪便。主要包括奶牛、肉牛、生猪、肉鸡、蛋鸡等畜禽的粪便。2015年，全国现有猪、牛、鸡三大类畜禽粪便资源量为19亿吨。目前，粪便堆肥化处理量约为8.4亿吨，可供沼气生产利用的畜禽粪便资源量约10.6亿吨，沼气生产潜力约为640亿立方米。

其他有机废弃物。主要包括农产品加工副产物、蔬菜尾菜、农村有机生活垃圾等。2015年，全国粮食加工副产物（米糠、稻壳、玉米芯、糟类）总量约2.1亿吨，可供沼气生产利用的资源量约0.2亿吨；全国果蔬加工废弃物总量约2.6亿吨，可供沼气生产利用的资源量约1.14亿吨；全国农村有机生活垃圾总量约0.8亿吨，可供沼气生产利用的资源量为0.3亿吨。其他有机废弃物可利用量共1.64亿吨，沼气生产潜力约为87亿立方米。

三、总体要求

（一）指导思想

深入贯彻落实“创新、协调、绿色、开放、共享”理念，适应农业生产方式、农村居住方式和农民用能方式的新变化，坚持清洁能源供给、生态环境保护和循环农业发展的三重复合定位，按照种养结合、生态循环、绿色发展的要求，强化政策创新、科技创新和管理创新，加快规模化生物天然气和规模化大型沼气工程建设，大力推动果（菜、茶）沼畜种养循环发展，巩固户用沼气和中小型沼气工程建设成果，促进沼气沼肥的高值高效综合利用，实现规模效益兼顾、沼气沼肥并重、建设监管结合，开创农村沼气事业健康发展的新局面，为建设农村生态文明、转变农业发展方式、优化国家能源结构、改善农村人居环境作出更大的贡献。

（二）基本原则

1. 统筹谋划，多元发展

针对各地资源状况和环境承载力情况，统筹谋划，优化农村沼气发展结构和建设布局。鼓励各地建设不同规模和类型的沼气项目，因地制宜发展以生物天然气为主、以沼肥利用为主、以农业农村废弃物处理为主、以用气为主和果（菜、茶）沼畜循环等多种形式和特点的沼气模式，鼓励各地发展沼气沼肥产品多元化利用模式，推动农村沼气转型升级。

2. 气肥并重，综合利用

统筹考虑农村沼气的能源、生态效益，兼顾沼气沼肥的经济社会价值。适应市场需求及建设农村清洁能源生产供应体系的需要，积极开拓沼气在城乡居民集中供气、并网

发电、车用燃气、工业原料等领域的应用。突出农村沼气供肥功能，以沼气工程为纽带，以沼肥高效利用为抓手，将农作物种植与畜牧养殖有机联结起来，推进种养循环发展。

3. 政府支持，市场运作

政府通过健全法规、政策引导、组织协调、投资补助和终端补贴等方式引领农村沼气发展方向，为农村沼气发展创造良好的环境。充分发挥市场机制作用，积极引导社会资本投入农村沼气建设和运营，大力推进沼气工程的企业化主体、专业化管理、产业化发展、市场化运营，不断提高经济效益和可持续发展能力，形成政府、企业、种养大户、终端用户等市场主体共建多赢新格局。

4. 科技支撑，机制创新

加强农村沼气科研平台建设，强化科研院所、大专院校和龙头企业密切合作，建设产学研推用一体化沼气技术创新与推广体系。中央与地方联动，发挥地方政府作用，建立种植、养殖业主与农村沼气经营主体等各方利益共享、成本分担的联接机制。统筹推进融资方式、运营模式、监管机制创新。

（三）发展目标

农村沼气转型升级取得重大进展，产业体系基本完善，多元协调发展的格局基本形成，以沼气工程为纽带的种养循环发展模式更加普及，科技支撑与行业监管能力显著提升，服务体系与政策体系更加健全。农村沼气在处理农业废弃物、改善农村环境、供给清洁能源、助推循环农业发展和新农村建设等方面的作用更加突出。

——沼气规模化水平显著提高。新建规模化生物天然气工程 172 个、规模化大型沼气工程3 150个，认定果（菜、茶）沼畜循环农业基地1 000个，供气供肥协调发展新格局基本形成。

——户用沼气和中小型沼气工程功能得到巩固和提高。户用沼气和中小型沼气工程的建设成果得到巩固，相关工程得到修复，安全隐患得到消除，功能效益得到优化提升。在“老少边穷”且农户还有散养习惯的地区因地制宜建设户用沼气，在中小型养殖场密布地区有序发展中小型沼气工程。

——“三沼”产品高值高效综合利用水平大幅提升。沼气供气、供暖、发电、提纯生物天然气等多元化利用渠道畅通，效益明显提升；沼渣沼液有机肥、基质、生物农药等多元化功能进一步拓展。新增池容2 277万立方米，新增沼气生产能力 49 亿立方米，达到 207 亿立方米；新增沼肥 2 651万吨，按氮素折算替代化肥 114 万吨。

——生态与社会效益更加显著。农村沼气年新增秸秆处理能力 864 万吨、畜禽粪便处理能力7 183万吨，替代化石能源 349 万吨标准煤，二氧化碳减排1 762万吨，COD 减排 372 万吨，农村地区沼气消费受益人口达 2. 3 亿人以上。沼气和生物天然气作为畜禽粪便等农业废弃物主要处理方向的作用更加突出，基本解决大规模畜禽养殖场粪污处理和资源化利用问题。

专栏3 全国农村沼气“十三五”发展目标

序号	指标		单位	现状值（2015）	目标值（2020）	增速［累计增量］
1	规模	规模化生物天然气工程	处	25	197	［172］
2		规模化大型沼气工程	处	6 972	10 122	［3 150］
3		中小型沼气工程	处	103 476	128 976	［25 500］
4		户用沼气	万户	4 193	4 304	［111］
5	能力	沼气总产量	亿立方米	158	207	5.6%
6		沼肥产量	万吨	7 100	9 751	7.5%
7	农业生态环境	农业废弃物处理能力	万吨/年	200 000	208 047	［8 047］
8		减排二氧化碳	万吨/年	2 860	4 622	［1 762］
9		减排 COD	万吨/年	1 209	1 581	［372］

四、重点任务

（一）优化农村沼气发展结构

按照全产业链总体设计、统筹谋划，建立从原料保障、厌氧发酵、沼气沼肥利用、运营监管以及社会化服务的一体化体系，培育沼气工程终端产品多元化利用市场，建立新型商业化运营模式，推动规模化生物天然气工程和规模化大型沼气工程加快建设。考虑原料来源、运输半径、资金实力、产品销路等因素，配套建设原料基地，推广中高温高浓度混合原料发酵工艺以及沼气提纯等先进技术。结合果（菜、茶）园用肥需求和布局，发展“‘三园’+沼气工程+畜禽养殖”的模式，认定一批果（菜、茶）沼畜循环农业基地，推动发展生态循环农业。继续巩固户用沼气和中小型沼气工程在农村生产和生活中的重要作用，制定农村户用沼气报废标准，优化改造老旧病池，填平补齐生活污水净化沼气池、沼渣沼液综合利用设施，积极促进沼气建设与生态农业发展有机结合，提升沼气综合功能。

（二）提升三沼产品利用水平

推进沼气高值化利用。大力发展生物天然气并入天然气管网、罐装和作为车用燃料，沼气发电并网或企业自用，稳步发展农村集中供气或分布式撬装供气工程，促进沼气和生物天然气更多用于农村清洁取暖，提高沼气利用效率。

推动沼肥高效利用。将沼渣沼液加工作为规模化生物天然气工程和规模化大型沼气工程项目不可缺少的建设内容，同步实施，同时投产。大力开展沼渣沼液生产加工有机肥、基质、生物农药等多功能利用，试点推广植物营养液、生物活性制剂等高端产品，推广以农村有机生活垃圾作为沼气原料生产沼肥，提高沼气项目综合效益。

推广“‘三园’+沼气工程+畜禽养殖”循环模式。在果（菜、茶）园优势区，开展沼气工程配备沼肥生产设备，配套沼肥暂存调配设施以及园区储肥施肥设施设备、沼肥运输和施用机具、沼液田间水肥一体化灌溉设施建设，使沼气工程有效联接畜禽养殖和高效种植，实现沼肥充分高效利用，保障优质农产品生产。

（三）提高科技创新支撑水平

以促进沼气技术成果转化为主攻方向，依托优势科研团队建设沼气科研创新平台和重点实验室，完善实验室基础设施，购置先进实验仪器设备，建设中试基地。深化科研院所、大专院校和龙头企业之间的合作，加强农村沼气产、学、研技术体系建设，建设一批沼气科研创新团队，集中优势科研资源研发沼气新工艺、新材料、新设备，开展秸秆预处理、稳产高产发酵工艺、多能互补增温保温、沼气提纯罐装、沼肥高效施用等关键环节的技术攻关。结合云计算、大数据、物联网和“互联网+”等新一代信息技术和互联网发展模式，建设覆盖全国的信息化沼气科技服务平台，促进沼气科技成果转化为现实生产力，提高沼气行业科技水平。

（四）加强服务保障能力建设

在户用沼气和沼气工程集中的地区，稳步开展农村沼气服务体系提档升级，优化整合农村沼气服务网点，形成功能齐全、设施完备、技术先进的新型服务网络。创新政府购买公益性服务、市场主体提供经营性服务的运营机制，培育壮大社会化服务队伍，鼓励社会资本进入沼气沼肥的销售、流通、售后服务等环节。

依托科研院所和大专院校的技术力量，大力开展从业人员技能培训，重点推动沼气工程设计、施工标准化，提高沼气人才队伍的专业化和职业化水平。大力培育农村沼气事业新型社会化服务主体和沼气中介服务组织，培育一批沼气行业的骨干企业。

着力提高行业监管能力。加快农村沼气监管由建设项目管理向行业监督管理转变，建立农村沼气产业发展和市场监管系统；建立农村沼气工程、产品检测和评估体系，建设可测量、可识别、可核查、可追溯的信息化监控平台，建设全国沼气远程在线监测系统，对沼气工程实行全周期动态监管。加强沼气生产过程安全管理，加大对沼气易燃易爆等危险特性的宣传和教育力度，认真辨识生产过程的安全风险并落实管控措施，严格动火、进入受限空间等特殊作业管理，提高沼气工程生产安全水平。

五、重大工程

（一）规模化生物天然气工程

功能定位。在天然气市场需求量大和农业废弃物资源量集中的地区，发展以畜禽粪便、秸秆和农产品加工有机废弃物等为料的规模化生物天然气工程，生产的沼气进行提纯净化，生产的生物天然气通过车用燃气、压缩天然气及并入天然气管网等方式利用，沼渣沼液加工生产高效有机肥及其他高值化产品。

建设规模与内容。单项工程建设规模日产生物天然气 1 万立方米以上。主要建设内容包括：（1）原料仓储和预处理系统。建设秸秆原料的仓储和预处理设施，建立畜禽粪污输送管道等设施设备或配备运输车。（2）厌氧消化系统。包括进出料、厌氧发酵、增温保温和搅拌等设施设备。（3）沼气利用系统。包括脱硫脱水等净化设备、燃气提纯装备、气柜和管网等储存输配系统以及防雷、防爆、防火等安全防护设施。（4）沼肥利用系统。包括沼渣、沼液存贮设施，沼肥有机肥生产加工设施设备。（5）智能监控系统。包括在线计量和远程监控智能平台。

（二）规模化大型沼气工程

功能定位。在农户居住区较集中、秸秆资源或畜禽粪便较丰富的地区，以自然村、镇或养殖场为单元，建设以畜禽粪便、农作物秸秆为原料的规模化大型沼气工程，生产的沼气用于为农户供气、供暖、发电上网或企业自用等多元化利用，沼渣沼液用于还田、加工有机肥或开展其他有效利用。在果（菜、茶）园和畜禽养殖双优县中，建设一批以畜禽粪便、尾菜烂果等为主要原料的沼气工程，沼气用于城乡居民炊事取暖及锅炉清洁燃料等领域；突出沼肥供应功能，将沼肥施用于果（菜、茶）园，达到园区内种养平衡，实现良性循环发展。

建设规模与内容。建设厌氧消化装置总体容积 500 立方米及以上的沼气工程。主要建设内容包括原料预处理单元、沼气生产单元、沼气净化与储存单元、沼气输配与利用单元（包括管网、入户设施、沼气炉具等）、沼气发电及上网单元（包括沼气发电、余热回收、上网设备与监控等）、沼渣沼液综合利用单元等设施设备，配套建设供配电、仪表控制、给排水、消防、避雷、道路、绿化、围墙、业务用房等设施设备。在果（菜、茶）园和畜禽养殖双优县中，按果树、蔬菜和茶叶的沼肥需求量确定整县农村沼气建设的规模，新建以畜禽粪便、尾菜烂果等为主要原料的沼气工程，主要包括原料预处理单元、沼气生产单元、沼气净化与储存单元、沼气输配与利用单元、沼肥存储调质单元、自动控制单元，果（菜、茶）园配套储肥施肥设施设备、

沼肥运输和施用机具、沼液田间水肥一体化灌溉施肥设施、沼肥暂存调配设施等设施设备。

（三）户用沼气和中小型沼气工程

功能定位。在“老少边穷”且农户有散养习惯的地区，以及中小型养殖场密布地区，因地制宜发展户用沼气和中小型沼气工程，生产的沼气用于解决农户家庭和养殖场清洁燃气需求，生产的优质沼肥与优势特色产业相结合，创建特色农产品品牌，促进种养业增效增收和美丽乡村建设。

建设内容与规模。建设 8~10 立方米池容的户用沼气池，同步实施改圈、改厕、改厨。建设厌氧消化装置总体容积在 20~500 立方米的中小型沼气工程，建设内容主要包括原料预处理池（秸秆粉碎、堆沤）、沼气发酵设施、贮气水封池（基础）、沼液储存池，配套泵、管路、脱硫装置、沼气灶具等设备。有针对性地对有修复价值的老旧病池和沼气工程进行修复改造。

（四）支撑服务能力建设工程

功能定位。适应新时期沼气事业发展需求，从科技创新能力、服务体系队伍和行业监管能力等方面加强顶层设计，统筹推进能力建设工作，建成满足农村沼气事业健康持续发展的支撑保障体系。

建设内容。主要包括：（1）科技创新能力建设。建立健全沼气科技创新研发平台，支持科研单位和教学单位改善实验室基础设施，购置实验仪器设备，配套完善实验室功能，提高科研条件，建设中试基地，增强沼气技术基础研发及成果转化能力。建设国家级科研平台 1 个，区域级科研平台 3 个，重点实验室 5 个。建设企业创新平台，培育设备生产、规模化生物天然气运营、沼气工程设计施工、关键设备生产及后续服务的龙头企业，建设原料分析、发酵条件参数基础实验室，建设规模化服务基地，升级服务设备。（2）服务体系队伍建设。实施沼气实用人才培养工程，建设规模化沼气设计、建设和后续运行服务体系，组建专业技术团队，扶持一批高素质、专业化、功能齐全的沼气工程公司和设计院所，培养一批实用技术人员。（3）行业监管能力建设。建设全国农村沼气数据中心，实地数据采集验证移动站，远程在线监测点，实时传输系统，在线预警诊断平台，购置核心信息系统软件、服务器群、无线数据采集器、网络与安全设备、操作系统等。建设农村沼气数据中心 1 个，在线监测点 3 322个。

六、发展布局

综合考虑各地区畜禽粪便、农作物秸秆等资源量，肥料化、饲料化、原料化、基料化等竞争性利用途径，以及地域分异规律、沼气发展基础、经济水平、清洁能源需求等因素，将全国 31 个省（直辖市、自治区）划分为三类地区：I 类地区（资源量丰富地区）；II 类地区（资源量中等地区）；III 类地区（资源量一般地区）。

专栏 4　资源量测算依据

1. 畜禽粪便资源量测算。依据《中国统计年鉴——2016 年》，查阅 2015 年全国蛋鸡、肉鸡、奶牛、肉牛、生猪等饲养量，采用《第一次全国污染源普查畜禽养殖业源产排污系数手册》所公布的畜禽类污产排污系数，蛋鸡取 0.17 千克/羽/天，肉鸡取 0.2 千克/羽/天，奶牛取 32.86 千克/头/天，肉牛取 15.01 千克/头/天，生猪取 2.37 千克/头/天。

2. 农作物秸秆资源量测算。依据《中国统计年鉴——2016 年》，查阅 2015 年全国玉米、水稻、小麦、大豆、薯类等作物产量，采用《国家发展改革委办公厅农业部办公厅关于开展农作物秸秆综合利用规划终期评估的通知》（发改办环资〔2015〕3264 号）所公布的草谷比，华北农区：玉米 1.73、水稻 0.93、小麦 1.34、豆类 1.57、薯类 1.00；东北农区：玉米 1.86、水稻 0.97、小麦 0.93、豆类 1.70、薯类 0.71；长江中下游农区：玉米 2.05、水稻 1.28、小麦 1.38、豆类 1.68、薯类 1.16；西北农区：玉米 1.52、小麦 1.23、豆类 1.07、薯类 1.22；西南农区：玉米 1.29、水稻 1.00、小麦 1.31、豆类 1.05、薯类 0.60；南方农区：玉米 1.32、水稻 1.06、小麦 1.38、豆类 1.08、薯类 1.41。

专栏 5　全国农村沼气原料资源区域划分表

分区	省（市、区）
Ⅰ类地区	河南、山东、四川、湖南、广西、黑龙江、安徽、河北、湖北、辽宁、吉林、江苏
Ⅱ类地区	云南、内蒙古、江西、贵州、甘肃、广东、陕西、重庆、山西、海南
Ⅲ类地区	新疆、西藏、浙江、福建、青海、宁夏、天津、北京、上海

（一）Ⅰ类地区

区域范围：包括黑龙江、吉林、辽宁、河北、山东、河南、安徽、江苏、湖北、湖南、四川、广西 12 个省（自治区）。

区域特征：按照区位和地形特征不同，该类地区又分两类。

——黑龙江、吉林、辽宁、河北、山东、河南、安徽、江苏等省，是粮食主产区，同时果园、菜园和畜禽养殖双优县较集中，土地消纳沼渣沼液的能力较强，发展种养结合循环农业模式的空间较大；清洁能源需求较大，适宜发展规模化大型沼气和生物天然气。

——湖北、湖南、四川、广西等省（自治区），属于亚热带温带丘陵山区，地形地貌差异显著，大田作物分布较广，菜园、果园、茶园和畜禽养殖双优县均有分布，贫困集中连片区域对户用沼气需求大，丘陵地区适宜发展中小规模沼气工程，平原地区可发展各类沼气工程。

发展任务：在该区域新建规模化大型沼气工程1 884处，中型沼气工程4 815处，小型沼气工程11 000处，规模化生物天然气工程123处，总池容达到886万立方米；新建户用沼气76万户；处理畜禽粪便4 551万吨、农作物秸秆588万吨，年沼气总产量32亿立方米。

（二）Ⅱ类地区

区域范围：包括内蒙古、山西、陕西、甘肃、江西、重庆、贵州、云南、广东、海南10个省（直辖市、自治区）。

区域特征：按照区位和地形特征不同，该类地区又分三类。

——内蒙古、山西、陕西、甘肃等省（自治区），属于“镰刀弯”地区，是玉米结构调整的重点地区，也是草食动物养殖优势区，菜园、果园和畜禽养殖双优县均有分布，适宜发展以规模化沼气为纽带的循环农业模式，适度发展生物天然气工程和中小型沼气工程。

——江西、重庆、贵州、云南等省（直辖市），山区面积大，沼气原料资源分散，贫困人口多、扶贫任务重，大田作物分布较广，菜园、果园和畜禽养殖双优县较多，茶园和畜禽养殖双优区也有分布，适宜发展户用沼气和中小型沼气工程。

——广东、海南等省，属于热带亚热带地区，气候条件好，同时畜禽养殖量大，面源污染防治任务重，热带作物分布较广，菜园、果园和畜禽养殖双优县较多，发展规模化沼气需求迫切，海南部分贫困地区有发展户用沼气的需求。

发展任务：在该区域新建规模化大型沼气工程973处，中型沼气工程4 000处，小型沼气工程4 450处，规模化生物天然气工程39处，总池容达到402万立方米；新建户用沼气34万户；处理畜禽粪便2 226万吨、农作物秸秆219万吨，年沼气总产量14亿立方米。

（三）Ⅲ类地区

区域范围：包括北京、天津、上海、浙江、福建、宁夏、青海、新疆、西藏9个省（直辖市、自治区）。

区域特征：按照区位和地形分异规律的区域特征不同，该类地区又分两类。

——北京、天津、上海、浙江、福建等省（直辖市），人口密集，经济条件优越，优质农产品需求大，清洁燃气需求旺盛，环保要求高，菜园、果园和畜禽养殖双优县较多，茶园和畜禽养殖双优区也有分布，适宜发展规模化沼气工程，因地制宜推广生态循环农业模式。

——宁夏、青海、新疆、西藏等省（自治区），属于生态脆弱区以及水源保护地，环保压力大，适宜推广能源环保型模式；在规模化牲畜养殖集中的牧区和绿洲农业区可适度发展菜沼畜规模化沼气工程。

发展任务：在该区域新建规模化大型沼气工程 293 处，中型沼气工程 1 185处，小型沼气工程 50 处，规模化生物天然气工程 10 处，总池容达到 101 万立方米；新建户用沼气 1 万户；处理畜禽粪便 407 万吨、农作物秸秆 56 万吨，年沼气总产量 3 亿立方米。

七、资金测算与筹措

通过对规模化大型沼气工程和生物天然气工程进行典型设计经济分析，确定了沼气工程的投资强度和补贴标准。在实施过程中还应考虑农业产业结构调整和市场需求变化等因素，结合各地区对中央预算内投资计划上一年度完成情况及实施效果，对各省（市、区）沼气工程数量和投资实行动态调整，保证有序发展。

（一）资金测算

“十三五”期间农村沼气工程总投资 500 亿元，其中：规模化生物天然气工程 181. 2 亿元，规模化大型沼气工程 133. 61 亿元，中型沼气工程 91 亿元，小型沼气工程 59 亿元，户用沼气 33. 3 亿元，沼气科技创新平台 1. 89 亿元。

专栏 6　投资测算依据
1. 规模化生物天然气工程。按照日产 1 万立方米生物天然气测算，单项工程总投资 6 680万元；日产 2 万立方米生物天然气，单项工程工程总投资 11 690万元。 2. 规模化大型沼气工程。按照新建厌氧发酵装置总体容积 1 000立方米的沼气工程测算，单项工程总投资 450 万元。

（二）资金筹措

相关投资主要由企业和个人自主多渠道筹措，充分吸引和调动社会资本积极投入，中央和地方各级财力予以适当补助。中央投资补助标准将根据农村沼气转型升级试点情况和规划实施中期评估进一步调整优化。

八、政策措施

（一）建立多元化投入机制

坚持政府支持、企业主体、市场化运作的方针，大力推进沼气工程建设和运营的市场化、企业化、专业化，创新政府投入方式，健全政府和社会资本合作机制，积极引导各类社会资本参与，政府采用投资补助、产业投资基金注资、股权投资、购买服务等多种形式对沼气工程建设给予支持。支持地方政府建立运营补偿机制，鼓励通过项目有效整理打包，提高整体收益能力，保障社会资本获得合理投资回报。研究出台政府和社会资本合作（PPP）实施细则，完善行业准入标准体系，去除不合理门槛。积极支持技术水平高、资金实力强、诚实守信的企业从事规模化沼气项目建设和管理，鼓励同一专业化主体建设多个沼气工程。积极探索碳排放权交易机制，鼓励专业化经营主体完善沼气碳减排方案，开展碳排放权交易试点。研究建立沼气项目信用记录体系。

（二）完善农村沼气优惠政策

研究建立规模化养殖场废弃物强制性资源化处理制度。完善促进市场主体开展多种形式畜禽养殖废弃物处理和资源化的激励机制，研究建立农业废弃物处理收费机制。完善沼气沼肥等终端产品补贴政策，对生产沼气和提纯生物天然气用于城乡居民生活的可参照沼气发电上网补贴方式予以支持；在实施绿色生态导向的农业政策中，支持农村居民、新型农村经营主体等使用农业废弃物资源化生产的有机肥。比照资源循环型企业的政策，支持从事利用畜禽养殖废弃物、秸秆、餐厨垃圾等生产沼气、生物天然气的企业发展。健全农业废弃物收储运体系，推动将沼气发酵、提纯、运输等相关设备纳入农机购置补贴目录，研究建立健全并落实规模化沼气和生物天然气工程项目用地、用电、税收等优惠政策。

（三）营造产品公平竞争环境

将生物天然气和沼气纳入国家能源和生态战略，落实《可再生能源法》《畜禽规模养殖污染防治条例》《可再生能源发电全额收购保障办法》中对沼气利用的相关规定，破除行业壁垒和歧视，推进生物天然气和沼气发电无障碍并入燃气管网及电网并享受相关补贴，对生物天然气和沼气进行全额收购或配额保障收购，支持规模化沼气集中供气并获得与城镇燃气同等经营许可权利，完善农村集中供气管网建设扶持政策，保障生物天然气、沼气发电、沼气集中供气获得公平的市场待遇。

（四）加快完善沼气标准体系

加快农村沼气标准的制定和修订工作，包括各类沼气工程设计规范、安全设计与运营规范、污染物排放标准、生物天然气产品和并入燃气管网标准、沼肥工程技术规范、沼肥产品等，加强检测认证体系建设，提高行业技术水平，强化对农村沼气及沼肥产品质量和安全监管。研究制定沼气（生物天然气）前期工作编制规程，指导项目单位科学规范开展前期工作。

（五）加强国际合作与交流

在互惠互利的基础上，加强同发达国家企业的合作，学习和借鉴他们的先进技术和管理经验，有目的有选择地引进消化吸收国外先进技术、工艺及关键设备。充分利用国际金融组赠款、贷款以及直接融资等方式，高起点发展农村沼气工程龙头企业，加快产业技术开发步伐，提升产业技术水平。

九、组织实施

（一）加强组织领导

各地要准确把握转型升级新要求，充分认识做大做强农村沼气事业的重要意义，把农村沼气建设纳入地方政府国民经济与社会发展“十三五”规划并提供必要的保障。各级发展改革、农业等部门要加强沟通协调，各负其责，形成合力。深入开展资源与市场需求调查研究，及时应对形势需求，合理优化区域布局。建立农村沼气建设和使用考核评价制度，考核结果作为项目安排和绩效考核的重要依据。

（二）强化行业监管

加强对沼气工程建设到运营全过程监管。进一步健全农村沼气技术监督体系，加强沼气工程质量安全检查，规范市场行为；建立健全项目环境监管体系，严格执行污染物排放监测监督；完善规模化生物天然气工程和规模化大型沼气工程项目管理办法，严格执行项目法人责任制、招标投标制、建设监理制和合同管理制；项目立项、建设、运营等全程公开接受用户和社会的监督、质询和评议。完善项目建设与运行中安全生产制度，建立定期巡回检查、隐患排查、政企应急联动和安全互查等工作机制，确保生产安全。

（三）开展宣传评估

对规划实施情况进行动态监测，及时发现规划实施存在的问题，开展规划实施中期评估和末期评估。利用网络、电视、报纸等媒体，开展农村沼气多形式、多层次、多途径的宣传活动，营造良好的社会舆论氛围。组织开展专业技能培训，对规模化生物天然气工程和规模化大型沼气工程技术和管理人员进行安全生产宣传培训。结合新型职业农民培训工程、农村实用人才带头人素质提升计划，加强沼气服务网站点技术人员和新型经营主体知识更新再培训，着力提高专业化水平。

附图

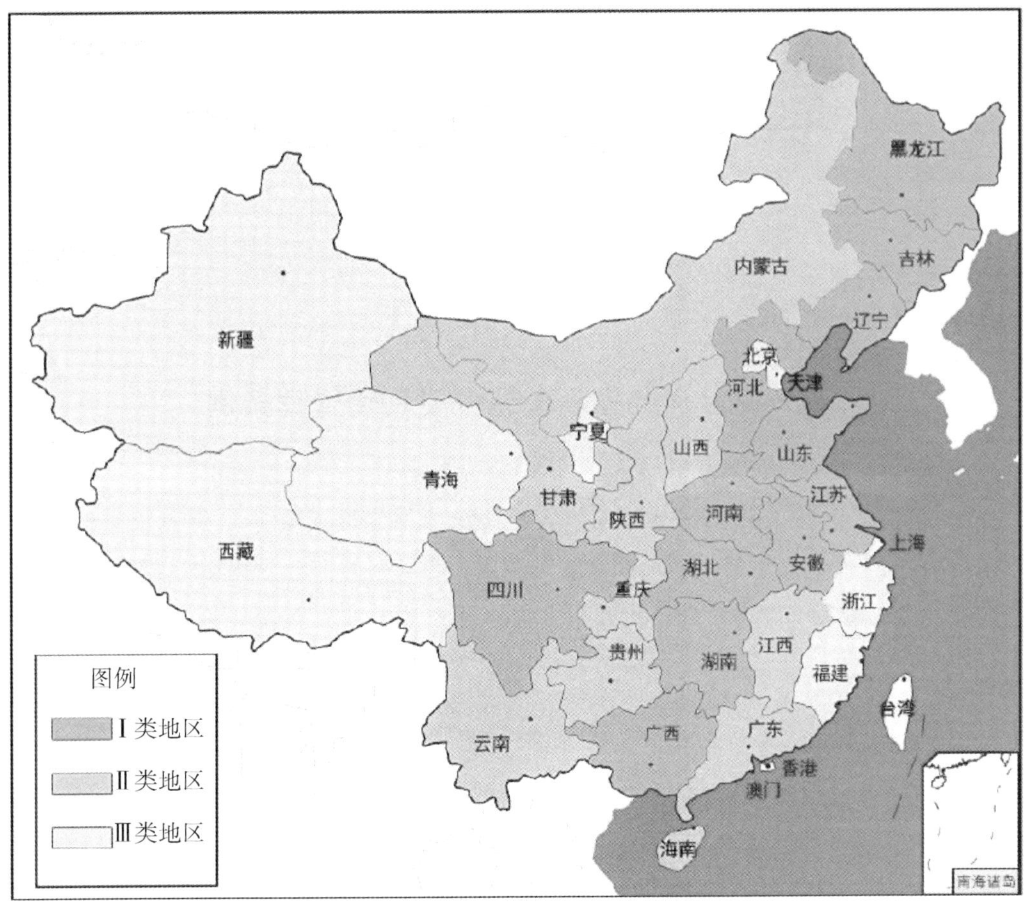

全国农村沼气发展布局图

第三部分　地方农村能源相关条例

第一篇　河北省新能源开发利用管理条例

（1997年4月25日河北省第八届人民代表大会常务委员会第二十六次会议通过，2004年7月22日河北省第十届人民代表大会常务委员会第十次会议修改，根据2010年7月30日河北省第十一届人民代表大会常务委员会第十七次会议《关于修改部分法规的决定》修正）

第一章　总则

第一条　为合理开发利用新能源，改善和优化能源结构，保护环境，提高人民生活质量，促进国民经济和社会可持续发展，根据国家法律、法规的有关规定，结合本省实际，制定本条例。

第二条　本条例所称新能源，包括太阳能、风能、地热能、海洋能、生物质能和其他可再生能源。

本条例所称新能源开发利用，包括新能源技术和产品的科研、实验、推广、应用及其生产、经营活动。

第三条　在本省行政区域内从事新能源开发利用活动的单位和个人，必须遵守本条例。

第四条　新能源的开发利用，应当与经济发展相结合，遵循因地制宜、多能互补、综合利用、讲求效益和开发与节约并举的原则，宣传群众，典型示范，效益引导，实现能源效益、环境效益、经济效益和社会效益的统一。

第五条　各级人民政府应当把开发利用新能源作为一项产业，加强对新能源工作的领导，纳入国民经济和社会发展中长期规划和年度计划，并综合运用税收、价格和信贷等手段，扶植新能源资源的开发利用。

新能源开发利用所需资金应当列入财政预算，并随经济发展逐年增加。

第六条 对在新能源开发利用以及管理工作中做出显著成绩或者有重大发明创造的单位和个人，由各级人民政府或者新能源管理机构给予表彰和奖励。

第二章 职责与管理

第七条 县级以上人民政府新能源管理机构主管本行政区域内新能源开发利用的管理工作。其主要职责是：

（一）贯彻实施有关新能源的法律、法规、规章和政策；

（二）编制新能源开发利用规划、计划，报新能源建设项目，组织、指导新能源的科研、实验、推广和应用工作；

（三）上报、审查、监督大中型新能源建设项目专业技术的设计、施工工作；

（四）协助技术监督部门制定新能源技术和产品的地方标准，监督检查新能源产品的国家标准和地方标准的实施情况；

（五）负责新能源的行业管理、业务指导和部门间的协调工作，组织新能源科技开发、专业培训、知识普及、咨询服务和国内外技术合作与交流；

（六）负责乡镇企业和农村生产、生活用能节约的管理工作；

（七）法律、法规规定的其他职责。

第八条 县级以上人民政府应当健全完善新能源管理机构，保持机构的相对稳定。

乡镇农业技术推广站应当确定专职或兼职人员负责新能源技术的推广工作。

新能源管理部门的培训、试验、服务基地及其财产，任何部门不得侵占或者挪用。

第九条 各级人民政府及其有关部门应当引导和鼓励开发利用新能源，推广和应用新能源技术和产品，加强新能源开发利用的宣传、推广和科技知识普及工作。

第十条 各级人民政府的计划、经贸、财政、科技等有关部门应当依照有关法律、法规的规定和各自的职责，支持新能源管理机构做好新能源开发利用的管理工作。

第三章 科研与实验

第十一条 各级人民政府应当动员和鼓励社会各界有关专家、学者、科技人员积极参加新能源科研、实验活动。对民间组织和个人从事新能源科研、实验项目的，应当给予技术指导和支持。

第十二条 新能源管理机构应当对新能源重点科研、实验项目组织有关专家和科技人员进行可行性论证，确认其技术可靠、经济合理后，方可付诸实施。

第十三条 新能源管理机构设置的质量检测单位，应当经技术监督部门认证后方可承担质量检测工作。

新能源产品和农村用能节约产品研制完成后，必须报新能源质量检测单位检测合格，方可生产和销售。

第四章　推广与应用

第十四条　各级新能源管理机构应当结合本地实际，制订具体措施，普及新能源技术知识，推广新能源产品，培训专业技术人员。

新能源管理机构的工作人员应当掌握先进的新能源技术信息，为新能源的开发利用提供有效的服务。

第十五条　下列新能源技术应当重点推广应用：

（一）户用沼气池综合利用技术，工农业有机废弃物和城镇生活污水厌氧净化处理及供气技术；

（二）秸秆等生物质气化、炭化技术；

（三）太阳能热水、采暖、种植、养殖技术；

（四）风力、太阳能发电技术；

（五）利用地热资源种植、养殖和集中采暖技术；

（六）其他成熟的新能源技术和节能技术。

第十六条　从事新能源技术和产品推广的单位和个人，应当推广技术成熟、性能先进、质量合格、安全可靠的技术、产品，对用户实行建、管、用跟踪服务，传授安全操作知识，防止造成人身伤害和主体工程损坏。

第十七条　地热资源开发应当统一规划，合理开发，梯级利用，保护资源和环境。开发地热资源应当按照国家有关规定申报审批，实行有偿使用，不得随意开采。

第十八条　推广和应用新能源技术和产品，享受下列优惠待遇：

（一）开发利用新能源属于国家高新技术，应当按照国家有关规定，实行资金、信贷、税收以及能源节约和综合利用的优惠政策；

（二）来本省投资进行新能源开发利用的单位和个人，享受本省有关招商引资的优惠政策；

（三）农村集体和居民兴建新能源生态综合利用设施，享受当地人民政府制定的鼓励和扶植政策。

第五章　生产与经营

第十九条　从事新能源生产经营的单位和个人，必须到当地新能源管理机构申报登记，并如实提供生产经营情况，接受新能源管理机构的指导和监督。

第二十条　承担大中型新能源建设项目的设计、施工单位，必须按照国家有关规定取得相应的资质证书，并接受省新能源管理机构的专业技术审查。

第二十一条 销售省外生产的新能源产品，必须具有国家或者省级新能源检测单位出具的质量检测合格证明。

第六章 法律责任

第二十二条 违反本条例第十三条第二款、第十六条、第十七条、第二十一条规定的，由县级以上新能源管理机构协助有关部门按照有关法律、法规的规定，予以处罚。

第二十三条 违反本条例第十九条规定的，责令限期改正；逾期不改的，可处以一千元以上三千元以下的罚款。

第二十四条 违反本条例第二十条规定，未取得相应资质证书的，按照有关法律、法规的规定予以处罚；未接受省新能源专业技术审查的，责令限期改正；逾期不改的，可处以三千元以上三万元以下罚款；给用户造成经济损失的，应予以赔偿；构成犯罪的，依法追究刑事责任。

第二十五条 拒绝、阻碍新能源管理机构工作人员依法执行职务的，由公安机关依照治安管理处罚法的规定处罚；构成犯罪的，依法追究刑事责任。

第二十六条 当事人对依照本条例作出的行政处罚决定不服的，可依法申请复议或者提起诉讼。当事人逾期不申请复议、不起诉、又不履行处罚决定的，由作出行政处罚决定的机关申请人民法院强制执行。

第二十七条 从事新能源开发利用监督管理的国家工作人员滥用职权、玩忽职守、贪污受贿、徇私舞弊，情节轻微的，由其所在单位或者上级主管机关给予行政处分；构成犯罪的，依法追究刑事责任。

第七章 附则

第二十八条 省人民政府可以根据本条例制定实施办法。

第二十九条 本条例自公布之日起施行。

第二篇　黑龙江省农村可再生能源开发利用条例

（2008年1月18日黑龙江省第十届人民代表大会常务委员会第三十二次会议通过，根据2015年4月17日黑龙江省第十二届人民代表大会常务委员会第十九次会议《关于废止和修改〈黑龙江省文化市场管理条例〉等五十部地方性法规的决定》修正根据2018年6月28日黑龙江省第十三届人民代表大会常务委员会第四次会议《黑龙江省人民代表大会常务委员会关于废止和修改〈黑龙江省农作物种子管理条例〉等63部地方性法规的决定》第二次修正）

第一章　总则

第一条　为了加快农村可再生能源开发利用，发展农村循环经济，改善农村生产生活条件和生态环境，促进农村经济和社会可持续发展，根据国家有关法律规定，结合本省实际，制定本条例。

第二条　本条例所称农村可再生能源，是指农村生产生活中使用的生物质能（沼气、秸秆气化、秸秆固化等）、太阳能、风能、地热能、微水能等非化石能源。

第三条　在本省行政区域内从事农村可再生能源开发利用以及管理活动的单位和个人，应当遵守本条例。

第四条　省农业行政主管部门是全省农村可再生能源开发利用的行政主管部门，负责组织实施本条例，具体工作由其所属的省农村能源管理机构负责。

市（行署）、县（市、区）农业行政主管部门负责本行政区域内的农村可再生能源开发利用和管理工作，具体工作可以委托已设立的农村能源管理机构负责。

乡（镇）人民政府在上级农业行政主管部门的指导下，做好本行政区域内的农村可再生能源开发利用工作。[2]

省农垦总局、分局，省森林工业总局、林业管理局负责垦区内、国有森工林区内的农村可再生能源开发利用和管理工作，具体工作可以委托已设立的农村能源管理机构负责，业务上接受省农业行政主管部门的指导和监督。

第五条　县级以上发展和改革、财政、科技、建设、畜牧、环保、林业、国土资源、质量技术监督、工商行政管理、公安消防、劳动和社会保障等有关部门，应当依照有关法律、法规规定和各自的职责，做好农村可再生能源开发利用和管理的相关工作。

第六条　农村可再生能源开发利用应当坚持因地制宜、农民自愿，政府引导与市场运作相结合，节约、安全、清洁、方便并举，经济效益、社会效益和生态效益相统一的原则。

第七条 各级人民政府对在农村可再生能源科研开发、推广应用工作中做出显著成绩的单位和个人，应当给予表彰奖励。

第二章 开发与推广

第八条 各级人民政府应当鼓励和支持科研单位、大专院校、群众性科技组织、企业和个人研究先进适用的农村可再生能源技术，节约常规能源，普及农村可再生能源科技知识；鼓励和支持农村用能单位和个人使用先进适用的农村可再生能源技术、设备和产品。

农村可再生能源开发利用的新项目、新技术，由省农业行政主管部门会同省科技行政主管部门组织专家进行可行性论证和评估后，方可推广。

第九条 引进省外农村可再生能源开发利用的新技术、新设备、新产品，应当具有国家或者省级有关部门出具的质量检验合格证明或者鉴定证书，报省农村能源管理机构备案。

引进国外新技术、新设备和新产品的，应当符合国家有关规定。

第十条 各级农业行政主管部门应当组织推广下列技术：

（一）农林废弃物生物质气化、固化、液化、炭化和发电技术；

（二）利用非耕地种植能源植物和薪炭林营造技术；

（三）利用太阳能取暖、热水、干燥、种植、养殖等技术；

（四）小型风能、微水能和太阳能光伏发电技术；

（五）农村生产生活污水沼气净化技术；

（六）用于农村生产、生活的地热利用技术；

（七）先进适用的农产品加工、太阳房、节能农宅、生物质高效炉灶等生产生活节能技术；

（八）其他先进适用的农村可再生能源技术。

第十一条 从事农村可再生能源新技术和新产品推广的单位和个人，应当推广技术成熟、经济合理、安全可靠的技术、设备和产品，加强对用户的技术指导。

第十二条 各级人民政府应当把农村可再生能源项目建设纳入村镇总体规划和建设规划，重点支持沼气的开发利用；鼓励农村户用沼气开发利用与日光节能温室、太阳能畜禽舍相结合，在建设沼气池的同时，配套进行改圈、改厕、改厨、改炕灶、改庭院。

各级农业行政主管部门应当组织沼气生产单位和个人对沼渣、沼液实行综合利用，发展有机、绿色和无公害农产品。

第十三条 畜禽养殖场、畜禽养殖小区、畜禽屠宰场、酿造厂、豆制品厂等排放有机废水的单位，应当优先采用沼气工程技术处理有机废弃物，实现集中供应沼气、发电或者生产高效有机肥。

引导和支持新建的畜禽养殖场、畜禽养殖小区建设沼气工程等利用和处理废弃物的环保工程。

第十四条 各级农业行政主管部门应当协同科技、建设、环保等有关部门，加强对农作物秸秆的综合开发利用，加快推广秸秆气化、固化和热电联供技术，逐年减少秸秆直接用于燃烧的比例。

第十五条 农村新建、改建、扩建农宅、公益设施、办公场所和农业生产经营场所等，应当优先采用太阳能利用技术、新型节能建筑材料、节能炉和燃池、节能炕灶等设施。

第十六条 各级农业行政主管部门应当按照农村可再生能源开发利用原则和相关技术标准，组织建设、培育并推广符合本地特点的农村可再生能源典型模式。

第三章 生产与经营

第十七条 农村可再生能源产品的生产，应当执行国家标准、行业标准。没有国家标准和行业标准的，由省标准化行政主管部门组织制定地方标准。生产企业制定的企业标准应当按有关规定备案。

第十八条 生产、销售涉及人体健康和人身财产安全的农村可再生能源产品，应当经法定质量检验检测机构检验合格；未经检验或者经检验质量不合格的，任何单位和个人不得生产、销售。

第十九条 农村可再生能源产品的生产经营者，应当对产品的质量负责，并对已销售的产品提供使用技术和售后服务。

第二十条 从事农村可再生能源产品规模化生产经营的单位和个人，应当向所在地农业行政主管部门备案。

第二十一条 禁止生产、销售国家明令淘汰和假冒伪劣的农村可再生能源产品和设备，不得将国家明令淘汰的农村用能设备转让他人使用。

第四章 扶持与保障

第二十二条 各级人民政府应当把农村可再生能源开发利用作为一项长远发展战略，纳入国民经济和社会中长期发展规划和年度计划。

第二十三条 各级人民政府应当把开发利用农村可再生能源所需资金列入本级财政预算，并根据当地财政状况和农村可再生能源发展情况逐步增加。

对国家和省下达的农村可再生能源项目，按照规定需要市（行署）、县（市、区）

匹配资金的，市（行署）、县（市、区）人民政府应当落实配套资金。

农业综合开发、农村扶贫开发、以工代赈、新农村建设、节能减排、农村新技术研发等资金可以适当用于农村可再生能源建设项目。

第二十四条 各级人民政府应当引导和支持农村可再生能源产业化经营。

各级人民政府应当鼓励各种投资主体参与农村可再生能源工程项目建设，支持其开发、生产和营销农村可再生能源产品，并依法保护投资者和生产经营者的合法权益。

第二十五条 开发利用农村可再生能源以及节能技术、产品，按照国家有关规定享受资金补助、贷款贴息、税收优惠等政策。

兴建农村可再生能源开发利用设施的具体优惠政策，由当地人民政府负责制定。

第二十六条 各级人民政府应当加强农村可再生能源的人才培养，通过多种形式培养技术骨干和实用人才。

有条件的高等院校和中等职业学校可以增设农村可再生能源相关专业，培养专业人才。

第二十七条 各级人民政府应当根据当地农村可再生能源开发利用的需要，建立健全农村可再生能源技术推广服务体系，加强农村可再生能源的技术指导、安全管理等公益性服务。

科研单位、科普部门和有关组织应当积极开展农村可再生能源的技术指导、科学普及和咨询活动。

第二十八条 对已建大型农村可再生能源项目，应当实行企业化管理和市场化运作，对分散的户用项目，应当逐步实行物业化管理。鼓励企业或者个人参与农村可再生能源工程项目的管理和经营。

鼓励组建各种类型的专业化服务组织和服务网点，为农民提供优质服务。

各地对各类农村可再生能源开发利用工程项目，应当建立健全安全操作和使用制度。

第五章 监督与管理

第二十九条 各级农业行政主管部门在农村可再生能源开发利用中，应当做好下列工作：

（一）贯彻执行有关农村可再生能源开发利用的法律、法规、规章和政策；

（二）开展农村可再生能源资源调查，编制农村可再生能源开发利用规划和计划，并组织实施；

（三）组织开展农村可再生能源项目试验、示范和技术改造工作，负责农村可再生能源重点建设项目的组织实施工作；

（四）组织开展农村可再生能源科技开发、技术推广、宣传教育、培训、科学技术普及、职业技能鉴定、服务体系建设，以及国内外技术合作与交流；

（五）会同有关部门执行农村可再生能源技术和产品标准，协同质量技术监督、工商行政管理、建设、安全生产监督管理等部门进行质量监督、市场规范和安全监管；

（六）负责农村可再生能源开发利用情况和农村相关节能减排工作的综合统计工作；

（七）法律、法规、规章规定的其他事项。

第三十条 农村可再生能源开发利用资金应当专款专用，任何单位和个人不得截留、挪用、侵占。

第三十一条 政府投资兴建的下列农村可再生能源开发利用工程项目，应当执行相关的行业管理规定和专业技术标准：

（一）单池容积二百立方米以上的沼气工程；

（二）日供气量四百立方米以上的秸秆气化工程；

（三）年产五千吨以上的生物质固化工程；

（四）一千瓦以上的太阳能光伏电站、五千瓦以上十千瓦以下的风力发电站；

（五）集热面积三百平方米以上的太阳能供热系统；

（六）其他大、中型农村可再生能源工程。

第三十二条 从事规模化户用沼气池、秸秆气化集中供气、集约化养殖场沼气等农村可再生能源专业工程的设计、施工单位，应当具备相应的技术等级和资质，方可承担工程设计和施工，并向所在地农业行政主管部门备案。

第三十三条 从事农村可再生能源工程施工、设备安装以及维修的技术人员，应当经过具备相关资质的培训机构组织的专业技能培训，并经劳动和社会保障部门批准的职业技能鉴定机构鉴定合格，取得职业资格证书后，方可上岗。

第三十四条 省农业行政主管部门应当制定农村可再生能源开发利用统计报表制度，调查统计全省农村可再生能源开发利用情况。

从事农村可再生能源开发利用的单位，应当如实提供有关统计资料和数据；涉及商业秘密的，农业行政主管部门应当为其保密。

第六章 法律责任

第三十五条 在农村可再生能源项目实施过程中，对市（行署）、县（市、区）人民政府在申请项目时承诺配套的资金不予落实的，由上级人民政府责令限期落实。逾期仍未达到要求的，调减或者终止下一年度的项目投资计划。对弄虚作假套取项目资金从事其他活动，或者有其他违纪行为的，由有关部门对相关责任人给予行政处分。

第三十六条 从事农村可再生能源开发利用的国家工作人员有下列行为之一的，由有关部门依法给予行政处分：

（一）不执行国家和省下达的农村可再生能源开发利用项目建设计划的；

（二）对需要进行技术审核的农村可再生能源开发利用工程项目，未依法进行技术审核的；

（三）不履行管理和服务职责，或者发现违反本条例的行为未及时依法查处的；

（四）利用职权限制或者阻碍农村可再生能源开发利用的；

（五）徇私舞弊、玩忽职守，以及其他违反本条例的行为。

第三十七条 违反本条例第九条、第二十条规定，从事农村可再生能源产品的生产经营或者引进省外农村可再生能源开发利用的新技术未予备案的，由农业行政主管部门责令限期改正；逾期不改正的，处以一千元以下罚款。

第三十八条 农业行政主管部门发现有违反本条例第十七条、第十八条、第二十一条规定行为的，有权制止并及时告知有关部门依法查处。

第三十九条 违反本条例第三十条规定，截留、挪用和侵占专项资金的，由省农业行政主管部门、财政部门和审计机关按照各自职责责令其限期归还被截留、挪用和侵占的资金，并由所在单位或者上级主管机关对责任人员给予行政处分；构成犯罪的，依法追究刑事责任。

第四十条 违反本条例第三十一条规定，兴建农村可再生能源开发利用工程项目未经技术审核或者备案的，由农业行政主管部门责令限期改正；逾期不改正的，对未经审核的处以一千元以上三千元以下的罚款，对未备案的处以一千元的罚款。

第四十一条 违反本条例第三十二条规定，承担农村可再生能源开发利用工程设计、施工的单位，未向所在地农业行政主管部门备案的，由农业行政主管部门责令限期改正；逾期不改正的，处以一千元的罚款。

第四十二条 农村可再生能源开发利用工程未达到设计、施工标准或者质量、安全要求的，承担设计、施工的单位应当采取补救措施；给用户造成损失的，应当依法予以赔偿。

第七章　附则

第四十三条 本条例自 2008 年 3 月 1 日起施行。黑龙江省人民政府一九九七年十一月一日发布的《黑龙江省农村能源管理规定》同时废止。

第三篇　浙江省可再生能源开发利用促进条例

（2012 年 5 月 30 日浙江省第十一届人民代表大会常务委员会第三十三次会议通过）

第一章　总则

第一条　为了促进可再生能源的开发利用，增加能源供应，改善能源结构，保障能源安全，保护环境，实现经济社会的可持续发展，根据《中华人民共和国可再生能源法》和其他有关法律、行政法规的规定，结合本省实际，制定本条例。

第二条　在本省行政区域内从事可再生能源的开发利用及其管理等相关活动，适用本条例。

本条例所称可再生能源，是指风能、太阳能、水能、生物质能、地热能、海洋能、空气能等非化石能源。

第三条　开发利用可再生能源，应当遵循因地制宜、多能互补、综合利用、节约与开发并举的原则，注重保护生态环境。禁止对可再生能源进行破坏性开发利用。

第四条　县级以上人民政府应当加强对可再生能源开发利用工作的领导，将可再生能源开发利用纳入本行政区域国民经济和社会发展规划，采取有效措施，推动可再生能源的开发利用。

第五条　省发展和改革（能源）主管部门和设区的市、县（市、区）人民政府确定的部门（以下统称可再生能源综合管理部门）负责本行政区域内可再生能源开发利用的综合管理工作。

县级以上人民政府有关部门和机构在各自职责范围内负责可再生能源开发利用的相关管理工作。

乡镇人民政府、街道办事处应当配合做好可再生能源开发利用的管理工作。

第六条　县级以上人民政府及其有关部门应当加强对可再生能源开发利用的宣传和教育，普及可再生能源应用知识。

新闻媒体应当加强对可再生能源开发利用的宣传报道，发挥舆论引导作用。

第二章　管理职责

第七条　县级以上人民政府可再生能源综合管理部门应当会同有关部门和机构，按照国家有关技术规范和要求，对本行政区域内可再生能源资源进行调查。

有关部门和机构应当提供可再生能源资源调查所需的资料与信息。

可再生能源资源的调查结果应当公布。但是，国家规定需要保密的内容除外。

第八条 县级以上人民政府可再生能源综合管理部门应当会同有关部门和机构，根据其上一级可再生能源开发利用规划，结合当地实际，组织编制本行政区域可再生能源开发利用规划，报本级人民政府批准后实施，并报上一级可再生能源综合管理部门备案；其中省可再生能源开发利用规划，应当报国家能源主管部门和电力监管机构备案。

可再生能源开发利用规划的内容应当包括可再生能源种类、发展目标、区域布局、重点项目、实施进度、配套电网建设、服务体系和保障措施等。

第九条 编制可再生能源开发利用规划，应当遵循因地制宜、统筹兼顾、合理布局、有序发展的原则，并与土地利用总体规划、城乡规划、生态环境功能区规划、海洋功能区划相衔接。

编制可再生能源开发利用规划，应当依法进行规划环境影响评价和气候可行性论证，并征求有关单位、专家和公众的意见。

县级以上人民政府可再生能源综合管理部门和有关部门、机构应当依法公布经批准的可再生能源开发利用规划及其执行情况，为公众提供咨询服务。

第十条 可再生能源综合管理部门和城乡规划、国土资源、海洋等部门在履行项目审批、选址审批、用地或者用海审核等职责时，不得将可再生能源开发利用规划确定的可再生能源项目建设场址用于其他项目建设。

第十一条 县级以上人民政府可再生能源综合管理部门依法履行可再生能源投资建设项目的批准、核准或者备案以及其他相关监督管理职责，并对依法需经国家批准或者核准的投资建设项目提出审查意见。

第十二条 省建设主管部门根据本省气候特征和工程建设标准依法制定太阳能、浅层地热能、空气能等可再生能源建筑利用的地方标准。

省标准化主管部门会同省有关部门依法制定除前款规定以外的可再生能源开发利用的地方标准。

第十三条 县级以上人民政府水行政主管部门依法履行水能资源开发利用的指导和监督管理职责。

第十四条 县级以上人民政府建设主管部门依法履行可再生能源建筑利用的指导和监督管理职责。

第十五条 县级以上人民政府国土资源主管部门依法履行地热能开发利用的指导和监督管理职责。

第十六条 县级以上人民政府农村能源管理部门依法履行沼气利用的指导和监督管理职责。

第十七条 县级以上人民政府经济和信息化主管部门依法履行对可再生能源设备制

造产业发展和相关项目技术改造的指导和监督管理职责。

第十八条 县级以上人民政府商务主管部门应当做好生物液体燃料销售和推广应用的组织和指导工作，监督石油销售企业按照规定销售生物液体燃料。

第十九条 县级以上人民政府科技主管部门应当将可再生能源开发利用的科学技术研究和产业发展纳入科技发展规划和高新技术产业发展规划，并将其列为科技发展与高新技术产业发展的优先领域予以重点支持。

第二十条 县级以上人民政府统计主管部门应当会同同级可再生能源综合管理部门和其他有关部门、机构，根据国家和省规定建立健全可再生能源统计制度，完善可再生能源统计指标体系和统计方法，确保可再生能源统计数据真实、完整、准确。

第二十一条 电力监管机构应当督促电网企业按照规定全额收购其电网覆盖范围内的可再生能源发电项目的上网电量，提供便捷、经济的上网服务，降低接网成本。

第三章 开发利用

第二十二条 燃煤发电企业应当按照国家和省规定承担可再生能源发电配额义务。发电配额指标以及具体管理办法按照国家和省有关规定执行。

第二十三条 鼓励在开发区（园区）、产业集聚区、高教园区以及其他用能负荷集中区域发展可再生能源分布式发电系统。

第二十四条 县级以上人民政府应当采取措施，支持在电网未覆盖的偏远地区和海岛建设可再生能源独立电力系统，为当地生产和居民生活提供电力服务。

第二十五条 电网企业应当加强电网建设，提高电网智能和储能水平，增强吸纳可再生能源电力的能力。

电网企业应当与可再生能源发电企业签订并网协议，优先调度可再生能源发电，全额收购其电网覆盖范围内符合并网技术标准的可再生能源发电项目的上网电量，按照国家和省核定的可再生能源发电上网电价及时、足额结算款项。

电网企业应当执行国家可再生能源发电并网标准，不得擅自提高并网标准。

可再生能源发电企业应当按照有关技术标准，保障电网安全。

第二十六条 可再生能源发电项目应当依据国家和行业标准安装电能计量装置并规范使用，为统计和落实有关扶持政策提供依据。

第二十七条 新建民用建筑应当按照《浙江省实施〈中华人民共和国节约能源法〉办法》的规定利用可再生能源。

鼓励已建民用建筑推广应用可再生能源。

第二十八条 鼓励畜禽养殖场、畜禽屠宰场、酿造厂等采用沼气技术开发利用畜禽粪便以及其他废弃物的生物质能，改善农业和农村生态环境。

第二十九条 鼓励采用清洁环保的先进发电技术开发利用城乡生活垃圾的生物质能。

第三十条 利用生物质资源生产的燃气、热力，符合城镇燃气、热力管网的入网技术标准的，经营燃气、热力管网的企业应当接收其入网，按照国家和省核定的价格全额收购并及时、足额结算款项。

第三十一条 利用能源作物、餐厨废弃物等生产的生物液体燃料，符合国家标准的，石油销售企业应当将其纳入燃料销售体系，按照国家和省核定的价格全额收购并及时、足额结算款项。

第四章 扶持促进

第三十二条 设区的市、县（市）行政区域内可再生能源的开发利用量，超过上级人民政府核定的部分，按照规定不计入该行政区域的能源消费总量考核控制指标。

第三十三条 建设光伏或者光热发电项目利用太阳能的，可以向县级以上人民政府可再生能源综合管理部门或者建设主管部门申请项目建设资金补助。可再生能源综合管理部门或者建设主管部门应当按照国家和本省规定给予补助。

第三十四条 民用建筑以非发电方式利用太阳能、浅层地热能、空气能的，可以向县级以上人民政府建设主管部门申请项目建设资金补助。建设主管部门应当会同财政部门在建筑节能专项资金中按照国家和本省规定给予补助。

第三十五条 利用沼气技术进行生物质能利用的，可以向县级以上人民政府农村能源管理部门申请项目建设资金补助。农村能源管理部门应当会同财政部门按照国家和本省规定给予补助。

第三十六条 小型水电企业更新改造发电设施设备的，可以向县级以上人民政府水行政主管部门申请项目改造资金补助。水行政主管部门应当会同财政部门按照国家和本省规定给予补助。

小型水电设施设备更新改造提高水能利用效率达到一定比例的，应当对改造后的全部发电量按照规定提高水电综合上网电价。

第三十七条 县级以上人民政府应当根据财力状况，安排专项资金用于可再生能源发展的下列事项：

（一）可再生能源开发利用的科学研究、技术开发和标准制定；

（二）可再生能源的资源勘查和相关信息系统建设；

（三）可再生能源开发利用示范工程建设或者设施设备购置补贴；

（四）可再生能源分布式发电系统、独立电力系统建设；

（五）可再生能源发电项目的电价补贴；

（六）利用餐厨废弃物生产的生物液体燃料的收购价格补贴；

（七）可再生能源开发利用项目贷款贴息；

（八）可再生能源开发利用服务体系建设；

（九）可再生能源开发利用的其他事项。

可再生能源发展专项资金的使用和监督管理办法，由县级以上人民政府财政和可再生能源综合管理部门会同有关部门制定。

第三十八条 金融机构应当依据可再生能源开发利用项目投资的特点，制定促进可再生能源发展的金融信贷政策，提供支持可再生能源开发利用的金融产品；对列入国家可再生能源产业发展指导目录、符合信贷条件的可再生能源开发利用项目，应当优先提供信贷支持。

第三十九条 对列入国家和省可再生能源产业发展指导目录的可再生能源开发利用项目，按照国家和省规定享受有关优惠待遇。

第五章 法律责任

第四十条 违反本条例规定的行为，《中华人民共和国可再生能源法》等有关法律、行政法规已有法律责任规定的，从其规定。

第四十一条 县级以上人民政府可再生能源综合管理部门和其他有关部门及机构违反本条例规定，有下列行为之一的，由本级人民政府或者上级人民政府有关部门责令改正，对负有责任的主管人员和其他直接责任人员依法给予处分：

（一）不依法实施行政许可的；

（二）不依法及时查处违法行为的；

（三）违反法定权限和程序实施监督检查、行政处罚的；

（四）违反专项资金使用和管理规定的；

（五）其他滥用职权、徇私舞弊、玩忽职守的行为。

第六章 附则

第四十二条 本条例下列用语的含义：

（一）生物质能，是指利用自然界的植物、粪便以及城乡有机废物转化成的能源。

（二）生物液体燃料，是指利用生物质资源生产的甲醇、乙醇和生物柴油等液体燃料。

（三）可再生能源发电，是指水力发电、风力发电、生物质能发电、太阳能发电、海洋能发电和地热能发电。其中，生物质能发电包括农林废弃物直接燃烧发电、农林废弃物气化发电、垃圾焚烧发电、垃圾填埋气发电、沼气发电。

（四）可再生能源独立电力系统，是指不与电网连接的单独运行的可再生能源电力系统。

（五）分布式发电系统，是指发电规模小、分布广、位于用电负荷附近，电能可以就地消纳，符合能源高效、环保利用等国家产业政策要求，并可接入中低压配电网的可再生能源发电、资源综合利用发电以及其他具备节能减排发电特性的系统。

第四十三条 本条例自 2012 年 10 月 1 日起施行。

第四篇　安徽省农村能源建设与管理条例

（1998 年 8 月 15 日安徽省第九届人民代表大会常务委员会第五次会议通过根据 2004 年 6 月 26 日安徽省第十届人民代表大会常务委员会第十次会议通过 2004 年 6 月 26 日安徽省人民代表大会常务委员会公告第 23 号公布 2004 年 7 月 1 日起施行的《安徽省人民代表大会常务委员会关于修改〈安徽省农村能源建设与管理条例〉的决定》第一次修正根据 2006 年 6 月 29 日安徽省第十届人民代表大会常务委员会第二十四次会议通过 2006 年 6 月 29 日安徽省人民代表大会常务委员会公告第 77 号公布自公布之日起施行的《安徽省人民代表大会常务委员会关于修改〈安徽省农村能源建设与管理条例〉的决定》第二次修正根据 2010 年 8 月 21 日安徽省第十一届人民代表大会常务委员会第二十次会议通过 2010 年 8 月 23 日安徽省人民代表大会常务委员会公告第 27 号公布自公布之日起施行的《安徽省人民代表大会常务委员会关于修改部分法规的决定》第三次修正）

第一章　总则

第一条　为加强农村能源建设与管理，合理开发、利用、节约农村能源，保护和改善生态环境，提高人民生活质量，促进国民经济可持续发展，根据有关法律、法规，结合我省实际，制定本条例。

第二条　本条例所称农村能源是指主要用于农村生活、生产的生物质能（沼气、秸秆、薪柴等）、太阳能、风能、地热、微水能等新能源和可再生能源。

本条例所称农村能源建设是指农村能源的开发利用和农村有关节能技术的推广应用。

本条例所称农村能源产品是指利用、转化农村能源的设备、器具和产品。

第三条　在本省行政区域内从事农村能源建设与管理的单位和个人必须遵守本条例。

第四条　农村能源建设必须坚持因地制宜、多能互补、综合利用、讲求效益和开发与节约并举的方针。

第五条　各级人民政府应当加强对农村能源建设的领导，统筹规划，将其纳入国民经济和社会发展计划，农村能源建设事业经费列入同级财政预算，并制定相应的优惠政策和措施，扶持农村能源事业的发展。

第六条　各级人民政府及其有关部门应当广泛开展开发、利用和节约农村能源的宣传，加强对农民群众和科学用能教育，普及农村能源科学技术知识。

第七条 县级以上人民政府农村能源主管部门主管本行政区域内的农村能源建设与管理工作，所属管理机构具体负责日常管理工作，其主要职责是：

（一）宣传贯彻实施有关农村能源建设与管理的法律、法规；

（二）编报农村能源建设规划、计划并组织实施，负责农村能源统计工作；

（三）组织指导农村能源科技开发、技术推广，开展技术培训、科普宣传和技术服务；

（四）指导与扶持农村能源产业的发展，负责审核农村能源工程技术项目并监督实施；

（五）配合建设、工商行政管理、技术监督等有关部门加强农村能源技术、产品及工程标准、质量监督管理；

（六）法律、法规规定的其他职责。

第八条 县级以上人民政府建设、经贸、科技、环保、卫生、农业、技术监督、工商行政管理等有关部门，应当按照各自职责，协同做好农村能源建设与管理工作。

乡（镇）人民政府负责本行政区域内农村能源建设与管理工作。

第九条 对在农村能源建设与管理中做出突出成绩的单位和个人，由县级以上人民政府或农村能源主管部门给予表彰奖励。

第二章　开发利用

第十条 各级人民政府应当鼓励和支持科研单位、大专院校和群众性科技组织研究、开发和推广先进适用的农村能源技术；鼓励和支持用能单位和城乡居民应用先进适用的农村能源技术和产品，兴建农村能源开发利用工程。

第十一条 各级人民政府及有关部门应当安排专项资金，用于支持农村能源开发利用示范工程的建设。

第十二条 农村能源的开发利用应当与城乡建设、生态农业、环境保护、卫生防病等相结合，发挥综合效益。

第十三条 各级农村能源管理机构应当组织推广下列农村能源技术：

（一）沼气及其综合利用技术；

（二）太阳能热利用和发电技术；

（三）用于种植、养殖等方面的地热利用技术；

（四）风能利用技术；

（五）单机容量 10 千瓦以下的微水能发电技术；

（六）生物质气化、固化、炭化技术；

（七）农村生产、生活节能技术；

（八）其他先进适用的农村能源新技术。

第十四条 在农村适宜发展户用沼气的地区，当地人民政府应将户用沼气池建设纳入村镇建设规划。

在农村血吸虫病重流行区，当地人民政府必须有计划地兴建户用沼气池。

第十五条 城镇建设应当有计划地应用厌氧消化技术，兴建沼气净化工程，并与主体工程同步设计、施工，农村能源管理机构应当及时提供技术指导并参与验收。

第十六条 适合安装太阳能热水器的城镇新建住宅，建设单位应当有计划地将太阳能热水器输水管道的安装与主体工程同步设计、施工。农村能源管理机构应当及时提供技术指导。

第十七条 各级农村能源主管部门应当协同农业、科技、环保等有关部门，加强对农作物秸秆的综合开发利用，示范推广秸秆气化技术。禁止在机场周围、道路两侧和田间地头焚烧农作物秸秆。

第十八条 各级农村能源管理机构应当组织推广先进适用的省柴节煤炉灶以及制茶、烤烟、砖瓦生产等方面的节能技术。

第十九条 各级农村能源技术推广机构进行农村能源技术试验，提供技术信息，开展技术指导，实行无偿服务；以技术转让、技术承包、工程设计等形式提供农村能源技术，实行有偿服务。

第三章　生产经营

第二十条 农村能源产品的生产经营者，必须对产品质量负责，并做好售后服务。

第二十一条 农村能源产品的生产经营者，须按国家有关规定领取县以上农村能源管理机构核发的全省统一的农村能源产品生产经营许可证和工商行政管理部门核发的营业执照，方可生产经营。

第二十二条 省农村能源管理机构应当协同省技术监督部门，制定本省农村能源产品标准和工程技术标准，并负责组织实施。

第二十三条 农村能源产品的生产必须符合国家、行业或地方标准，没有国家、行业、地方标准的，生产企业应当制定企业标准，并按规定报当地技术监督和农村能源管理机构备案。

第二十四条 禁止生产与销售国家明令淘汰和假冒伪劣的农村能源产品。

第四章　监督管理

第二十五条 农村能源技术推广实行农村能源技术推广机构与科研单位、大专院校以及群众性科技组织、技术人员相结合的推广体系。

县级以上人民政府应当健全完善农村能源技术推广机构，乡（镇）人民政府可设立农村能源技术推广机构，或在农业技术推广机构中确定专业技术人员负责农村能源技术推广工作。

各级人民政府应当采取措施，改善从事农村能源技术推广工作的专业技术人员的工作条件和生活条件，并按国家有关规定，评定相应技术职称，保持专业技术人员队伍的相对稳定。

第二十六条 各级农村能源技术推广机构的专业技术人员，应当具有中等以上（或相当）相关专业学历，或经县级以上人民政府批准的有关部门的专业培训，并经考核达到相应的专业技术水平，取得合格证书。

各级农村能源主管部门和技术推广机构应当有计划地对农村能源技术推广人员进行技术培训，提高业务水平。

第二十七条 兴建下列农村能源利用工程，其技术方案须经县以上农村能源管理机构审核：

（一）单池容积300立方米以上的沼气工程；

（二）日供气量500立方米以上秸秆气化工程；

（三）集热面积100平方米以上的太阳能供热系统；

（四）10千瓦以上的太阳能光电站或风力发电站。

前款所列农村能源利用工程，涉及行业管理的，应当严格遵守相关的行业管理规定及其专业技术标准。

第二十八条 从事农村能源利用工程设计、施工的单位，须经县以上农村能源管理机构专业技术审核，按规定程序向建设主管部门领取工程设计、施工资质证书后，方可承担设计、施工业务，并保证设计、施工质量，接受工程所在地农村能源管理机构的技术监督。

第二十九条 从事农村能源开发利用及农村生产用能的单位，应按农村能源管理机构的要求及时如实提供有关统计资料和数据。

第三十条 各级农村能源主管部门的执法人员执行任务时，应当出示省人民政府统一制作的行政执法证件。

第五章 法律责任

第三十一条 违反本条例第二十八条规定，承担农村能源利用工程设计、施工的单位，未经农村能源专业技术审核的，由农村能源主管部门责令限期改正，逾期不改的，处以500元以上2 000元以下的罚款；未领取资质证书擅自施工的，由建设行政主管部门依法处罚。

农村能源利用工程未达到设计、施工标准或质量要求的，承担设计、施工的单位应当采取补救措施，给用户造成损失的，应予以赔偿。

第三十二条 擅自向用能单位和个人推广未经推广地区试验证明具有先进性和适用性的农村能源技术的，由当地人民政府或农村能源主管部门责令其停止推广；给用能单位和个人造成损失的，应当赔偿损失；对直接负责的主管人员和其他责任人员可由其所在单位或上级主管部门给予行政处分。

第三十三条 违反本条例第二十条、第二十三条、第二十四条规定的，由农村能源主管部门配合技术监督、工商行政管理等部门，依照《中华人民共和国产品质量法》、《中华人民共和国消费者权益保护法》等有关法律、法规的规定处罚。

第三十四条 违反本条例第二十一条规定，从事农村能源产品生产经营者，未领取生产经营许可证的，由农村能源主管部门责令其限期补办，逾期不补办的，处以违法所得额一倍以上三倍以下的罚款；未领取营业执照的，由工商行政管理部门依法处罚。

第三十五条 拒绝、阻碍农村能源主管部门执法人员依法执行职务的，由公安机关依照《中华人民共和国治安管理处罚法》的规定处罚；构成犯罪的，由司法机关依法追究刑事责任。

第三十六条 农村能源主管部门的执法人员玩忽职守，滥用职权，徇私舞弊的，由其所在单位或上级主管部门给予行政处分；构成犯罪的，由司法机关依法追究刑事责任。

第三十七条 当事人对行政处罚决定不服的，可以依法申请行政复议，或者提起行政诉讼。逾期不申请复议、不起诉又不履行行政处罚决定的，由作出行政处罚决定的行政机关申请人民法院强制执行。

第六章 附则

第三十八条 本条例具体应用中的问题，由省人民政府农村能源主管部门负责解释。

第三十九条 本条例自 1998 年 10 月 1 日起施行。

第五篇　山东省农村可再生能源条例

（2007年11月23日山东省第十届人民代表大会常委会第三十一次会议通过　2015年7月24日山东省第十二届人民代表大会常务委员会第十五次会议通过《关于修改〈山东省农村可再生能源条例〉等十二件地方性法规的决定》第1次修正）

第一章　总则

第一条　为促进农村可再生能源的开发利用，改善农村生产条件，提高农村居民生活质量，保护生态环境，实现农业和农村经济可持续发展，根据《中华人民共和国可再生能源法》等有关法律、法规，结合本省实际，制定本条例。

第二条　本条例所称农村可再生能源，是指主要用于农村生产、生活的生物质能、太阳能、风能、水能、地热能、海洋能等非化石能源。

第三条　在本省行政区域内开发利用农村可再生能源以及进行相关管理活动，适用本条例。

第四条　开发利用农村可再生能源，应当遵循因地制宜、多能互补、节用并举、群众自愿的原则，坚持资源节约与生态环境保护相结合，实现经济效益、社会效益、生态效益的统一。

鼓励各种所有制经济主体参与农村可再生能源的开发利用，依法保护农村可再生能源开发利用者的合法权益。

第五条　县级以上人民政府应当将农村可再生能源工作纳入国民经济和社会发展规划，并制定相应的优惠政策和保障措施，扶持农村可再生能源的科研开发和推广应用。

县级以上人民政府应当组织有关部门加强对农村可再生能源开发利用的宣传和教育，充分利用广播、电视、报纸、互联网等各种媒体，普及科学用能和技术推广应用知识。

第六条　县级以上人民政府农业行政主管部门负责本行政区域内农村可再生能源开发利用的管理工作。

乡（镇）人民政府负责本行政区域内的农村可再生能源开发利用工作。

县级以上人民政府发展改革、经济和信息化、财政、科技、国土资源、住房城乡建设、环境保护、质量技术监督等有关部门，应当按照各自职责，做好农村可再生能源开发利用的相关工作。

第二章　科研开发

第七条　省人民政府应当将农村可再生能源开发利用的科学技术研究和产业化发展，纳入科技发展规划和高新技术产业发展规划，组织并支持科研、教学、推广、生产等单位从事农村可再生能源基础性、关键性、公益性技术的研究，促进农村可再生能源开发利用的技术进步。

省发展改革、经济和信息化、科技、财政部门应当在项目安排、创新奖励、政策及资金扶持等方面，支持农村可再生能源的科研开发和成果转化。

第八条　县级以上人民政府应当鼓励科研机构、企业和个人研究开发农用太阳能、小型风能、小型水能技术以及沼气贮运、沼气低温发酵、秸秆发酵沼气、秸秆气化、秸秆固化和炭化等生物质资源转化技术，并给予政策及财政支持。

第九条　鼓励科技人员通过技术转让、技术承包和技术入股等形式，加快农村可再生能源成果的转化。

第十条　省标准化行政主管部门应当会同省农业行政主管部门及其他有关部门，制定全省农村可再生能源产品地方标准和工程技术规范，并组织实施。

第十一条　农村可再生能源产品的生产，必须符合国家、行业或者地方标准。没有国家、行业或者地方标准的，生产企业应当制定企业标准，并按规定报当地标准化行政主管部门和农业行政主管部门备案。

第三章　推广应用

第十二条　各级人民政府应当将农村可再生能源技术推广工作纳入农业技术推广体系，充分发挥农村可再生能源技术推广机构的作用，开展农村可再生能源科学研究、技术指导、技术培训、信息咨询、安全管理等公益性服务，并鼓励和支持农村集体经济组织、企业和个人建立专业服务组织，开展农村可再生能源社会化服务活动。

乡（镇）农业技术推广机构应当确定专职或者兼职人员负责农村可再生能源的推广工作。

第十三条　县级以上人民政府财政部门应当对政府设立的农村可再生能源技术推广机构履行职能所需经费给予保证，并在农业技术推广资金中，安排部分资金用于农村可再生能源技术推广项目。

第十四条　推广应用农村可再生能源新技术、新产品，应当努力降低相对成本，提高相对效能，有利于生态环境保护和可持续协调发展。

农村可再生能源新技术、新产品，应当在推广地区经过实地试验证明具有先进性、适用性和安全性，由省农业行政主管部门列入推广目录并向社会公告后，方可推广。

鼓励单位与个人参与农村可再生能源新技术、新产品的推广活动。

第十五条 生产、销售的农村可再生能源产品和转让的技术，应当实用、安全、方便，易于群众接受。

农村可再生能源产品和技术的生产、销售、转让单位和个人，应当对所生产、销售的产品质量或者所提供的技术负责，并向用户传授安全操作知识，提供售后服务。

禁止生产、销售国家明令淘汰或者质量不合格的农村可再生能源产品。

第十六条 县（市、区）、乡（镇）人民政府应当结合农村村镇规划、生态农业建设、农村改厕防疫等工作，在适宜地区推广农村户用沼气。

县（市、区）农业行政主管部门应当按照国家和省制定的农村户用沼气工程技术标准和规范，为农村居民应用沼气提供技术指导和服务。

第十七条 大中型畜禽养殖企业和标准化养殖区应当采用环保能源技术，利用畜禽养殖废弃物生产沼气；鼓励农村集体经济组织、企业和个人采用厌氧发酵技术处理有机垃圾和污水生产沼气，并用于发电或者向农村集中供气。

第十八条 各级人民政府应当加强对秸秆综合利用的指导，有计划地示范推广秸秆发酵沼气、秸秆气化、秸秆固化等技术。

第十九条 农村新建或者改建校舍、医院、敬老院等公用设施的，应当推广使用太阳能供水供热采暖、光伏发电和建筑节能技术；设计单位应当按照要求提供相应的设计方案。太阳能利用设施应当与主体工程同时设计、同时施工。

县级以上人民政府建设行政主管部门应当为农村住宅建设利用太阳能提供技术指导和通用设计方案。

第二十条 各级人民政府及其有关部门应当在农村推广先进适用的省柴节煤灶以及烤烟、制茶等方面的节能技术，鼓励用能单位和个人逐步淘汰或者改造高能耗设备和工艺。

第二十一条 鼓励单位和个人在条件适宜的地区，推广风能、水能、地热能、海洋能等可再生能源利用技术。

第四章　保障措施

第二十二条 省农业行政主管部门应当根据省可再生能源开发利用规划，组织编制全省农村可再生能源开发利用规划，按规定程序报经批准后实施。

设区的市、县（市、区）农业行政主管部门应当根据全省农村可再生能源开发利用规划，组织编制本行政区域的农村可再生能源开发利用规划，报本级人民政府批准后实施。

编制农村可再生能源开发利用规划，应当采取听证会、座谈会等形式，广泛征求有关单位、专家和公众的意见，进行科学论证。

第二十三条　省农业行政主管部门应当根据全省农村可再生能源开发利用规划，制定并公布全省农村可再生能源产业发展指导目录。

第二十四条　县级以上人民政府应当在年度财政预算中安排专项资金，用于扶持农村可再生能源建设，并随着经济和社会的发展逐年增加。

县级以上人民政府可以在节能资金中安排部分资金，用于支持农村可再生能源的开发利用。

第二十五条　列入国家和省农村可再生能源开发利用规划的建设项目，县级以上人民政府应当安排相应的配套资金。

列入国家和省农村可再生能源产业发展指导目录、符合信贷条件的建设项目，可以按照国家和省的有关规定享受财政贴息贷款，并享受税收优惠。

第二十六条　采用厌氧发酵等技术处理有机垃圾、污水和畜禽养殖废弃物生产沼气用于发电或者向农村集中供气，以及采用秸秆发酵沼气、秸秆气化、秸秆固化等技术综合利用秸秆的，县级以上人民政府应当按照国家和省的有关规定给予补贴。

第二十七条　农村新建或者改建校舍、医院、敬老院等公用设施，采用太阳能供水供热采暖、光伏发电和建筑节能技术的，县级以上人民政府应当按照国家和省的有关规定给予适当补贴。

第二十八条　农村居民或农村集体经济组织集中建设农村沼气项目的，县级以上人民政府应当按照国家和省的有关规定给予补贴。

提倡和鼓励农村居民利用住宅及其周围空闲地建设户用沼气池。

第五章　安全管理

第二十九条　县级以上人民政府农业行政主管部门应当加强对农村可再生能源开发利用的安全管理，建立健全能源利用工程质量监督制度，提高管理和服务水平。

第三十条　县级以上人民政府农业行政主管部门应当加强对农村可再生能源利用工程的技术服务和指导。

从事农村可再生能源利用工程设计、施工、监理的单位和个人，应当按照国家有关规定取得相应的资质证书后，方可承担设计、施工、监理业务，并保证设计和施工质量。

农村可再生能源利用工程，涉及行业管理的，应当遵守相关的行业管理规定及其专业技术标准。

第三十一条　建设单池容积五百立方米以上的沼气工程及日供气量五百立方米以上的秸秆气化工程，其工程设计方案应当由设区的市农业行政主管部门组织专家论证后予

以核准。

前款规定的农村可再生能源利用工程，其建设单位应当将设计方案报工程所在地县（市、区）农业行政主管部门审查；县（市、区）农业行政主管部门应当自收到工程设计方案之日起十日内提出审查意见，并报送设区的市农业行政主管部门。

设区的市农业行政主管部门应当自收到审查意见及工程设计方案之日起二十日内完成审核。对工程设计单位具备国家规定的相应资质且工程设计方案符合安全技术规范和标准的，予以核准；对不予核准的，应当书面通知工程建设单位并说明理由；未经核准的，不得开工建设。

第三十二条 县级以上人民政府农业行政主管部门应当会同同级质量技术监督、工商行政管理部门，对本地区生产、销售的农村可再生能源产品进行监督检查。

第六章 法律责任

第三十三条 违反本条例规定，擅自推广未经实地试验证明具有先进性、适用性和安全性的农村可再生能源新技术、新产品的，由农业行政主管部门责令其停止推广；给他人造成损失的，应当依法予以赔偿。

第三十四条 违反本条例规定，生产、销售国家明令淘汰或者质量不合格的农村可再生能源产品的，由农业行政主管部门配合质量技术监督、工商行政管理部门，依照国家有关法律、法规的规定处罚。

第三十五条 违反本条例规定，未按国家有关规定取得相应资质证书，从事农村可再生能源利用工程设计、施工或者监理活动的，由建设行政主管部门依法处罚；给用户造成损失的，应当依法予以赔偿；构成犯罪的，依法追究刑事责任。

第三十六条 违反本条例规定，农村可再生能源利用工程设计方案未经核准擅自开工建设的，由农业行政主管部门责令其限期改正；逾期不改正的，处以一千元以上一万元以下的罚款。

第三十七条 农业行政主管部门及其他有关部门的工作人员在农村可再生能源开发利用监督管理工作中，玩忽职守、滥用职权、徇私舞弊的，由其所在单位或者上级主管部门给予处分；构成犯罪的，依法追究刑事责任。

第七章 附则

第三十八条 本条例自 2008 年 1 月 1 日起施行。

第六篇　湖北省农村可再生能源条例

（湖北省第十一届人民代表大会常务委员会第17次会议通过）

第一章　总则

第一条　为了促进农村可再生能源的开发利用和建设管理，保护和改善生态环境，推进社会主义新农村建设，根据有关法律、行政法规，结合本省实际，制定本条例。

第二条　本条例所称农村可再生能源，是指农村生产生活所使用的生物质能（沼气及其他生物质燃气、秸秆、薪柴、生物炭等）、太阳能、风能等非化石能源。

第三条　在本省行政区域内从事农村可再生能源开发利用及建设管理等活动，适用本条例。

第四条　开发利用农村可再生能源应当坚持因地制宜、多能互补、综合利用、讲求效益和节约与开发并举的方针，遵循政府扶持、市场引导、群众自愿、社会参与的原则。

农村可再生能源的开发利用应当与新农村建设、生态农业、环境保护、卫生防疫（血防）等相结合，发挥综合效益。

第五条　县级以上人民政府应当加强领导，统筹规划，将农村可再生能源开发利用纳入国民经济和社会发展规划，与节能减排的总体要求相适应，作为优先发展的产业，制定相应的优惠政策和保障措施，加大对农村可再生能源开发利用和建设管理的投入，提高利用效率，促进农村可再生能源事业的可持续发展。

第六条　农村可再生能源开发利用和建设的管理工作由县级以上人民政府农业行政主管部门具体负责，其他相关行政主管部门按照各自的职责，做好农村可再生能源开发利用管理工作。乡镇人民政府应当确定专职或者兼职人员，协助做好农村可再生能源开发利用管理工作。

第七条　各级人民政府及其有关部门应当宣传开发利用和节约农村可再生能源知识，普及农村可再生能源应用技术；对在农村可再生能源开发利用工作中做出显著成绩的单位和个人给予表彰奖励。

第二章　开发与推广应用

第八条　各级人民政府应当鼓励支持科研单位、大专院校、企业和其他组织、个人，以多种形式开展农村可再生能源新技术、新产品的研究开发和科技成果转化；安排专项资金，用于支持农村可再生能源新技术、新产品的研究开发以及农村可再生能源开发利用示范工程的建设。鼓励开展秸秆沼气发酵、生物质热解气化、沼气进出料、沼肥综合利用等技术研究及其成套设备的开发。

第九条 自主开发或者引进的农村可再生能源新技术，应当经省人民政府农业行政主管部门会同相关部门组织专家进行可行性论证和评估，证明具有先进性、安全性和适用性后，方可推广。引进国外新技术和新产品的，应当符合国家有关规定。

第十条 鼓励科技人员依照国家有关规定通过技术转让、技术入股、技术咨询与服务等形式，加快农村可再生能源科技成果转化。

第十一条 县级以上人民政府应当将农村可再生能源技术推广纳入农业技术推广体系。农业行政主管部门应当根据实际情况因地制宜地推广下列农村可再生能源技术与设备：

（一）户用沼气及其综合利用、大中型沼气集中供气和生活污水厌氧净化等技术与设备；

（二）秸秆气化、固化、炭化技术与设备；

（三）太阳能、风能利用技术与设备；

（四）省柴节能炉灶、炒茶灶、取暖设施等节能技术与设备；

（五）其他先进适用的农村可再生能源技术及配套设备。

第十二条 各级人民政府应当引导和支持乡镇兴建沼气净化工程，将户用沼气建设与改厨、改厕、改圈相结合，纳入村镇建设规划，分类指导，整体推进。鼓励企业和个人利用规模化养殖场（小区）的有机废弃物，建设沼气集中供气（发电）工程。农业行政主管部门应当组织沼气生产单位和个人对沼渣、沼液实行综合利用，发展无公害、绿色和有机农产品。

第十三条 各级人民政府应当加强对秸秆能源化、太阳能、风能开发利用的指导。鼓励企业和个人兴建秸秆气化集中供气工程。农村新建或者改建、扩建公益性公共设施，具备条件的应当采用太阳能供水供热等技术和设备。农村居民住宅利用太阳能供水供热的，农业、建设等行政主管部门应当在规划、安装、使用和通用设计方案方面给予指导和帮助。

第三章 政府扶持与服务

第十四条 农业行政主管部门应当根据当地农村可再生能源资源、用能结构、用能水平和经济社会发展现状，科学制定农村可再生能源开发利用规划和计划，按照规定程序报同级人民政府批准后实施。

第十五条 县级以上人民政府应当把开发利用农村可再生能源所需资金列入本级财

政预算，并根据农村可再生能源发展需要逐步增加。对国家和省下达的农村可再生能源利用项目，下级人民政府应当按照规定落实配套资金。

第十六条 各级人民政府及其相关部门应当建立、完善农村可再生能源开发利用和建设管理的相关制度，以提高农村可再生能源项目的使用率为目标，充分发挥农村可再生能源建设项目及资金的使用效益，并对开发利用规划、计划的执行情况和项目、资金的建设使用情况进行考核评价。

第十七条 利用秸秆气化技术向农村集中供气以及应用秸秆气化、固化技术的项目所购置的设备，享受国家和省对沼气、农机设备的优惠扶持政策。农村居民住宅利用太阳能供水供热或者购买使用省柴节能炉灶的，享受国家和省的补贴。鼓励金融机构对利用荒山、荒坡或者边际土地发展能源植物，利用农作物秸秆、农业废弃物等生产生物质能的，在信贷资金方面给予优惠。

第十八条 各级人民政府应当引导和支持农村可再生能源产业化经营，鼓励各种投资主体参与农村可再生能源工程项目建设，支持其开发、生产和经营农村可再生能源设备和产品，并依法保护投资者和生产经营者的合法权益。

第十九条 农业行政主管部门应当安排专项资金对从事农村可再生能源推广与服务的专业技术人员进行安全知识、职业技能等培训，按照国家有关规定评定相应技术职称，保持专业技术人员队伍相对稳定。

第二十条 省人民政府农业行政主管部门应当建立和完善农村可再生能源开发利用信息系统，为农村可再生能源生产者、经营者和使用者提供市场供求、新产品及新技术推广、科研成果和农村可再生能源管理等信息服务，并公布农村可再生能源项目建设和资金使用情况。

第二十一条 农业行政主管部门应当建立和完善乡、镇农村可再生能源利用公益性服务网络，在政策咨询、规划设计、技术指导、安全检查等方面为用户提供便捷、高效的服务。加强农村可再生能源利用市场建设，支持组建相应的专业合作经济组织和村级服务网点，开展专业化、规范化服务。鼓励企业或其他组织、个人向农村可再生能源用户提供物资、技术及劳务等方面的社会化服务。

第四章 质量监督与安全管理

第二十二条 农业行政主管部门及其他相关部门应当加强对农村可再生能源开发利用的质量监督和安全管理，制定和完善安全操作规程，建立应急预案。

第二十三条 农村可再生能源设备和产品的生产应当执行相关的国家标准、行业标准或者地方标准。

第二十四条 生产涉及生命、财产安全的农村可再生能源设备和产品，应当按照国家规定办理工业产品生产许可证；销售此类产品的，应当按照规定查验设备和产品的生产许可证和编号。

第二十五条 农业行政主管部门应当引导和督促农村可再生能源设备和产品的生产经营者推广安全可靠的技术、设备和产品，对用户传授安全操作知识，避免造成人身伤害和财产损失。农村可再生能源设备和产品的生产经营者，应当对其所生产经营设备和产品的质量负责。禁止生产、销售和使用国家明令淘汰的设备和产品。

第二十六条 兴建下列农村可再生能源工程，应当由农业行政主管部门会同有关部门审核设计和施工方案：

（一）单池容积100立方米以上的沼气工程和生活污水厌氧净化工程；

（二）总装机容量在1千瓦以上50千瓦以下的风力或者太阳能发电工程；

（三）日供气量300立方米以上的生物质气化工程（供气或者发电）；

（四）集热面积100平方米以上5 000平方米以下的太阳能集中供水供热工程。

第二十七条 从事农村可再生能源工程施工、设备安装以及维修服务的技术人员，应当按照国家有关规定获得相应资格证书后，方可上岗。任何单位不得聘用未获得相应资格证书的人员从事农村可再生能源工程施工、设备安装以及维修服务。

第二十八条 农业行政主管部门及其他相关部门应当定期组织对农村可再生能源工程、设备和产品的适用性、安全性、可靠性和售后服务状况进行检测、检查，并公布结果。从事农村可再生能源开发利用的单位和个人，应当按照要求如实提供有关数据和资料。

第二十九条 农业、质量技术监督、工商行政管理部门应当及时受理和查处有关农村可再生能源设备和产品质量的举报和投诉。

第五章 法律责任

第三十条 违反本条例规定，法律、行政法规有处罚规定的，从其规定。

第三十一条 违反本条例第九条规定，擅自推广未通过论证、评估的农村可再生能源新技术的，由农业行政主管部门没收违法所得，责令停止违法行为；逾期不改正的，并处5 000元以上1万元以下的罚款；给他人造成损失的，应当依法予以赔偿。

第三十二条 违反本条例第二十六条规定，设计和施工方案未经审核擅自开工建设的，由农业行政主管部门责令限期改正；逾期不改正的，处以5 000元以上3万元以下的罚款。

第三十三条 违反本条例第二十七条规定，聘用未获得相应资格证书的人员从事农村可再生能源工程施工、设备安装以及维修服务的，由农业行政主管部门责令限期改正；逾期不改正的，处以1 000元以上5 000元以下的罚款。

第三十四条 农业行政主管部门及其他有关部门工作人员在农村可再生能源开发利用管理工作中，滥用职权、玩忽职守、徇私舞弊的，依法给予行政处分；构成犯罪的，依法追究刑事责任。

第六章 附则

第三十五条 本条例自 2010 年 10 月 1 日起施行。

第七篇　湖南省农村可再生能源条例

（2005年11月28日经湖南省第十届人民代表大会常务委员会第十八次会议通过）

第一章　总则

第一条　根据《中华人民共和国可再生能源法》和其他有关法律的规定，结合本省农村实际，制定本条例。

第二条　在本省行政区域内开发利用农村可再生能源以及从事相关管理活动，适用本条例。

本条例所称农村可再生能源，是指农村的生物质能、太阳能、风能、微水能、地热能等非化石能源。

第三条　农村可再生能源的开发利用坚持因地制宜、综合利用，政府引导与市场运作相结合，经济效益、社会效益和环境效益相统一的原则。

第四条　县级以上人民政府主管农村能源工作的部门负责本行政区域内农村可再生能源开发利用的监督管理，所属管理机构负责具体工作。

县级以上人民政府其他有关部门按照各自职责负责本行政区域内农村可再生能源开发利用的有关监督管理工作。

乡镇人民政府在上级人民政府主管农村能源工作部门的指导下，做好本行政区域内农村可再生能源开发利用的有关工作。

第二章　推广应用

第五条　县级以上人民政府及其主管农村能源工作的部门、乡镇人民政府应当开展利用农村可再生能源和节约能源的宣传教育，普及有关知识，推广新技术、新产品，为开发利用农村可再生能源提供指导和服务。

第六条　各级人民政府应当根据农村实际情况因地制宜地推广下列可再生能源技术：

（一）沼气综合综合利用技术和生产生活污水沼气厌氧发酵技术；

（二）生物质气化、固化和液化等技术；

（三）太阳能热水、采暖、干燥等技术；

（四）利用地热能种植、养殖等技术；

（五）微水能发电及其他利用技术；

（六）风能利用技术；

（七）其他可再生能源技术。

第七条 县级以上人民政府及其有关部门应当结合农业结构调整建设沼气利用工程，发展沼气生态农业。

各级人民政府应当按照沼气开发利用规划，引导、鼓励、扶持、组织下列地区重点建设沼气利用工程：

（一）血吸虫病疫区；

（二）畜牧业相对集中发展地区；

（三）生活污水未纳入污水处理管网统一处理的地区；

（四）农村贫困地区、少数民族地区。

第八条 大中型畜禽养殖场应当优先采用沼气环保能源技术。

鼓励采用沼气厌氧发酵技术处理生产生活污水。没有修建污水处理厂的集镇或者污水管网未能覆盖的地方，应当优先采用沼气厌氧发酵技术处理生产生活污水。

第九条 秸秆资源丰富的地区，当地人民政府及其有关部门应当加强对秸秆综合利用的指导，有计划地示范推广秸秆气化、固化等技术。

第十条 鼓励有条件的村（居）民小区、机关、学校、敬老院、医院等采用太阳能供热采暖等技术。建设单位、房地产开发企业在建筑和设计施工中应当根据业主的意见为利用太阳能提供必备条件。

第十一条 在有地热能、微水能、风能的地区，当地人民政府及其有关部门应当采取扶持措施，试点示范，促进开发，推进综合利用。

第十二条 县级以上人民政府及其有关部门、乡镇人民政府应当在农村推广先进适用的省柴节煤灶以及制茶、烤烟、砖瓦生产等方面的节能技术。

用能单位和个人应当逐步淘汰或者改造高能耗设备和工艺。以薪柴为生活能源的农户应当采用节柴技术，减少薪柴消耗。

第三章 保障措施

第十三条 各级人民政府应当将农村可再生能源的开发利用纳入国民经济和社会发展计划，与农村卫生保健、环境保护等工作统筹规划，配套实施。

县级以上人民政府应当将农村可再生能源技术和产品的科学技术研究纳入科技发展规划。

县级以上人民政府主管农村能源工作的部门应当定期开展农村可再生能源资源调查，会同其他有关部门编制农村可再生能源开发利用规划，报同级人民政府批准。

第十四条 县级以上人民政府应当设立农村可再生能源发展专项经费，列入同级财政预算。

县级以上人民政府有关部门应当按照省人民政府的规定，安排部分专项资金用于农村可再生能源的开发利用。

第十五条 各级人民政府按照国家有关规定，将农村可再生能源技术推广纳入农业技术推广体系，建立健全技术服务网络，加强农村可再生能源科学研究、技术指导和培训、信息咨询、安全管理等公益性的服务。

第十六条 各级人民政府应当鼓励各种经济主体参与农村可再生能源的开发利用和技术推广，依法保护开发利用者的合法权益，推动农村可再生能源的发展。

第十七条 各级人民政府应当鼓励企业、科研单位、高等院校、群众性科技组织和个人研究开发农村可再生能源技术和产品，加快成果转化。

各级人民政府应当鼓励单位和个人应用农村可再生能源技术和产品。

第十八条 开发利用农村可再生能源享受下列优惠：

（一）经有关主管部门认定属于国家可再生能源产业发展指导目录的项目或者属于高新技术的项目，依照国家和省人民政府的有关规定，在资金、信贷、税收、引进利用外资等方面给予扶持；

（二）农户利用自留地、住宅周围空闲地建设户用沼气池，不需办理建设用地审批手续；

（三）农户自用地热能，免缴矿产资源补偿费。

第四章　监督管理

第十九条 县级以上人民政府主管农村能源工作的部门履行下列职责：

（一）贯彻实施农村可再生能源的法律、法规和政策；

（二）开展资源调查，组织编制、实施农村可再生能源开发利用规划；

（三）组织指导农村可再生能源科学技术开发、新技术引进、推广；

（四）指导农村可再生能源服务体系建设、开发利用项目的实施；

（五）会同有关部门执行农村可再生能源技术和产品标准，协同质量技术监督、工商行政管理部门进行质量监督和市场监管；

（六）法律、法规规定的其他职责。

第二十条 推广农村可再生能源新技术，必须进行试验，经有关部门鉴定证明其技术先进、安全可靠、经济合理后方可推广。

第二十一条 开发农村可再生能源、应当执行国家标准、行业标准或者地方标准；没有国家标准、行业标准或者地方标准的，应当制定企业标准并报当地人民政府标准化主管部门和主管农村能源工作的部门备案。

第二十二条 从事农村可再生能源开发利用和农村节约能源工作，属于国家实行就业准入职业的，必须取得相应职业资格证书，方可上岗。

第二十三条 从事大中型农村可再生能源工程设计、施工的单位，应当按照有关法律、行政法规的规定取得相应资质证书，并接受人民政府主管农村能源工作部门的监督管理。

第二十四条 从事农村可再生能源工程设计、施工的单位，应当遵守有关技术规范进行设计和施工，保证质量和安全。

第二十五条 兴建下列大中型农村可再生能源工程，建设单位在设计完成后应当将设计方案报县级以上人民政府主管农村能源工作的部门备案：

（一）单池容积50立方米以上或者总池容积100立方米以上的沼气工程；

（二）日供气量50立方米以上的生物质气化工程；

（三）集热面积100平方米以上的太阳能集中供热系统；

（四）10千瓦以上的太阳能光电站和风力发电站。

县级以上人民政府主管农村能源工作的部门，对报备案的设计方案发现有不符合技术安全要求的，应当督促建设单位予以改正。

第二十六条 县级以上人民政府主管部门农村能源工作的部门应当协同同级质量技术监督、工商行政管理部门，对本地区生产、销售的农村用能产品进行监督检查。

第二十七条 鼓励农村用能产品的生产者按照有关法律、法规的规定申请节能质量认证。未经认证的，不得在其产品和产品包装上使用节能质量认证标志。按照国家规定应当标注能源效率标识的农村用能产品，应当按照规定标注能源效率标识。

禁止生产和销售国家明令淘汰的农村用能产品。

第二十八条 销售农村可再生能源产品或者提供技术服务的单位和个人，应当对所销售的产品质量和所提供的技术负责，并向用户传授安全操作知识，提供售后服务。

第五章 法律责任

第二十九条 违反本条例第二十二条、第二十三条规定，未取得相应职业资格证书、资质证书从事相关职业或者从事大中型农村可再生能源工程设计、施工的，由县级以上人民政府主管农村能源工作的部门会同有关部门责令改正；拒不改正的，由有关部门依法进行处罚。

第三十条 沼气利用工程未达到设计、施工标准或者质量要求的，承担设计、施工的单位应当采取补救措施；给用户造成损失的，应当予以赔偿；造成质量事故或者伤亡事故的，由县级以上人民政府主管农村能源工作的部门协同有关部门依法处理；构成犯罪的，依法追究刑事责任。

第三十一条 县级以上人民政府主管农村能源工作的部门和其他有关部门的工作人员在农村可再生能源监督管理工作中有玩忽职守、滥用职权、徇私舞弊行为的，依法给予行政处分；构成犯罪的，依法追究刑事责任。

第三十二条 违反本条例其他规定，法律、法规规定应当给予处罚的，由有关部门依照有关法律、法规的规定给予处罚。

第六章 附则

第三十三条 本条例自 2006 年 3 月 1 日起施行。

第八篇　广西壮族自治区农村能源建设与管理条例

（2001年5月26日广西壮族自治区第九届人民代表大会常务委员会第二十四次会议通过，根据2004年6月3日广西壮族自治区第十届人民代表大会常务委员会第八次会议《关于修改〈广西壮族自治区农村能源建设与管理条例〉的决定》修正）

第一章　总则

第一条　为了加强农村能源建设与管理，合理开发、利用、节约农村能源，保护和改善生态环境，促进我区农业和农村经济的可持续发展，根据国家有关法律、法规的规定，结合我区实际，制定本条例

第二条　在本自治区行政区域内，从事农村能源（包括农村生活、生产使用的沼气、秸秆、薪柴、太阳能、风能、地热能、微水能、潮汐能等）建设、管理、使用以及从事农村能源设备、器材生产、经营的单位和个人，应当遵守本条例。

第三条　农村能源建设与管理应当遵循开发与节约并举和因地制宜、多能互补、综合利用、讲求效益的原则。

第四条　各级人民政府应当对农村能源建设作出统筹规划，将其纳入国民经济和社会发展中长期规划和年度计划，采取措施扶持农村能源建设事业。

第五条　县级以上人民政府农村能源主管部门，主管本行政区域内的农村能源建设和管理工作。县级以上人民政府有关职能部门，按照各自职责，协同做好农村能源建设与管理工作。

乡镇人民政府负责本行政区域内农村能源建设与管理工作。

第二章　开发与利用

第六条　各级人民政府应当鼓励和支持科研单位、大专院校和群众性科技组织研究、开发和推广先进适用的农村能源技术和开发新能源、普及能源科技知识；鼓励和支持用能单位和个人应用先进适用的农村能源技术、设备和器材。

农村能源重点科研、试验、推广项目，须经自治区人民政府有关职能部门组织专家进行可行性论证和评估，确认其技术先进、安全可靠、经济合理后，方可付诸实施。

第七条　各级人民政府应当根据本地的实际情况和财力，安排一定的专项资金，扶持、引导农村能源新技术、新设备、器材的研究与开发。

第八条　各级农村能源主管部门应当组织推广下列农村能源技术：

（一）沼气及其综合利用技术；

（二）城镇生活污水沼气净化技术；

（三）太阳能、地热能、潮汐能、风能利用技术；

（四）生物质气化、固化、炭化及薪炭林利用技术；

（五）乡镇企业节能技术；

（六）先进适用的省柴节煤炉灶和农产品加工等生产、生活节能技术；

（七）微水能发电技术；

（八）其他先进、实用的农村能源新技术。

第九条 在适宜发展沼气的地区，当地人民政府应当将沼气池建设纳入村镇建设规划。

县、乡人民政府所在地医院、公共厕所、屠宰场、养殖场、农副产品加工场等，逐步推广、应用沼气厌氧等技术处理有机废弃物。

新建、改建农村住房时，根据实际情况可以配建沼气池。

第十条 小城镇、小康村建设应当有计划地兴建生活污水沼气净化工程、太阳能利用等工程，并与小城镇、小康村建设同步进行。

第十一条 各级农村能源主管部门应当协同农业、科技、环保等有关部门，加强对农作物秸秆的综合开发利用。

第十二条 从事农村能源技术和产品推广的单位和个人，应当推广技术成熟、性能先进、质量合格、安全可靠、经济合理的技术、设备、器材，对用户实行建、管、用跟踪服务，传授安全操作知识，防止造成人身伤害和主体工程损坏。

第三章 生产与经营

第十三条 对没有国家和行业标准而又需要在自治区范围内统一标准的农村能源设备、器材和工程技术，应当制定自治区地方标准。地方标准由自治区质量技术监督部门组织制定和发布。

第十四条 在本自治区行政区域内，生产和经营的农村能源设备、器材纳入国家公布的强制性认证产品目录的，必须有依法成立的认证机构的强制性认证标志。

第十五条 农村能源设备、器材的生产必须符合国家、行业或者地方标准，没有国家、行业、地方标准的，生产企业应当制定企业标准，并报县级以上质量技术监督部门和农村能源主管部门备案。

第四章 管理与监督

第十六条 农村能源技术推广应与科研单位、大专院校以及群众性科技组织、技术人员相结合，建立、健全社会化的技术推广服务网络。

第十七条 各级农村能源技术推广机构的技术人员，应当具有中等以上相关专业学历，或者经县级以上农村能源主管部门的专业培训，并经考核达到相应的专业技术水平。

从事农村能源建设工程施工、安装、维修、技术推广的专业技术人员，法律、行政法规和国务院决定规定必须取得相应资格证书的，应当取得资格证书后方可上岗。

第十八条 兴建下列农村能源工程，其技术方案须经县级以上农村能源主管部门审核：

（一）单池容积50立方米以上的沼气工程；

（二）日供气量300立方米以上的秸秆气化工程；

（三）5千瓦以上10千瓦以下的微型水电站。

各级农村能源主管部门对上述工程技术方案进行审核时，不得收取费用。

第十九条 从事农村能源工程设计、施工的单位应当按照国家有关规定，取得相应资质证书，接受县级以上农村能源主管部门的监督管理。

第二十条 县级以上农村能源主管部门应当对农村能源工程设施，进行定期或者不定期的质量监督检查。

第二十一条 从事农村能源开发利用及农村用能的单位，应当按照农村能源主管部门的要求，及时如实提供有关统计资料和数据。

第五章 法律责任

第二十二条 擅自向用能单位和个人推广未经推广地区试验证明具有先进性和适应性的农村能源技术的，由当地人民政府或者农村能源主管部门责令其停止推广；给用能单位和个人造成损失的，应当赔偿损失；对直接负责的主管人员和其他直接责任人员，由其所在单位或者上级主管部门依法给予行政处分。

第二十三条 农村能源利用工程未达到设计、施工标准或者质量要求的，承担设计、施工的单位应当采取补救措施，给用户造成损失的，应予赔偿。

第二十四条 拒绝、阻碍农村能源主管部门工作人员依法执行职务的，由公安机关依照《中华人民共和国治安管理处罚条例》的规定处罚；构成犯罪的，依法追究刑事责任。

第二十五条 农村能源主管部门的工作人员不履行职责，玩忽职守，滥用职权，徇私舞弊的，由其所在单位或者上级主管部门依法给予行政处分；构成犯罪的，依法追究刑事责任。

第六章 附则

第二十六条 本条例自2001年8月1日起施行。

第九篇　四川省农村能源条例

（2010年11月24日四川省第十一届人民代表大会常务委员会第三十五次会议通过　根据2017年7月27日四川省第十二届人民代表大会常务委员会第三十五次会议《关于修改〈四川省农村能源条例〉的决定》修正）

第一章　总则

第一条　为促进农村能源的开发利用节约，保护和改善生态环境，加强农村能源的建设和管理，根据《中华人民共和国可再生能源法》《中华人民共和国节约能源法》等相关法律法规，结合四川省实际，制定本条例。

第二条　本条例所称农村能源，是指沼气、秸秆、薪柴等生物质能和用于农村生产生活的太阳能、风能、地热能等非化石能源。

本条例所指农村能源产品，是指沼气及其他生物质燃气、生物质成型燃料等农村能源制成品和农村能源的开发利用节约所使用的设备、器材等。

第三条　在四川省行政区域内从事农村能源开发利用节约、生产经营、技术服务、监督管理等活动的单位和个人，应当遵守本条例。

第四条　开发利用节约农村能源应当坚持因地制宜、科学规划、多能互补、综合利用、讲求效益的方针，遵循政府扶持、市场引导、群众自愿、社会参与的原则。

第五条　县级以上地方人民政府农业行政主管部门是本行政区域内农村能源的行政主管部门，农村能源管理机构负责具体工作。

县级以上地方人民政府有关部门按照各自职责，做好农村能源建设、管理、服务的相关工作。

乡镇人民政府负责做好本行政区域内农村能源开发利用节约的组织、推广和安全管理教育工作。

第六条　县级以上地方人民政府农业行政主管部门负责下列工作：

（一）贯彻执行农村能源开发利用节约有关法律、法规和政策；

（二）组织开展农村能源资源调查与评价，编制农村能源发展规划；

（三）指导、监督农村能源建设项目的实施；

（四）组织开展农村能源科学技术普及、宣传教育、培训、职业技能鉴定、服务体系建设，以及国内外技术合作与交流；

（五）组织开展农村能源技术、工艺、产品的试验、示范、推广；

（六）会同有关部门对农村能源技术推广和产品质量进行监督管理。

第二章　扶持服务和开发利用

第七条　县级以上地方人民政府应当加强领导，统筹规划，将农村能源发展纳入国民经济和社会发展规划。

县级以上地方人民政府农业行政主管部门及农村能源管理机构负责编制本行政区域农村能源发展规划和年度计划。农村能源发展规划和年度计划应当与能源总体规划以及可再生能源开发利用规划和节能规划相衔接，并与节能减排的总体要求相适应。

第八条　县级以上地方人民政府应当在政策制定、资金扶持、项目安排、创新奖励等方面支持农村能源的开发利用节约和服务体系建设。

鼓励社会资金投资农村能源建设。鼓励各种经济主体及个人参与投资农村能源的开发利用节约。

第九条　县级以上地方人民政府应当按照农村能源发展规划，重点支持下列地区开发利用农村能源：

（一）农村贫困地区；

（二）少数民族地区；

（三）生态环境脆弱地区；

（四）畜牧业发展重点区域。

第十条　列入国家和省农村能源发展规划的、符合产业发展政策的农村能源开发利用节约和技术推广，按照国家和省的有关规定享受优惠政策。

第十一条　利用沼气发电、沼气和秸秆气集中供气以及应用秸秆气化、固化、碳化、液化技术的项目所购置的设备，按照国家和省有关规定享受优惠扶持政策。农村居民住宅利用太阳能供水供热或者购买使用省柴节能炉灶的，按照国家和省有关规定享受优惠政策。

第十二条　鼓励和引导金融机构加大对利用荒山、荒坡或者边际土地发展能源作物，利用农作物秸秆、农业废弃物等生产生物质能的支持力度。

第十三条　地方各级人民政府应当将农村能源技术推广纳入农业技术推广体系。县级以上地方人民政府应当加强农村能源服务体系建设，建立和完善农村能源公益性服务网络，并在具备条件的乡、镇设立农村能源服务站，在政策咨询、规划设计、技术指导、安全检查、维修维护等方面为用户提供服务。

鼓励各种经济主体及个人参与农村能源工程的经营和服务；支持农民专业合作社等新型农业经营主体为用户提供维修维护、技术指导、安全培训等服务。

第十四条　县级以上地方人民政府应当鼓励支持科研、教学、推广、生产等单位研究开发农村能源新技术、新产品，对在农村能源开发利用节约工作中有重大创新的单位和个人给予表彰。

第十五条 县级以上地方人民政府农业行政主管部门应当按照农村能源发展规划和相关技术标准组织推广下列农村能源技术：

（一）沼气池、沼气工程及沼气、沼渣、沼液综合利用；

（二）农村和城市污水管网不能覆盖的乡镇生活污水净化沼气工程；

（三）农作物秸秆生物气化、热解气化、固化、碳化、液化等能源化利用；

（四）农村太阳能、风能、地热能等利用；

（五）农产品初加工、农房建设和炊事节能；

（六）其他农村能源技术。

第十六条 鼓励在农村新建、改建、扩建农宅、公益设施和办公场所时，优先采用集中供气、太阳能利用等新能源利用和节能技术，其相关设施建设应当纳入农村建设统一规划。

鼓励在处理农村生活污水和畜禽养殖场、养殖小区等排放的有机废弃物时，优先采用沼气工程技术。

第十七条 农户利用自留地、住宅周围空闲地建设户用沼气池，不需办理建设用地审批手续。

乡镇、农村集体经济组织进行农村能源建设，以及农村集体经济组织进行能源产品开发需要使用土地的，按照国家关于集体建设用地的规定办理。

农村集体经济组织可以土地使用权入股、联营等方式，与其他经济主体、个人合作进行农村能源建设或者能源产品开发，所需土地按本条第二款规定办理。

第十八条 省人民政府农业行政主管部门按职能会同有关部门建立农村温室气体排放管理制度，组织开展农村能源碳交易工作。

第三章　质量监督和安全管理

第十九条 农村能源产品应当符合国家标准、行业标准或者地方标准。无以上标准的，生产企业应当制定企业标准。

农村能源产品及工程按照标准达到设计使用年限的或者因为其他原因存在安全隐患且无法排除，达不到安全使用条件的，应当报废。具体报废条件、程序及处置办法由省人民政府农业行政主管部门制定。

第二十条 农村能源新技术、新工艺、新产品，由县级人民政府农业行政主管部门会同科技、质量技术监督等部门进行论证评估认定后，方可推广。新技术、新工艺、新产品的评估认定办法由省农业行政主管部门会同其他相关部门制定。

引进农村能源技术、工艺、产品，应当具有国家或省级有关部门出具的质量检验合格证明或者鉴定证书，并报县级农业行政主管部门备案。

第二十一条 生产经营的农村能源产品，应当检验合格。纳入国家能效标识管理的，应当加贴能效标识；纳入国家公布的强制性认证产品目录的，应当加贴强制性认证标志。

禁止生产、销售国家明令淘汰或者质量不合格的农村能源产品。

第二十二条 从事农村能源项目设计、施工、产品生产经营和服务的单位和个人，应当对其质量安全和所提供的服务负责。县级以上农业行政主管部门应当对从事农村能源项目设计、施工、产品生产经营和服务的单位进行信用监督管理，并将监督管理情况及时向社会公告。

使用农村能源设施的单位应当制定、遵守有关安全管理、使用制度；使用农村能源设施的个人应当遵守相关安全使用制度。

第二十三条 农村能源建设项目立项、安全评价、招标投标、施工、监理、验收等应当遵守国家有关规定。

第二十四条 农村能源建设项目的防雷、防火、防爆等安全设施应当与主体工程同时设计、同时施工、同时验收、同时投入生产和使用，依法履行审批或备案手续。

第二十五条 从事农村能源建设设计、施工、监理的单位，应当具有相应的资质证书，并履行审批或备案手续。

从事农村能源建设施工、安装、维修、管护的技术人员，应当具备相应的职业技能。

第二十六条 下列农村能源工程，政府投资或补助兴建的，其初步设计方案应当经县级以上农业行政主管部门审核；非政府投资或补助建设的，其初步设计方案应当报县级农业行政主管部门备案：

（一）单池容积 50 立方米以上的沼气工程和生活污水净化沼气工程；

（二）日产气量 50 立方米以上的秸秆沼气工程和秸秆气化工程；

（三）日产 5 吨以上的生物质固化工程；

（四）非公共可再生能源电力系统的 1 千瓦以上 5 千瓦以下的太阳能光伏电站和 5 千瓦以上 10 千瓦以下风力发电站；

（五）集热面积 100 平方米以上的太阳能热水系统，500 平方米以上的太阳能供暖系统，1 000平方米以上的太阳能干燥系统；

（六）其他按规定应当由农业行政主管部门审核或者备案的农村能源建设和农村节能工程。

法律法规另有规定的，从其规定。

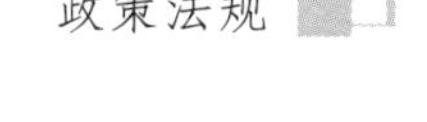

第二十七条 县级以上农业行政主管部门应当建立健全农村能源安全运行管理应急预案。

第二十八条 鼓励和支持各类保险机构开展沼气安全综合保险。

第四章 法律责任

第二十九条 违反本条例第二十六条规定，未经审核或者未报备案擅自开工建设的，由县级以上地方人民政府农业行政主管部门责令停工并限期改正。

第三十条 农业行政主管部门及其他有关部门的工作人员在农村能源监督管理工作中，滥用职权、玩忽职守、徇私舞弊的，依法给予行政处分；构成犯罪的，依法追究刑事责任。

第三十一条 违反本条例的行为，法律、行政法规已有行政处罚规定的，从其规定；构成犯罪的，依法追究刑事责任。

第五章 附则

第三十二条 本条例自 2011 年 1 月 1 日起施行。

第十篇 甘肃省农村能源条例

（2014年7月31日省十二届人大常委会第十次会议通过）

第一章 总则

第一条 为了促进农村能源合理开发、科学利用，加强农村能源建设和管理，根据《中华人民共和国农业法》《中华人民共和国可再生能源法》等有关法律、行政法规，结合本省实际，制定本条例。

第二条 在本省行政区域内从事农村能源开发利用与节约、生产经营、产品使用、技术服务、监督管理活动的单位和个人，应当遵守本条例。

第三条 本条例所称农村能源，是指沼气、秸秆、薪柴等生物质能和用于农村生产生活的太阳能、风能、地热能、微水能等能源。

本条例所称农村能源产品，是指沼气及其他生物质燃气、生物质成型燃料等农村能源制成品和农村能源的开发利用与节约所使用的设备、器材等。

第四条 开发利用与节约农村能源应当坚持因地制宜、多能互补、综合利用、讲求效益和开发与节约并举的方针，与村镇基础设施、畜禽规模养殖、现代农业设施建设相结合，遵循政府扶持、市场引导、社会参与的原则。

第五条 县级以上人民政府应当将农村能源产业发展纳入国民经济和社会发展规划，在政策制定、资金扶持、项目安排、创新奖励等方面支持农村能源的开发利用与节约和服务体系建设，促进农村能源事业可持续发展。

第六条 省农业行政部门是农村能源建设及其管理的主管部门。

县级以上人民政府农村能源管理机构负责本条例的具体实施，并履行下列职责：

（一）宣传和贯彻实施农村能源法律、法规；

（二）编制农村能源发展规划，报同级人民政府批准后，组织实施；

（三）组织实施农村能源试验、示范和技术改造项目，会同有关部门组织农村能源新技术、新产品的检测及成果鉴定；

（四）负责农村能源资源调查与评价、农村节能工作监督管理及宣传教育；

（五）负责农村能源技术推广、教育培训、咨询服务、职业技能鉴定以及国内外技术合作与交流；

（六）指导农村能源社会化服务体系建设，监督农村能源建设项目的实施；

（七）依法查处违反本条例的行政案件；

（八）法律法规规定的其他职责。

第七条 县级以上人民政府发展和改革、科学技术、城乡建设、安全生产监督管理等有关部门，应当在各自的职责范围内做好农村能源建设和监督管理的相关工作。

乡镇人民政府负责做好本行政区域内农村能源开发利用与节约的组织、推广和安全生产宣传教育工作。

第二章 开发利用与节约

第八条 各级人民政府应当发挥本地资源优势，优化用能结构，提高新能源和可再生能源在农村能源消费中的比重；加大节能技术推广力度，提高能源利用效率，减少农村地区能源消耗和污染物排放。

第九条 各级人民政府应当鼓励引进外资及社会资金开发利用农村能源，创新节能技术，研发节能产品，提供技术服务。

第十条 鼓励科研机构、大专院校、企业等单位和个人，通过技术转让、入股、咨询与服务等形式开展农村新能源和可再生能源新技术、新产品的研究开发和成果转化；支持用能单位和个人引进、开发、使用农村能源新技术、新产品。

第十一条 鼓励开发利用下列农村能源技术、产品：

（一）大中型沼气集中供气、沼气沼渣沼液综合利用、农村生产生活污水净化和粪污的厌氧发酵处理；

（二）秸秆等生物质的气化、液化、固化、炭化；

（三）能源作物的种植及其合理利用；

（四）高效低排节能炉、炕、灶；

（五）太阳能热水、采暖、干燥、种植、养殖以及太阳能光伏电源利用；

（六）地热能、微水能和风能利用；

（七）其他先进适用的新能源、可再生能源。

第十二条 各级人民政府应当引导和支持乡村兴建沼气集中供气工程、生产生活污水沼气净化工程，因地制宜开展户用沼气建设。

鼓励单位和个人利用农村生产生活污水、畜禽养殖场（区）排放的有机废弃物、秸秆等生物质原料，建设沼气集中供气、沼气发电工程。

县（市、区）农业行政主管部门应当组织沼气生产单位和个人对沼渣、沼液实行综合利用，生产无公害、绿色和有机农产品。

第十三条 各级人民政府应当制定扶持政策，支持秸秆能源化利用，推广秸秆气化、固化、炭化等技术。

禁止在田间地头焚烧秸秆。

第十四条 风、光、热等资源富集地区的各级人民政府，应当将风、光、热等能源的开发利用与节约纳入现代农业设施建设、村镇规划。

牧区、林区以及林缘地区的各级人民政府，应当重点推广节能设施，利用太阳能、风能、水能、地热能和沼气等能源，解决农牧民生产生活用能。

第十五条 新建、改建、扩建农村住宅、校舍、医院等建筑，应当优先采用建筑节能技术、太阳能利用技术、新型节能建筑材料、节能炉和节能炕灶等设施。

第三章 保障与服务

第十六条 县级以上人民政府应当在年度财政预算中安排资金支持农村能源建设发展，并逐年增加。

第十七条 乡镇、农村集体经济组织进行农村能源和农村能源产品的开发利用与节约，需要使用集体土地的，按照国家关于集体建设用地的规定办理。

农村集体经济组织可以通过土地使用权入股、联营等方式，与其他经济主体、个人合作进行农村能源和农村能源产品开发，所需土地按前款规定办理。

农村居民利用住宅院落空闲地建设户用沼气池，不需要办理建设用地审批手续。

第十八条 农村居民利用太阳能供水供热或者购买高效低排节能炉具的，按照国家和本省有关规定享受优惠政策。

利用沼气、秸秆气集中供气、发电以及应用固化、炭化、液化技术开发利用生物质能所购置的设备，可以享受农机具购置补贴。

第十九条 利用畜禽养殖废弃物、秸秆等原料制取沼气并向农村居民集中供气的，按照国家和本省有关规定减免相关费用，并对产品给予补贴；其工程设施运行用电执行农业用电价格。

利用畜禽养殖废弃物进行沼气发电的，享受国家规定的税收优惠政策。

第二十条 县级以上人民政府农村能源管理机构应当建立和完善农村能源开发利用信息系统，为农村能源生产者、经营者和使用者提供市场供求、新产品及新技术推广、科研成果和农村能源管理等信息服务。

第二十一条 县级以上人民政府应当支持组建农村能源利用服务平台，鼓励社会力量向农村能源用户提供物资、技术及劳务等服务。

第二十二条 省发展和改革部门会同省农业行政部门建立农村温室气体排放管理制度，省农村能源管理机构组织开展农村能源碳排放交易工作。

第四章 监督与管理

第二十三条 本省农村能源工程和产品的技术标准由省质量技术监督部门会同省农

业行政部门制定。

农村能源产品应当符合国家标准、行业标准、地方标准。无以上标准的应当制定企业标准，并报所在地的县（市、区）质量技术监督部门和农村能源主管部门备案。

第二十四条 引进推广农村能源新技术、新工艺，应当持有国家或者本省有关部门出具的评价证书。

生产、销售农村能源产品，应当持有法定的产品质量检验机构出具的质量检验合格证明。

从事农村能源工程设计、施工、监理、物管、维修的单位和个人，应当具有相应的资质、资格证书和技术等级证书。

第二十五条 从事农村能源工程建设、产品生产经营、技术推广服务的单位和个人，对其工程或者产品质量、技术安全负责。

使用农村能源产品及其设施的单位，应当建立健全并严格遵守有关安全管理、使用制度。使用农村能源产品及其设施的个人，应当严格遵守相关安全使用规程与制度，定期检查维护，确保使用安全。

第二十六条 生产经营规模化沼气、秸秆气供气，坚持谁经营、谁受益、谁管理的原则。生产经营单位和个人应当制定沼气、秸秆气安全事故应急预案，加强对维护人员沼气、秸秆气安全知识和技能的培训，并定期组织演练；应当定期对供气设施维护维修，对用户用气设施进行安全检查。

沼气、秸秆气用户应当遵守安全用气规则，使用合格的沼气、秸秆气燃烧器具和管件，及时更换国家明令淘汰或者使用年限已届满的沼气、秸秆气燃烧器具、管件。

第二十七条 兴建农村能源工程，应当按照国家和本省有关基本建设项目的规定执行，其工程的设计和施工应当符合相应的标准和规范。

第二十八条 农村能源生产、使用单位和个人，应当如实向农村能源管理机构提供有关数据和资料。

第五章　法律责任

第二十九条 违反本条例规定，未持有国家或者本省有关部门出具的评价证书引进推广农村能源新技术新工艺的，责令停止违法行为，可并处五千元以下罚款。

违反本条例规定，未持有法定的产品质量检验机构出具的质量检验合格证明销售农村能源产品的，责令停止违法行为，可并处五千元以下罚款。

第三十条 违反本条例规定，未取得相应的资质、资格证书和技术等级证书从事农村能源工程设计、施工、监理、物管、维修的，责令停止违法行为，对单位可并处一万元以上三万元以下罚款。

第三十一条 违反本条例规定，农村能源工程和产品不符合标准或者质量要求的、农村能源技术不符合安全要求的，从事农村能源工程建设、产品生产经营、技术推广服务的单位和个人应当依法承担相应责任。

违反本条例规定，使用农村能源产品及其设施的单位和个人，未严格遵守相关安全使用规程与制度造成安全事故的，应当依法承担相应责任。

第三十二条 违反本条例规定，生产和经营规模化沼气、秸秆气供气的单位和个人未定期对供气设施维护维修、未对用户用气设施安全检查的，责令改正，可并处五千元以上一万元以下罚款；造成安全事故的，应当依法承担相应责任。

违反本条例规定，沼气、秸秆气用户未遵守安全用气规定或者使用不合格的沼气、秸秆气燃烧器具和管件，未及时更换国家明令淘汰或者使用年限已届满的沼气秸秆气燃烧器具和管件，造成安全事故和他人伤亡、人身财产损失的，应当依法承担相应责任。

第三十三条 违反本条例规定的其他行为，法律法规已有处罚规定的，从其规定。

第三十四条 农业行政主管部门和农村能源管理机构工作人员，在履行监督管理职责中，滥用职权、玩忽职守、徇私舞弊，尚不构成犯罪的，由其所在单位或者上级主管机关依法给予行政处分；构成犯罪的，依法追究刑事责任。

第六章　附则

第三十五条 本条例自 2014 年 10 月 1 日起施行。1998 年 9 月 28 日甘肃省第九届人民代表大会常务委员会第六次会议通过，2004 年 6 月 4 日甘肃省第十届人民代表大会常务委员会第十次会议第一次修正，2005 年 9 月 23 日甘肃省第十届人民代表大会常务委员会第十八次会议第二次修正，2010 年 9 月 29 日甘肃省第十一届人民代表大会常务委员会第十七次会议第三次修正的《甘肃省农村能源建设管理条例》同时废止。

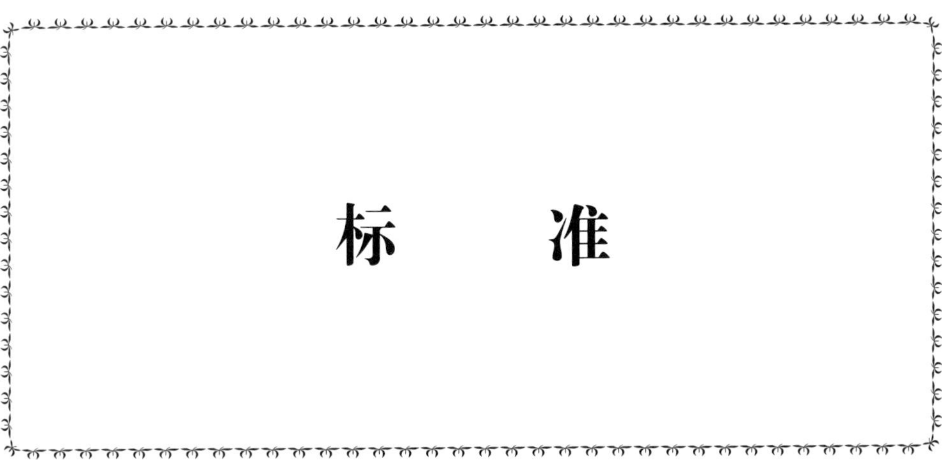

标　准

第一部分　中国沼气标准化体系及分类

第一篇　中国沼气标准体系研究

（作者：董保成，王久臣，李景明，李冰峰，孙丽英，
周玮，刘欣庆，徐文勇）

20 世纪以来，我国畜禽粪便、作物秸秆、有机废水和餐厨垃圾等废弃物随着经济发展增势迅猛，大中型沼气工程随着大量有机废弃物的增加发展迅速，从 2000 年的1 171处猛增至 2011 年的7. 27 万处，总池容从 31. 94 万 m^3增加到 856. 78 万 m^3。随着沼气产业的发展、厌氧工艺的创新，沼气行业不仅在原料上来源广泛、种类复杂、成分复杂，而且在工艺上也是类型繁多、可选性广，造成了沼气行业在标准选择和应用上的混乱，技术标准的优势未能充分发挥。我国沼气工程处理有机废弃物的能源化利用产业已经从快速发展阶段跨进建管并重阶段。随着国家投资和推广力度加大，产业的爆炸式增长和行业标准不健全之间的矛盾导致工程质量良莠不齐和行业管理混乱。项目实施中，工程工艺选择、设计、安装及管理在一定程度上具有很大盲目性和随意性，项目缺乏标准体系指导所造成的设计依据混乱、运行不规范等问题逐渐凸显。

1　标准化现状

（1）国内外标准现状

据统计，国内颁布的沼气国家标准和行业标准有 42 项，其中方法与准则类标准 1 项、户用沼气标准 20 项、沼气工程标准 10 项、污水沼气净化池标准 1 项、综合利用标准 8 项、服务体系标准 2 项。通过查找 ISO/TCL 95，欧洲（EN）、德国（DIN）、法国（NF）和英国（BS）标准中有 10 项和矿用燃气类的相关标准，3 项城市污水、污泥处理的厌氧生物降解能力评定方法类的相关标准，以能源生产为目的的农村沼气类标准还

没有出台。2011 年 12 月全国沼气标准化技术委员会（SAC/TC515）暨国际标准化组织沼气技术委员会（ISO/TC255）秘书处在北京成立，国际标准化组织沼气技术委员会的成立标志着国际沼气标准体系建立的开启。

（2）标准现状分析

从图 1 可知，目前颁布的 42 项沼气标准中国标 8 项，约占颁布标准的 19%；农业行业标准有 30 项，约占 71%；轻工业行业标准 2 项，约占 5%；机械行业标准 2 项，约占 5%，总体来看，以农业行业标准和国标为主。机械标准中的 2 项标准有 1 项《气体燃料发电机组技术条件》（原《沼气发电机组通用技术条件》）与农业行业标准《沼气发电机组》和国标《中大功率沼气发电机组》部分重复，轻工业行业标准《软体聚氯乙烯涂覆织物沼气池》与《玻璃纤维增强型塑料户用沼气池技术条件》部分重叠。机械、轻工业等沼气行业标准于统一沼气行业体系，但由于在不同标准化技术委员会或不同的行业等因素，致使上游与下游、通用与专用标准之间重复甚至矛盾，也造成同类标准之间的协调和配套问题。

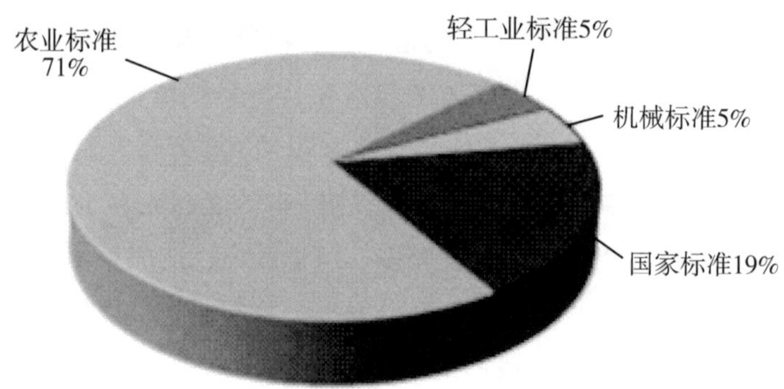

图 1　农村沼气标准的行业构成

从图 2 沼气行业标准构成分析，目前的标准主要集中在户用沼气池领域，约占 50%，且颁布的 20 项户用沼气标准中《沼气阀》《家用沼气灶》等产品标准约占 50%，而方法与准则类、通用类标准仅仅约占 2%。综合分析沼气标准构成，现行农村沼气标准主要侧重于户用沼气推广应用，尤其是侧重于规定具体产品和技术条件类标准，缺少方法和安全类的基础标准、通用标准，同时标准不配套、不均衡等问题突出。

2　沼气标准体系的建立

构建一个适合沼气产业环境和能源特点的沼气标准框架体系，避免方法、安全等标准与技术、产品类标准失衡，解决标准内容相互重叠的问题，便于各标委会协同，使沼气产业在发展和建设过程中有规可循、有据可依，实现沼气标准体系内各标准达到系

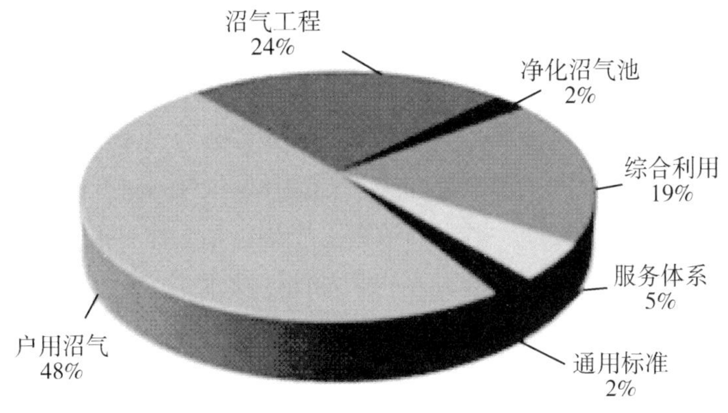

图 2　沼气标准分类构成

统、完整和协调的目标。

（1）体系的编制原则

遵循法规的原则。沼气标准体系是沼气行业制定标准及管理标准的主要依据，是指导沼气产业发展、规定沼气行业遵循的主要依据，因此标准体系构建必须紧紧围绕现行的标准法、农业法等法规以及政策和要求，使之得以充分地体现，避免沼气标准与法律法规政策脱节。

系统完整的原则。全国沼气标准化委员会暨国际标准化组织沼气技术委员会（ISO/TC255）秘书处所针对的沼气行业范围不仅仅限于农业领域的沼气标准，还涉及环保、机械及轻工业等领域沼气行业标准，因此沼气标准化体系的构建需满足全行业对标准的系统性、完整性的要求。

科学协调的原则。沼气标准体系涉及户用沼气、污水净化池，以及农业和轻工业沼气工程等各类项目，包含方法、材料、产品等各类标准，因此沼气体系内的标准要求范围、功能适当，层次清晰、结构合理，内容不重复和矛盾，体系构建具有一定的拓展空间和发展余地，整体上达到各项标准的科学、统一、协调。

可实施操作的原则。沼气行业标准必须与当前发展时期内的经济发展水平和沼气技术开发管理水平相适应，掌握沼气产业开发利用状况及其发展趋势和前景，使沼气行业体系标准能够得到有效的执行，起到对沼气产业科学引导和技术保障的重要作用。

（2）沼气标准体系构建

沼气标准体系包括标准体系编制说明、标准体系框架、标准体系表和标准目录四部分组成，并从宏观方面制定出了沼气标准化适用范围、确定了沼气标准化的工作方向和重点，为安排标准化工作提供主攻任务和标准急需提供依据。标准体系框架包括总层次和总序列两种形式，参照国内其他行业标准体系编制研究，沼气标准体系的构建以层次方法为主。根据沼气行业特征及适用范围将标准体系分为基础标准、通用标准和专用标准三个标准层次，每个层次由户用沼气、沼气工程、净化沼气池、综合利用、服务体系及方法与准则类通用标准组成，每个类型根据技术过程分为设计规范、施工规程、运行与管理、配套产品，形成沼气标准体系框架。标准体系框架通过标准层次、项目类型和过程要素构成一个三维空间，每一个标准在每一个坐标轴上都有相对应的位置，从而达到对所有标准定位的目的，具体标准体系框架如图 3 所示。

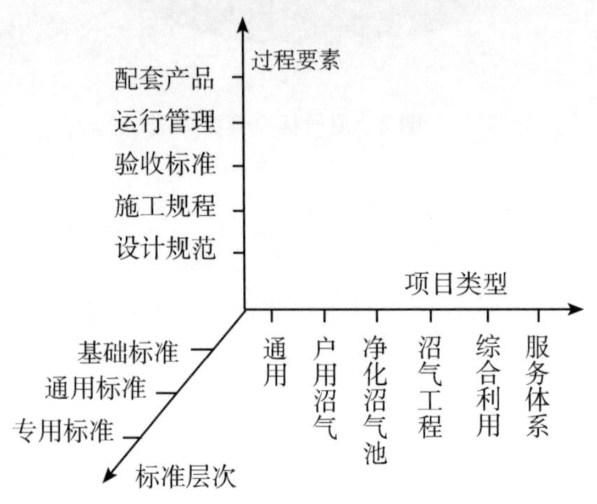

图 3　沼气标准体系框架表

根据沼气标准体系框架的项目类型及过程要素构建的沼气行业标准化体系表如图 4 所示。沼气行业标准化体系表以不同类型沼气工程为核心，突出产业链各环节的综合性，把方法与准则、户用沼气、沼气工程、净化沼气池专用标准及农村沼气设计、建设及验收及运营有机的结合在一起，涵盖了沼气领域内的所有现行及拟制定的标准范围，结构清晰、功能明确，满足对标准总体配置需求。

根据标准体系框架和标准化体系表提出标准目录，标准目录涵盖全国颁布沼气标准 42 项，正在编制的标准 22 项，新提出标准目录 152 项，共计 216 项。标准体系中已颁布的通用标准 1 项，正在编制标准 4 项；户用沼气标准 20 项，正在编制标准 6 项；沼气工程标准 10 项，正在编制标准 7 项；污水沼气净化池标准 1 项，正在编制标准 2 项；综合利用标准 8 项，正在编制的标准 1 项；服务体系标准 2 项，正在编制标准 2 项。标准目录既涵盖现有标准，又能全面地反映沼气科技进展和产业发展现状。

3　结束语

沼气标准体系是在广泛调研和对现有标准进行梳理的基础上，根据沼气产业发展趋

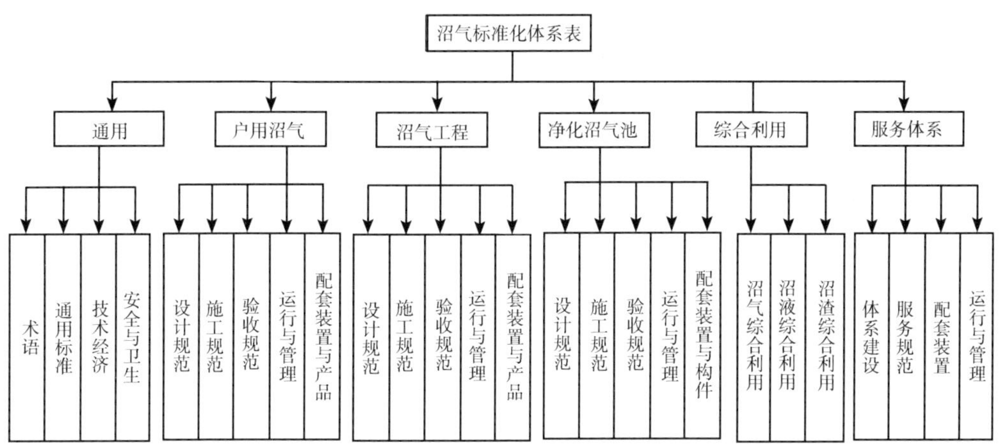

图 4　沼气行业标准化体系表

势提出并构建的，主要用于沼气行业的标准设置和标准编制管理，是沼气标准化管理工作的基础。同时沼气标准体系应根据沼气产业和市场急需优先的原则，及时跟踪相关国内外先进标准的动态，有的放矢地完善和健全现有的沼气标准体系，在使用中对标准制修订计划进行补充和完善，使其构成和层次更加完善，实现系统化、规范化和科学化的目标。

第二篇　中国沼气相关标准分类

一、户用沼气相关标准

1. 户用沼气产品

（1）GB/T 3606—2001 家用沼气灶
（2）NY/T 344—2014 家用沼气灯
（3）GB 6932—2015 家用燃气快速热水器
（4）NY/T 858—2014 沼气压力显示器
（5）NY/T 859—2014 户用沼气脱硫器
（6）NY/T 860—2004 户用沼气池密封涂料
（7）NY/T 1638—2008 沼气饭锅
（8）NY/T 1496. 1—2015 农村户用沼气输气系统第 1 部分：塑料管材
（9）NY/T 1496. 2—2015 农村户用沼气输气系统第 2 部分：塑料管件
（10）NY/T 1496. 3—2015 农村户用沼气输气系统第 3 部分：塑料开关
（11）NY/T 1699—2016 玻璃钢沼气池
（12）GB/T 26715—2011 沼气阀
（13）NY/T 2910—2016 硬质塑料户用沼气池

2. 设计、施工、质量验收（沼气池、管路）

（1）GB/T 4750—2016 户用沼气池设计规范
（2）GB/T 4752—2016 户用沼气池施工操作规程
（3）GB/T 4751—2016 户用沼气池质量检查验收规范
（4）NY/T 90—2014 农村户用沼气发酵工艺规程
（5）NYT 1496. 4—2014 农村户用沼气输气系统第 4 部分设计与安装规范
（6）NY/T 1639—2008 农村沼气“一池三改”技术规范
（7）NY/T 2450—2013 户用沼气池材料技术条件
（8）NY/T 2451—2013 户用沼气池运行维护规范
（9）DB51/T 1684—2013 农村户用沼气池运行管理规程

3. 户用沼气发展模式

（1）NY/T 466—2001 户用农村能源生态工程北方模式设计施工和使用规范

（2）NY/T 465—2001 户用农村能源生态工程南方模式设计施工和使用规范

二、沼气工程相关标准

1. 沼气工程分类

NY/T 667—2011 沼气工程规模分类

2. 预处理

GB/T 30393—2013 制取沼气秸秆预处理复合菌剂

3. 沼气工程设计、施工、质量验收

（1）GB/T 51063—2014 大中型沼气工程技术规范
（2）NY/T 1220. 1—2006 沼气工程技术规范第 1 部分：工艺设计
（3）NY/T 1220. 2—2006 沼气工程技术规范第 2 部分：供气设计
（4）NY/T 1220. 3—2006 沼气工程技术规范第 3 部分：施工及验收
（5）NY/T 1220. 4—2006 沼气工程技术规范第 4 部分：运行管理
（6）NY/T 1220. 5—2006 沼气工程技术规范第 5 部分：质量评价
（7）NY/T 1220. 6—2014 沼气工程技术规范第 6 部分：安全使用
（8）NY/T 1221—2006 规模化畜禽养殖场沼气工程运行、维护及其安全技术规程
（9）NY/T 1222—2006 规模化畜禽养殖场沼气工程设计规范
（10）NY/T 2141—2012 秸秆沼气工程施工操作规程
（11）NY/T 2142—2012 秸秆沼气工程工艺设计规范
（12）NY/T 2372—2013 秸秆沼气工程运行管理规范
（13）NY/T 2373—2013 秸秆沼气工程质量验收规范
（14）NY/T 2371—2013 农村沼气集中供气工程技术规范
（15）NY/T 2599—2014 规模化畜禽养殖场沼气工程验收规范

4. 沼渣沼液相关标准

（1）NY/T 2374—2013 沼气工程沼液沼渣后处理技术规范
（2）NY/T 1916—2010 非自走式沼渣沼液抽排设备技术条件
（3）NY/T 1917—2010 自走式沼渣沼液抽排设备技术条件
（4）JB/T 11475—2013 农用沼渣沼液车技术条件
（5）NY/T 2065—2011 沼肥施用技术规范
（6）NY/T 2596—2014 沼肥
（7）NY/T 2139—2012 沼肥加工设备

（8）DB32/T 2132—2012 沼渣沼液施用于葡萄生产技术规程

（9）DB21/T 1387—2005 沼气、沼液、沼渣利用技术操作规程

5. 沼气发电

（1）NY/T 1223—2006 沼气发电机组

（2）NY/T 1704—2009 沼气电站技术规范

（3）GB/T 29488—2013 中大功率沼气发电机组

6. 沼气工程相关设备

（1）NYT 2600—2014 规模化畜禽养殖场沼气工程设备选型技术规范

（2）NYT 2598—2014 沼气工程储气装置技术条件

（3）DB37/T 2422—2013 中温高效沼气工程成套装备通用技术条件

7. 沼气工程其他相关标准

（1）GB18596—2001 畜禽养殖业污染物排放标准

（2）HJ/T 81—2001 畜禽养殖业污染防治技术规范

（3）NY/T 1168—2006 畜禽粪便无害化处理技术规范

三、生活污水净化池

（1）NY/T 1702—2009 生活污水净化沼气池技术规范

（2）NY/T 2601—2014 生活污水净化沼气池施工规范

（3）NY/T 2602—2014 生活污水净化沼气池运行管理规程

四、测试方法

（1）NY/T 1700—2009 沼气中甲烷和二氧化碳的测定气相色谱法

（2）NY/T 2856—2015 非自走式沼渣沼液抽排设备试验方法

（3）NY/T 2855—2015 自走式沼渣沼液抽排设备试验方法

第二部分　中国沼气标准摘录

第一篇　《户用沼气灶》摘录（GB/T 3606）（报批）

户用沼气灶（报批）

Domestic biogas stove

主要起草单位：农业农村部沼气科学研究所
农业农村部沼气产品及设备质量监督检验测试中心
主要起草人：王超、冉毅、蒋鸿涛、丁自立、席江、陈子爱、贺莉、张冀川

目　次

户用沼气灶

1 范围

本标准规定了户用沼气灶的术语和定义、产品分类、技术要求、试验方法、检验规则和标志、包装、运输、贮存的要求。

本标准适用于单个燃烧器额定热负荷不大于3.86kW的户用沼气灶。

2 规范性引用文件

下列文件对于本文件的应用是必不可少的。凡是注日期的引用文件，仅注日期的版本适用于本文件。凡是不注日期的引用文件，其最新版本（包括所有的修改单）适用于本文件。

GB/T 1019—2008 家用电器包装通则

GB/T 2828.1 计数抽样检验程序 第1部分：按接收质量限（AQL）检索的逐批次检验抽样计划

GB/T 3768—1996 声学 声压法测定噪声源声功率级 反射面上方采用包络测量表面的简易法

GB/T 4857.3 包装 运输包装件 静荷载堆码试验方法

GB 16410—2007 家用燃气灶具

3 术语和定义

下列术语和定义适用于本标准。

3.1 沼气灶 biogas stove

用本身带的支架支撑烹调器皿，并用火直接加热烹调器皿的沼气燃烧器具，以下简称灶。

3.2 嵌入式沼气灶 embedded biogas stove

镶嵌在烹调台面使用的沼气灶，以下简称嵌入式灶。

3.3 标准状态 standard conditions

规定温度为15℃，绝对压力为101.3kPa条件下的干燥沼气状态。

3.4　低热值华白数 net Wobbe number

沼气的低热值与其相对密度平方根之比。

3.5　额定热负荷（额定热流量）nominal heat input

制造厂家标识的在额定沼气供气压力下，使用标准状态下试验用沼气时灶的热负荷的设计值。

3.6　实测热负荷（实测热流量）actual heat input

试验状态下，试验用气的低热值与实测沼气流量的乘积。

3.7　实测折算热负荷（实测折算热流量）converted actual heat input

设计沼气低热值与实测沼气流量折算到标准状态的计算值的乘积。

3.8　沼气供气压力 biogas supply pressure

在灶的沼气入口连接处，灶运行时测得的相对静压力。

3.9　额定沼气供气压力 nominal biogas pressure

制造厂家根据沼气管道实际输送压力和标准要求规定的沼气供气压力的设计值。

3.10　燃烧器 burner

使沼气实现稳定燃烧的装置。

3.11　主燃烧器 main burner

灶运行时，用于烹饪或制备热水的燃烧器。

3.12　小火燃烧器 permanent pilot ignitor

用火焰点燃主燃烧器，灶在工作期间及待机状态不熄灭的小燃烧器。

4　产品分类

4.1　灶的类型

4.1.1　按燃烧器数可分为：单眼灶、双眼灶。

4.1.2　按结构形式可分为：台式灶、嵌入式灶。

4.2　型号编制方法

4.2.1　灶的型号

灶的型号由产品代号、灶的眼数、结构形式、点火方式和企业自编号组成，如图1所示：

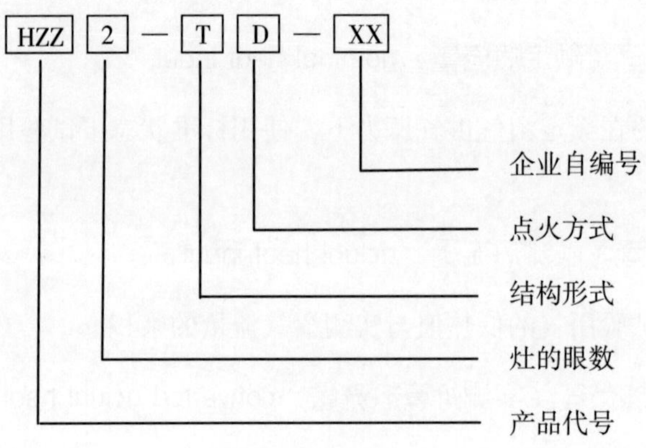

图1　灶的型号

4.2.2　产品代号

户用沼气灶用大写汉语拼音字母HZZ表示。

4.2.3　灶的眼数

用阿拉伯数字表示：1—单眼灶，2—双眼灶。

4.2.4　结构形式

用大写汉语拼音字母表示：T—台式灶，Q—嵌入式灶。

4.2.5　点火方式

用大写汉语拼音字母表示：D—电子点火，M—脉冲点火。

4.2.6　企业自编号

用汉语拼音字母或阿拉伯数字表示。

4.2.7　示例

HZZ2—TD表示户用沼气电子点火双眼台式灶。

5　技术要求

5.1　基本设计参数和要求

5.1.1　灶前额定供气压力为0.8kPa或1.6kPa。

5.1.2　在高原地区使用的灶，应考虑海拔高度对实测热负荷的影响。

5.1.3　灶前宜设置自动稳压装置。

5.1.4　沼气集中供气使用的灶应安装熄火保护装置，技术要求参照GB 16410—2007。

5.2 性能要求

5.2.1 气密性

灶的气密性应满足：

a）从沼气入口到沼气阀门在 4.2kPa 压力下，漏气量应不大于 0.07L/h；

b）在 1.5 倍额定压力下点燃燃烧器，从沼气入口到燃烧器火孔应无泄漏现象。

5.2.2 热负荷

灶的热负荷应满足：

a）每个燃烧器的实测折算热负荷与额定热负荷的偏差应不大于±10%；

b）总实测折算热负荷与单个燃烧器实测折算热负荷总和之比应不小于 90%；

c）双眼灶应有一个主火，其实测折算热负荷应不小于 3.26 kW。

5.2.3 燃烧工况

灶燃烧工况应符合表 1 的规定。

表 1 燃烧工况要求

项 目	要 求
火焰传递	4s 着火，无爆燃
离焰	无离焰
熄火	无熄火
火焰均匀性	火焰均匀
回火	无回火
燃烧噪声	≤65dB（A）
熄火噪声	≤85dB（A）
干烟气中一氧化碳浓度（理论空气系数 $\alpha=1$，体积百分数）	≤0.05%
黑烟	无黑烟
接触黄焰	电极不应经常接触黄焰
小火燃烧器燃烧稳定性	无熄火、无回火
使用超大型锅时，燃烧稳定性	无熄火、无回火

注：灶燃烧烟气中的氮氧化物含量要求及试验方法参见附录 A。

5.2.4 温升

温升应不超过表 2 所示的值。

表 2 最大温升

部 位	温升/℃
操作时手必须接触的部位：	
——金属材料和带涂覆层的金属材料	35
——非金属材料	45
干电池外壳	20
软管接头	20
阀门外壳	50
点火器外壳	50
灶侧面、后面的木壁、灶下面的木台表面：	
——使用下限锅时	100
——使用超大型锅时	100

5.2.5 电点火装置

点 10 次应有 9 次以上点燃，无爆燃。

5.2.6 热效率

5.2.6.1 台式灶不小于 55%；

5.2.6.2 嵌入式灶不小于 50%。

5.2.7 耐用性能

灶的耐用性能应符合表 3 的规定。

表 3 耐用性能要求

装置名称	耐用性能要求
沼气旋塞阀	动作 15 000 次后，气密性合格，不妨碍使用
电点火装置	动作 15 000 次后，点火性能合格，不妨碍使用

5.2.8 耐振动性能

灶的包装件进行振动试验后，气密性应符合 5.2.1 的规定。

5.2.9 耐跌落性能

灶的包装件按 GB/T 1019—2008 中给出的方法进行跌落试验后，气密性应符合 5.2.1 的规定。

5.2.10 包装承压性能

灶的包装件按 GB/T 1019—2008 中给出的方法进行压力堆码试验后，包装件高度与试验前高度之差小于 1cm/m。

5.3 结构要求

5.3.1 一般结构

5.3.1.1 灶的零部件应安全耐用，在运输过程中和使用正常操作时不发生破坏和影响使用的变形。

5.3.1.2 灶在正常使用过程中应有足够的稳定性，不产生滑动和倾倒现象。

5.3.1.3 灶的整体结构向任何方向倾斜15°时不翻倒，零部件不脱落。

5.3.1.4 燃烧器的燃烧状态应便于观察。

5.3.1.5 在使用和清扫时，手有可能触及的零部件端部应光滑。

5.3.1.6 灶零部件的连接应使用标准紧固件，连接应牢固可靠，便于检修。

5.3.1.7 零部件清扫、检修时，使用正常工具应能方便地拆装。

5.3.1.8 沼气导管应符合：

a）沼气导管（包括点火燃烧器沼气导管）应设在不过热和不受腐蚀的位置；

b）点火燃烧器的沼气导管内径应不小于2mm；

c）沼气导管用焊接连接时，其结构应保证其密封性能；

d）灶的软管连接接头应使用GB 16410—2007图2所示的两种结构（φ9.5mm或φ13mm）；

e）软管和软管接头的连接应使用安全紧固措施。

5.3.1.9 灶的结构及包装应能承受储存运输中的堆码、振动和跌落。

5.3.1.10 灶的阀门及调风板应调节灵活、容易操作，一经定位不易松动，阀门的“开”和“关”应有明显的标志和方向。

5.3.1.11 旋钮的结构在正常使用中被抓握时，应使操作者的手不可能触及到那些温升过高的零件。

5.3.1.12 石棉网不应用于灶的结构之中。

5.3.2 灶结构

5.3.2.1 双眼灶灶眼中心距为420mm。

5.3.2.2 双眼灶应至少有一个灶眼及其支架适用于尖底锅，在正常操作中应坐锅平稳，不妨碍使用。

5.3.2.3 锅支架应符合：

a）使用不同类型的锅时，锅支架应稳固牢靠，其中应有一个灶眼能够适应直径100mm的平底锅。使用活动锅支架时，应方便调节和更换。使用尖底锅时，应不影响正常燃烧；

b）锅支架应具有不影响正常使用的强度，锅支架上放置98.1 N净荷载时不得产生变形或损坏。

5.3.2.4　盛液盘应有适当的容积承接煮溢液。

5.3.2.5　灶面荷载试验时，灶面任何部位的挠度应不大于1mm。

5.3.2.6　嵌入式灶还应满足：

a）灶底板应使用易清洁的结构（使用常用工具）；

b）灶底板应使用防腐材料或采取防腐措施；

c）灶嵌入部位与台面的结合处宜使用封闭式结构；

d）火盖、盛液盘等部件宜使用防溢液结构，溢液不易流入底板；

e）应有助燃用空气的供给口，空气供给口的设置及结构形式不得影响燃烧性能；

f）灶面应使用耐高温和抗挠度材料，任何部位的热变形挠度应不大于1mm。

5.3.3　零部件结构

应符合GB 16410—2007中5.3.7的规定。

5.4　材料要求

5.4.1　一般要求

5.4.1.1　应能承受正常使用下的温度。

5.4.1.2 金属部件（耐腐蚀的材料除外）应电镀、喷漆、搪瓷或其他合适的防腐表面处理。

5.4.2　沼气导管及点火燃烧器导管

沼气导管应使用耐温大于350℃的材料，点火燃烧器导管应使用耐温大于500℃的材料。

5.4.3　旋塞阀

应使用耐温大于350℃的材料。

5.4.4 喷嘴

应使用耐温大于500℃的材料。

5.4.5　喷嘴座

应使用耐温大于350℃的材料。

5.4.6　空气调节器（风门）

应使用耐温大于500℃的材料。

5.4.7　燃烧器

5.4.7.1　燃烧器火孔部位应使用耐温大于700℃的材料。

5.4.7.2　壁厚及表面处理应符合：

a）铸造制品的壁厚不应小于3mm，不得有明显的铸造气孔等缺陷；

b）压铸制品的壁厚不应小于1.5mm，不得有影响使用的缺陷；

c）不锈钢制品的壁厚不应小于0.3mm；

d）热浸镀铝钢材制品的壁厚不应小于0.3mm；

e）普通钢材制品，其钢材的壁厚不应小于0.5mm，并对表面作防腐处理。用搪瓷进行表面处理时，应做钢球冲击试验，搪瓷不得有脱落；

f）铜及铜合金材料制品的壁厚不应小于1mm。

5.4.8 锅支架

应使用耐温大于700℃的材料。

5.4.9 盛液盘

应使用耐温大于500℃的材料。

5.4.10 灶面钢化玻璃面板

5.4.10.1 耐热冲击后，面板应无破裂。

5.4.10.2 耐重力冲击后，面板应无破裂。

5.4.11 其他非金属材料面板

5.4.11.1 使用中发生破碎时不应飞溅。

5.4.11.2 其他性能符合相关标准。

5.4.12 灶脚

与台面接触部位，宜使用橡胶等不易滑动的材料。

5.4.13 包装材料与包装废弃物

包装材料和包装废弃物应符合：

a）包装材料中应限制有毒金属盒其他有害物质的含量，特别应注意这些材料被焚烧时是否产生辐射和有害成分，或当这些材料被填埋后是否产生有害的渗出物；

b）所用的材料要获得较高水平的循环再生利用；

c）尽可能降低不可降解材料在整个包装材料中所占的比例；

d）所用的材料应易于回收和处理。

5.5 外观要求

5.5.1 外观应美观大方，色调均匀，不应有损害外观的缺陷。

5.5.2 灶面板的翘曲度应小于5mm。

6 试验方法

6.1 试验室条件

6.1.1 室温为（20±5）℃，在每次试验过程中室温波动应小于5℃。

室温确定方法：在距灶正前方、正左方及正右方各1m处，将温度计感温部分固定在与灶的上端大致等高位置，测量上述三点的温度，取其平均值。

6.1.2 通风换气良好，室内空气中一氧化碳含量应小于0.002%，二氧化碳含量应小于0.2%，试验时灶周围1m处空气流动速度应小于0.3m/s。

6.1.3 大气压力：86~106kPa。

6.1.4 相对湿度：小于80%。

6.2 试验用沼气

6.2.1 试验用人工沼气用CH_4（纯度≥99.9%）和CO_2（纯度≥99.9%）配制，低热值为（21±1）MJ/m^3，试验过程中沼气的低热值华白数变化范围应小于2%。灶停止运行时的静压力应小于或等于运行时沼气供气压力的1.25倍。

6.2.2 试验用沼气供气压力见表4。

表4 试验用沼气供气压力

供气压力类别	试验用沼气压力（Pa）	
	最大	最小
最高试验压力	2 400	1 200
额定供气压力	1 600	800
最低试验压力	800	400

6.2.3 在试验过程中，压力波动应小于±10Pa。

6.3 试验用仪器仪表

试验用仪器仪表见表5。

表5 试验用仪器仪表

用途 （试验项目）	仪器仪表名称	规格	
		范围	精度或最小刻度
室温及沼气温度测定	温度计	0~50℃	沼气温度0.5℃；室温1℃
湿度测定	湿度计	10%~98%	±5%
大气压力测定	气压计	81~107kPa	0.1kPa
沼气压力测定	U型压力表	0~5 000Pa	10Pa
时间测定	秒表	—	0.1s
沼气流量测定	气体流量计	—	0.1L
沼气相对密度测定	燃气相对密度计	—	±2%
气密性测定	气体检漏仪	—	—
噪声测定	声级计	40~120dB	1dB

（续表）

用　　途 （试验项目）	仪器仪表名称	规　　格	
		范围	精度或最小刻度
沼气成分测定	色谱仪或吸收式气体分析仪	—	—
沼气热值测定	热量计	—	—
一氧化碳含量测定	一氧化碳测试仪	0~0.2%	0.001%
二氧化碳含量测定	二氧化碳测试仪	0~15%	0.01%
氧气含量测定	氧气测试仪	0~21%	0.01%
水温测定	温度计	0~100℃	0.2℃
表面温度测定	热电偶、热电温度计	0~300℃	1℃
质量测定	衡器	0~15kg	5g
材料厚度测定	测厚仪	—	0.01mm

6.4　试验用设备

试验用设备见表6。

表6　试验用设备

用　　途 （试验项目）	试验设备名称	种类及规格	
		种　类	备　注
试验气配置	配气装置	—	华白数±2%
热负荷测定	沼气耗气量测定装置	调压器、流量计、湿度计、温度计，压力计、三通	—
沼气通路气密性试验	气密性试验装置	气体检漏仪	—
耐久性试验	沼气阀门的耐久性试验装置	—	—
	点火、控制装置耐久性试验装置	—	—
结构部件耐热试验	恒温装置	恒温装置	室温~750℃
振动试验	振动试验装置	振动试验台	振动频率10 Hz，全振幅5mm上下，左右

6.5　灶试验状态

灶应按规定的安装和使用状态试验，除各个单项性能试验中的具体规定外，还应符合以下基本要求：

a）燃烧器燃烧所需的空气量，应调节到燃烧火焰最佳状态，然后将风门固定，各项性能试验时不得再调风门；

b）灶应按6.11节中选定的铝锅（下限锅）和加热水量；

c）活动锅支架在试验中应调整到对试验最不利的状态。

6.6 气密性试验

气密性试验见表7。

表7 气密性试验

试验项目	试验条件、试验状态、试验方法
从沼气入口到沼气阀门	使被测沼气阀门为关闭状态，在沼气入口连接检漏仪，通入4.2kPa空气，检查其泄漏量
从沼气入口到燃烧器火孔	试验条件：最高试验压力 试验状态：点燃全部燃烧器 试验方法：用皂液或检漏液检查沼气入口至燃烧器火孔前各部位是否有漏气现象

6.7 热负荷试验

热负荷试验见表8。

表8 热负荷试验

试验项目	试验条件、试验状态、试验方法
实测热负荷	试验条件：额定供气压力 试验状态：按GB 16410—2007中图4的规定连接压力计、流量计和灶，在点燃灶前应使灶前面的沼气通路处于最大通气状态 试验方法 ——试验单个燃烧器热负荷时，只点燃单个燃烧器进行逐个检测，试验灶的总热负荷时，所有燃烧器应同时点燃检测 ——在单个燃烧器或全部燃烧器点燃后15min~20min时段内用气体流量计测定沼气流量，气体流量计指针走一周以上的整圈数，且测定时间应不少于1min，重复测定二次以上，读数误差小于2%，取两次流量的平均值 用（1）式计算实测热负荷 $\varphi_{实} = \frac{1}{3.6} \times V \times Q_D \times \frac{288}{273 + t_g} \times \frac{p_a + p_m - S}{101.3}$ ……（1） 式中： $\varphi_{实}$ ——实测热负荷，单位为千瓦（kW） Q_D ——15℃、101.3kPa状态下试验沼气的低热值，单位为兆焦耳每立方米（MJ/m^3）

（续表）

<table>
<tr><th>试验项目</th><th>试验条件、试验状态、试验方法</th></tr>
<tr><td>实测热负荷</td><td>V——实测沼气流量，单位为立方米每小时（m^3/h）
t_g——流量计内的沼气温度，单位为摄氏度（℃）
p_a——试验时的大气压力，单位为千帕（kPa）
p_m——实测流量计内的沼气相对静压力，单位为千帕（kPa）
S——温度为 t_g 时饱和水蒸气压力，单位为千帕（kPa）（当使用干式流量计测量时，S 值应乘以试验沼气的相对湿度进行修正）</td></tr>
<tr><td>实测折算热负荷</td><td>用（2）式计算实测折算热负荷
$$\varphi = \frac{1}{3.6} \times Q_D \times V \times \sqrt{\frac{d_a}{d_{mg}}} \times \frac{101.3 + p_s}{101.3} \times \frac{p_a + p_m}{p_a + p_g} \times \sqrt{\frac{288}{273 + t_g} \times \frac{p_a + p_m - (1 - 0.622/d_a) \times S}{101.3 + p_s}} \quad (2)$$
式中：
φ——实测折算热负荷，单位为千瓦（kW）
Q_D——15℃、101.3kPa 状态下试验沼气的低热值，单位为兆焦耳每立方米（MJ/m^3）
V——实测沼气流量，单位为立方每小时（m^3/h）
d_a——标准状态下干试验沼气的相对密度
d_{mg}——标准状态下干设计沼气的相对密度
p_a——试验时的大气压力，单位为千帕（kPa）
p_s——设计时使用的额定沼气供气压力，单位为千帕（kPa）
p_m——实测流量计内沼气相对静压力，单位为千帕（kPa）
p_g——实测灶前的沼气相对静压力，单位为千帕（kPa）
t_g——实测流量计内的沼气温度，单位为摄氏度（℃）
S——温度为 t_g 时饱和水蒸气压力，单位为千帕（kPa）（当使用干式流量计测量时，S 值应乘以试验沼气的相对湿度进行修正）
0.622——水蒸气理想气体的相对密度</td></tr>
<tr><td>额定热负荷精度</td><td>用（3）式计算额定热负荷精度
$$额定热负荷精度 = \frac{实测折算热负荷 - 额定热负荷}{额定热负荷} \times 100\% \quad (3)$$</td></tr>
<tr><td>总实测折算热负荷与单个燃烧器实测折算热负荷总和之比</td><td>用（4）计算总实测热负荷与单个燃烧器实测折算热负荷总和之比
$$b = \frac{总实测折算热负荷}{\sum \varphi_i} \times 100\% \quad (4)$$
式中：
b——总实测折算热负荷与单个燃烧器实测折算热负荷总和之比，%
φ_i——单个燃烧器实测折算热负荷，单位为千瓦（kW）</td></tr>
</table>

6.8 燃烧工况试验

6.8.1 燃烧工况试验压力应符合表9的规定。

表9 燃烧工况试验压力

试验项目	试验沼气压力/（Pa）	
	最大	最小
火焰传递	1 600	800
离焰	2 400	1 200
熄火	2 400、800	1 200、400
火焰均匀性	1 600	800
回火	800	400
小火燃烧器	800	400
燃烧噪声	2 400	1 200
熄火噪声	1 600	800
一氧化碳	1 600	800
黑烟	2 400	1 200
接触黄焰	2 400	1 200
使用超大型锅时燃烧稳定性	2 400	1 200

6.8.2 燃烧工况试验方法

燃烧工况试验方法按表10的规定。

表10 燃烧工况试验方法

试验项目	试验状态、试验方法
火焰传递	试验状态：对有沼气量调节的灶，仅在“最大”状态下进行 试验方法：冷态点燃主燃烧器一处火孔后，记录火焰传遍所有火孔的时间和目测有无爆燃现象
离焰	试验方法：冷态点燃主燃烧器，15 s后目测有三分之一以上火孔离焰，则判定为离焰
熄火	试验方法：主燃烧器点燃15 s后，目测每个火孔是否都有火焰
火焰均匀性	试验方法：主燃烧器点燃20min后，目测火焰是否清晰、均匀
回火	试验方法：主燃烧器点燃20min后，目测火焰是否回火

（续表）

试验项目	试验状态、试验方法
燃烧噪声	试验方法 ——点燃全部燃烧器，15min 后，按 GB 16410—2007 中图 5 所示进行试验 ——使用声级计，按 A 计权，快速档进行测定，环境本底噪声应小于 40 dB 或比灶实测噪声低 10 dB 以上，否则按 GB/T 3768—1996 中表 2 进行修正
熄火噪声	试验方法 ——灶运行 15min 后，迅速关闭沼气阀门，按 GB16410—2007 中图 5 所示三点进行试验 ——使用声级计，按 A 计权，快速档进行测定，环境本底噪声应小于 40 dB 或比灶实测噪声低 10 dB 以上，否则按 GB/T 3768—1996 中表 2 进行修正 ——测定的最大噪声值应加 5 dB 作为熄火噪声
干烟气中一氧化碳浓度（理论空气系数 $\alpha=1$，体积百分数）	试验状态：按 6.5 的规定 试验方法 ——烟气取样器的形状及取样位置按 GB 16410—2007 中图 6 a）及图 6 b）的规定 ——测定室内空气（干燥状态）中二氧化碳浓度 ——灶点燃 15min 后，用烟气取样器取样，测量干烟气中一氧化碳含量和二氧化碳含量 ——用式（5）计算烟气中一氧化碳浓度 $C_1 = C_{1a} \times \frac{C_{2max}}{C_{2a} - C_{2t}} \times 100\%$ ……（5） 式中： C_1——干烟气中一氧化碳浓度，理论空气系数 $\alpha=1$，体积百分数 C_{1a}——干烟气样中一氧化碳浓度测定值，体积百分数 C_{2t}——室内空气（干燥状态）中二氧化碳浓度测定值，体积百分数 C_{2a}——干烟气样中的二氧化碳浓度测定值，体积百分数 C_{2max}——理论干烟气样中的二氧化碳浓度（计算值），体积百分数
黑烟	试验方法：从冷态点燃主燃烧器到火焰稳定，用净锅或光亮的金属板放在灶上，目测是否有黑烟，在灶运行 20min，再试一次
接触黄焰	试验方法：从冷态点燃主燃烧器开始，到 15min 后，目测有无黄焰，若有黄焰，测试任意 1min 内，电极连续接触黄焰 30s 以上时，为接触黄焰
小火燃烧器燃烧稳定性	试验方法 ——具有小火燃烧器的灶，点燃小火燃烧器 15min 后，目测小火燃烧器有无熄火和回火现象 ——沼气阀门开至最大，连续点燃主燃烧器，检查小火燃烧器在主燃烧器点燃和熄火时，小火燃烧器是否有熄火和回火现象
使用超大型锅时燃烧稳定性	试验状态：使用比表 11 的试验用锅（下限锅）直径大 4 cm 的锅 试验方法：逐个点燃灶的燃烧器，使沼气阀门全开，目视检查是否有黑烟、燃烧是否稳定

表 11　灶试验用锅和加热水量

实测热负荷（kW）	铝锅的尺寸（mm）				加热水量（kg）
	锅直径	锅壁厚度	圆角半径	高度	
2. 08	220	0. 65±0. 1	16	140	2
2. 48	240	0. 7±0. 1		150	2. 5
2. 91	260	0. 7±0. 1		160	3
3. 36	280	0. 8±0. 1		175	4
3. 86	300	0. 8±0. 1		190	5

6.9　温升试验

温升试验见表 12。

表 12　温升试验

试验项目	试验条件、试验状态、试验方法
一般温升	试验条件 ——最高试验压力 ——环境温度为（20±5）℃ 试验状态 ——沼气灶按 6. 5 规定的试验状态 ——温升装置按 GB 16410—2007 中图 9 的规定 ——灶与测温板的距离按 GB 16410—2007 中图 10 的规定 试验方法 ——点燃所有燃烧器 ——将灶的燃烧器阀门开至最大 ——测温部位温升恒定后（升温时间最长不得超过 1 h），用热电温度计或热电偶（预埋在木板内）测量并记录以下部位的温升 ● 操作时手必须接触的部位 ● 干电池外壳 ● 软管接头 ● 阀门外壳 ● 点火器外壳 ● 沼气调压器外壳 灶侧面、后面的木壁、灶下面的木台表面

（续表）

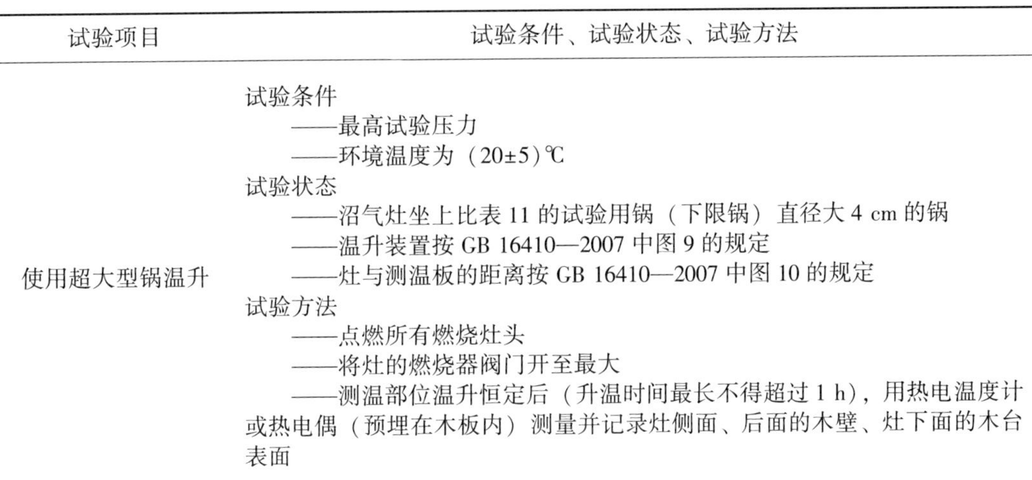

试验项目	试验条件、试验状态、试验方法
使用超大型锅温升	试验条件 ——最高试验压力 ——环境温度为（20±5）℃ 试验状态 ——沼气灶坐上比表 11 的试验用锅（下限锅）直径大 4 cm 的锅 ——温升装置按 GB 16410—2007 中图 9 的规定 ——灶与测温板的距离按 GB 16410—2007 中图 10 的规定 试验方法 ——点燃所有燃烧灶头 ——将灶的燃烧器阀门开至最大 ——测温部位温升恒定后（升温时间最长不得超过 1 h），用热电温度计或热电偶（预埋在木板内）测量并记录灶侧面、后面的木壁、灶下面的木台表面

6.10　电点火装置试验

电点火装置试验见表 13。

表 13　电点火装置试验

试验项目	试验条件、试验状态、试验方法
电点火装置	试验条件：最高试验压力、最低试验压力 试验状态：使用干电池的点火器应调节电源电压为额定电压的 70% 试验方法 ——预先进行数次预备性点火 ——每次点火应在燃烧器接近室温时进行 ——点火操作方式及点火速度按点火器不同，规定如下 ● 回旋式点火器转动一回为一次，每次速度控制在 0.5～1s 时间内 ● 使用直流电源连续放电式点火器，以在点火位置上停留 2s 为一次 ——反复点火 10 次，检测着火次数及有无爆燃现象

6.11　热效率试验

热效率试验见表 14。

表 14　热效率试验

<table>
<tr><th>试验项目</th><th>试验条件、试验状态、试验方法</th></tr>
<tr><td>热效率</td><td>
试验条件：额定供气压力
试验状态
——试验用灶按 GB 16410—2007 中图 4 a）所示方法连接，测压管按 GB 16410—2007 中图 12 加工，或其他可使水温搅拌均匀的装置
——用式（1）计算实测热负荷，试验用上限锅和下限锅及加热水量按表 10 选用
试验方法
——点燃燃烧器，将沼气供气压力调整到额定值
——燃烧稳定后坐上锅，水初温应取室温加 5℃，水终温应取水初温加 30℃。水温由初始温度前 5℃时，开始搅拌，到初温时开始计量沼气消耗。在比初始温度高 25℃时又开始搅拌，比初始温度高 30℃时，关掉沼气继续搅拌，所达到的最高温度作为最终温度。由式（6）计算实测热效率
$$\eta_{实} = \frac{M \times C \times (t_2 - t_1)}{V_H \times Q_D} \times \frac{273 + t_g}{288} \times \frac{101.3}{P_a + P_m - s} \times 100 \quad (6)$$
式中
$\eta_{实}$——实测热效率，%
M——加温水量，单位为千克（kg）
C——水的比热，$C = 4.19 \times 10^{-3}$ MJ/kg·℃
t_1——水的初温，单位为摄氏度（℃）
t_2——水的最终温度，单位为摄氏度（℃）
V_H——实测沼气消耗量，单位为立方米（m^3）
Q_D——15℃、101.3kPa 状态下试验沼气低热值，单位为兆焦耳每立方米（MJ/m^3）
P_m——实测沼气流量计内的沼气相对静压力，单位为千帕（kPa）
P_a——试验时的大气压力，
t_g——测定时流量计内沼气温度，单位为摄氏度（℃）
s——温度为 t_g 时饱和水蒸汽压力，单位为千帕（kPa）（当使用干式流量计测量时，S 值应乘以试验沼气的相对湿度进行修正）
同一条件下做两次以上试验，连续两次热效率的差在两次平均值的 5% 以下时，取平均值为实测热效率，否则应重新试验，直到合格为止
试验完上限锅和下限锅的实测热效率后，用式（7）计算试验灶头的热效率
$$\eta = \eta_{实·下} + \frac{q_{下} - 5.47}{q_{下} - q_{上}} \times (\eta_{实·上} - \eta_{实·下}) \quad (7)$$
式中
η——热效率，%
$\eta_{实·下}$——使用下限锅时的实测热效率，%
$\eta_{实·上}$——使用上限锅时的实测热效率，%
$q_{下}$——使用下限锅试验时锅底热强度。单位为瓦每平方厘米（W/cm^2）
$q_{上}$——使用上限锅试验时锅底热强度。单位为瓦每平方厘米（W/cm^2）
注：锅底热强度 = 实测热负荷（W）/试验用锅在正投影面的面积（cm^2）
</td></tr>
</table>

6.12 耐用性能试验

耐用性能试验见表 15。

表 15 耐用性能试验

试验项目	试验条件、试验状态、试验方法
沼气旋塞阀	试验条件：使用与额定供气压力相同的空气 试验状态：器件与灶处于分离状态或器件安装在灶上 试验方法：以 5 次/min~20 次/min 的操作速度，经过 15 000次试验后，进行气密性和操作性能试验
电点火装置	试验条件：使用与额定供气压力相同的空气 试验状态：器件与灶处于分离状态或器件安装在灶上 试验方法：以 5 次/min~20 次/min 的操作速度，经过 15 000次试验后，进行点火性能试验

6.13 振动试验

把灶按运输要求捆扎好，水平放置在振动机上，以 10 Hz 的频率，全振幅 5mm，上下、左右方向各振动 30min 后，进行沼气气密性试验。

6.14 跌落试验

按 GB/T 1019—2008 中给出的方法依次将试件的 3、2、5、4、6 面向下，包装件质量小于 25kg 跌落高度为 600mm，包装件质量 25kg~50kg 跌落高度为 450mm，以初速度为零的情况下释放。每各个面各跌落 1 次。对不能倒置的产品，应对底面连续进行 3 次跌落试验。再进行沼气气密性试验。

6.15 包装承压试验

试验方法按 GB/T 4857. 3—2008 的规定进行试验。

6.16 结构试验

6. 16. 1 一般试验

按 5. 3 的要求目测进行试验。

6. 16. 2 倾斜翻倒试验

把灶放在实验台上，渐渐倾斜到与水平面成 15°夹角。目测是否翻倒，着火的部件是否产生移动和脱落。

6. 16. 3 灶面和锅支架荷载试验

将灶水平放置于坚固的平面上，并在其锅支架中心部位分别以 98. 1 N 的净荷载，持续 5min，检查其灶面任何部位的挠度、锅支架有无变形和损坏。

6.16.4 燃烧器火孔处使用耐温大于700℃的材料试验方法及判定原则

将燃烧器中构成火孔的零件（可方便拆卸的单元）取出，测量火孔部位尺寸，计算火孔面积，置入调定温度700℃的恒温箱，2 h后取出，在空气中自然冷却至室温，测量火孔部位尺寸，计算火孔面积，试验前后火孔面积变化率应在±10%以内。超出该范围为不合格。

6.16.5 零部件耐热性能试验

试验方法按GB 16410—2007中6.20的规定进行试验。

6.17 材料试验

6.17.1 一般试验

按5.4的规定目测进行试验，燃烧器壁厚用测厚仪进行试验。

6.17.2 耐热性能试验

试验方法按GB 16410—2007中6.21.2的规定进行试验。

6.17.3 耐热冲击试验

试验方法按GB 16410—2007中6.10的规定进行试验。

6.17.4 耐重力冲击试验

试验方法按GB 16410—2007中6.11的规定进行试验。

7 检验规则

灶应进行出厂检验和型式检验。

7.1 出厂检验

7.1.1 灶出厂前逐台检验以下内容：

a）沼气管路系统气密性能；

b）各部件操作灵活性能；

c）点火性能及燃烧稳定性能；

d）外观；

e）铭牌。

注：库存两年以上灶应按本条款规定复检。

7.1.2 抽样检验

7.1.2.1 产品批量检查验收时执行抽样检验。抽样方法按GB/T2828.1的规定。

7.1.2.2 抽样方案

a）抽样方案按GB/T 2828.1的规定，合格质量水平AQL为4.0，检查水平取S=1，按正常检查一次抽样方案检验；

b）产品抽检不合格时，本批次产品判为不合格。批次不合格产品应重新逐台检验后组批抽检。

7.1.2.3 除7.1.1规定内容以外，抽样检验还应包括热负荷、烟气中一氧化碳含量、热效率。

7.1.3 产品经检验合格，并填发合格证后方可出厂。

7.2 型式检验

7.2.1 应按本标准全部内容进行检验。

7.2.2 有下列情况之一时，应进行型式检验：

a）新产品或老产品转厂生产的试制定型鉴定；

b）正式生产后，如结构、材料、工艺有较大改变、可能影响产品性能；

c）正常生产时定期或积累一定产量后，应周期性进行检验；

d）产品停产1年后，恢复生产；

e）出厂检验结果与上次型式检验有较大差异；

f）国家质量监督机构提出进行型式检验要求。

7.2.3 抽样方法：每次3台，其中2台试验，1台备样。

7.2.4 型式检验的全部项目均符合标准规定时，判定该型式检验合格。任何项目不合格，需改进不合格项目，重新复检，直至所有项目合格，判定该型式检验合格。

7.3 单台检验判定原则

7.3.1 不合格品的判定原则

a）灶有一个A类不合格，称为A类不合格品；

b）灶有两个B类不合格或一个B类两个C类不合格，称为B类不合格品；

c）灶有四个C类不合格，称为C类不合格品。

7.3.2 项目分类及判定方法

项目分类及判定方法见表16。

表16 项目分类及判定方法

分类	序号	项目名称	判定方法
A类	1	气密性	不允许不合格
	2	燃烧稳定性	
	3	热负荷	
	4	热效率	
	5	干烟气中一氧化碳浓度	

（续表）

分类	序号	项目名称	判定方法
B类	6	温升	允许有一项不合格
	7	点火装置	
	8	耐用性能	
C类	9	噪声	允许有三项不合格
	10	耐振动性能	
	11	耐跌落性能	
	12	包装承压性能	
	13	结构	
	14	材料	
	15	外观	
	16	铭牌、包装和说明书	

8 标志、包装、运输、贮存

8.1 标志

每台灶应在适当位置安装铭牌，其标志内容应包括：

a）名称和型号；

b）额定沼气供气压力；

c）额定热负荷；

d）制造厂名称；

e）制造年、月或代号。

8.2 包装

8.2.1 包装箱外应标明产品名称、型号、使用燃气类别或使用地区。

8.2.2 包装应安全、牢固。包装箱外应有出厂日期和厂名，“易碎物品、向上、怕雨、禁止翻滚、堆码重量极限”。

8.2.3 包装箱内应有产品附件清单、合格证、保修单和安装使用说明书。

8.2.4 每台灶出厂时应有安装使用说明书。安装使用说明书应包括以下内容：

a）外形尺寸及安装说明；

b）点火、熄火操作和调节方法；

c）安全注意事项（有关沼气、通风、防火、防烫伤、儿童不宜等）；

d）维修注意事项；

e）厂址及联系事项；

f）安装要求的开孔尺寸和固定方法（嵌入式灶）；

g）安装嵌入式灶的橱柜要有符合通风要求的与大气相通的开孔尺寸，否则会造成泄漏沼气积沉而引起爆炸；

h）铭牌上的全部信息，（当嵌入式灶安装后，标志不可见）应在说明书中明示。

i）灶在使用期间会发热，注意避免接触发热单元。金属物体如刀、叉、勺和盖不应放在灶台上，因为它们可能变热。

8.2.5　包装材料应符合本标准 5.4.13 的要求。

8.3　运输

8.3.1　运输过程中应防止剧烈震动、挤压、雨淋及化学物品的侵蚀。

8.3.2　搬运时不应滚动和抛掷。

8.4　贮存

8.4.1　成品应贮存在干燥通风、周围无腐蚀性气体的仓库里。

8.4.2　灶应按型号分类存放，堆码不得过高，以防挤压和倒垛损坏。

附录 A
(资料性附录)
户用沼气灶具燃烧烟气中氮氧化合物含量 [NO_x ($\alpha=1$)] 的规定

A.1　户用沼气灶燃烧烟气中氮氧化物排放极限浓度≤0.015%。

A.2　试验用仪器

试验用仪器采用化学发光式、电化学式或红外烟气分析仪，范围：0%~0.05%；最小刻度：0.001%。

A.3　试验条件：额定试验沼气供气压力。

A.4　试验状态：按本标准 6.5 所给状态。

A.5　试验方法

A.5.1　灶运行 15min 后，用烟气取样器取样。抽取烟气样中，测量烟气中氮氧化合物含量，抽取烟气中氧含量应≤14%。

A.5.2　烟气取样器按 GB 16410—2007 中图 6 a）制作，材料为不锈钢，取样管采用聚四氟乙烯或其他不吸附氮氧化物的材料。

A.5.3　烟气取样器的位置按 GB 16410—2007 中图 6 b）安放。

A.5.4　烟气中氮氧化物含量按式（A.1）计算（在烟气分析的同时，应测定室内空气中氮氧化物含量）：

$$C_{NO}(\alpha=1)=\frac{C'_{NO}-C''_{NO}(C'_0/20.9)}{1-(C'_0/20.9)}\times 100\% \qquad (A.1)$$

式中：

$C_{NO(\alpha=1)}$——过剩空气系数 α=1，干烟气中氮氧化物含量，体积百分数；

C'_{NO}——烟气样中氮氧化合物含量，体积百分数；

C''_{NO}——室内空气中的氮氧化合物含量，体积百分数；

C'_0——烟气样中的氧含量，体积百分数。

第二篇　《大中型沼气工程技术规范》摘录（GB/T 51063）

大中型沼气工程技术规范

Technical code for large and medium -scale biogas engineering

主要起草单位：北京市公用事业科学研究所
北京市燃气集团研究院
农业农村部沼气科学研究所
农业农村部沼气产品及设备质量监督检验测试中心
主要起草人：车立新、方媛媛、张榕林、施国中、梅自力、蔡磊等

目次

1 总则

1.0.1 为规范大中型沼气工程的设计、施工安装、验收及运行维护，保证工程质量和安全生产，制定本规范。

1.0.2 本规范适用于采用厌氧消化工艺处理农业有机废弃物、工业高浓度有机废水、工业有机废渣、污泥，以供气为主且沼气产量不小于500m^3/d，新建、改建或扩建的沼气工程的设计、施工安装、验收及运行维护。

1.0.3 大中型沼气工程应在不断总结生产、建设实践经验的基础上，积极采用新技术、新工艺、新材料和新设备，做到运行稳定，设备可靠，技术先进、经济可行。

1.0.4 大中型沼气工程设计、施工安装、验收及运行维护，除应符合本规范外，尚应符合国家现行有关标准的规定。

2 术语和缩略语

2.1 术语

2.1.1 沼气 biogas

有机物在厌氧条件下经微生物的消化作用生产的一种以甲烷为主低位发热量不应小于17MJ/m^3的可燃性混合气体。

2.1.2 沼气站 biogas station

采用厌氧消化技术制取沼气，并净化和储存沼气的场所。

2.1.3 大中型沼气工程 large and medium-scale biogas engineering

采用厌氧消化工艺，处理农业有机废弃物、工业高浓度有机废水、工业有机废渣、污泥，沼气产量不小于500m^3/d，可用于民用、发电和提纯压缩的沼气工程，包括：沼气站、输配管网和用户工程，简称：沼气工程。

2.1.4 农业有机废弃物 agricultural organic waste

在农业生产过程中产生的农作物秸秆和在养殖业生产全过程中产生的畜禽粪便等有机类物质。

2.1.5 工业高浓度有机废水 high concentration industrial organic wastewater

在酿造、造纸、食品加工等工业生产中排出的COD_{cr}含量大于2000mg/L的液态有机废弃物。

2.1.6 工业有机废渣 industrial organic residue

在酿造、制糖、淀粉加工、生物制药、造纸和食品加工等工业生产中排出的固态有机废弃物。

2.1.7　污泥 sludge

城镇污水处理过程中初沉池和二沉池产生的污泥，不包括：格栅栅渣、浮渣和沉砂池的沉砂等。

2.1.8　容积有机负荷 volume organic loading rate

厌氧消化器单位容积每日可消解有机物的量，以 kgCOD_{cr}/（m^3·d）表示。

2.1.9　冷干法 cryochem

通过降低温度使沼气中的饱和水冷凝析出的方法。

2.1.10　生物脱硫 bio-desulfurization

脱硫菌群经培养后在微氧条件下将沼气中的硫化氢脱除的方法。

2.1.11　脱硫剂空速 space velocity

单位体积的脱硫剂每小时处理沼气量的能力。

2.1.12　硫泥 sulfur sludge

生物脱硫过程中产生的含有单质硫、亚硫酸盐、硫酸盐和生物代谢产物的混合物。

2.1.13　厌氧活性污泥 Anaerobic activated sludge

由厌氧消化细菌与悬浮物质和胶体物质结合形成的，具有很强吸附分解有机物能力的絮状体、颗粒物，也可作为厌氧消化器初始原料启动的接种物。

2.2　缩略语

CSTR——complete stirred tank reactor（完全混合式厌氧反应器）

USR——upflow solid reactor（升流式固体反应器）

UASB——upflow anaerobic sludge blanket reactor（升流式厌氧污泥床反应器）

IC——internal circulation anaerobic reactor（内循环厌氧反应器）

EGSB——expanded granular sludge blanket reactor（颗粒污泥膨胀床反应器）

HCPF——high concentrations of plug-flow reactor（高浓度推流式反应器）

TS——total solids（总固体）

SS——suspended solids（悬浮固体）

VS——volatile solids（挥发性固体）

VSS——volatile suspended solids（挥发性悬浮固体）

COD_{cr}——chemical oxygen demand（化学需氧量）

BOD_5——biochemical oxygen demand（生化需氧量）

HRT——hydraulic retention time（水力停留时间）

MLVSS——mixed liquor volatile suspended solids（混合液挥发性悬浮固体浓度）

3 基本规定

3.0.1 沼气工程的设计应符合综合利用、环境保护和职业卫生的要求。

3.0.2 沼气工程的建设规模应根据原料的来源及性质、用户类别和用气量等因素综合确定，并宜符合下列规定：

(1) 用于民用的沼气工程，沼气产量不宜小于500m³/d；

(2) 用于发电的沼气工程，沼气产量不宜小于1 200m³/d；

(3) 用于提纯压缩的沼气工程，沼气产量不宜小于10 000m³/d。

3.0.3 用于民用、发电和提纯压缩的沼气质量应符合表3.0.3的规定。

表3.0.3 用于民用、发电和提纯压缩的沼气质量

<table>
<tr><th>项目</th><th>民用集中供气</th><th>发电</th><th>提纯压缩</th></tr>
<tr><td>热值 MJ/m³</td><td colspan="2">≥17</td><td></td></tr>
<tr><td>硫化氢（mg/m³）</td><td>≤20</td><td>≤200</td><td rowspan="2">可与提纯压缩终端用户协商确定</td></tr>
<tr><td>水露点（℃）</td><td colspan="2">在脱水装置出口处的压力下，水露点比输送条件下最低环境温度低5℃</td></tr>
</table>

3.0.4 沼气工程应配备保证供气安全的设施，且使用的材料、设备应符合国家现行标准的有关规定。

3.0.5 当沼气站建设地区的地震加速度大于0.10g时，其建（构）筑物的设计应采取抗震措施，并应符合现行国家标准《建筑抗震设计规范》GB 50011和《构筑物抗震设计规范》GB 50191的有关规定。

3.0.6 用于民用的沼气工程供电系统应按现行国家标准《供配电系统设计规范》GB 50052的“二级负荷”的规定设计。

3.0.7 用于民用的沼气应进行加臭，加臭装置和加臭剂应符合现行行业标准《城镇燃气加臭技术规程》CJJ/T 148的有关规定。

3.0.8 沼气工程应采取措施减少噪声、气味等污染，对排放物的处理应符合国家现行环境保护标准的有关规定。

3.0.9 沼气工程的管道、设备等应设置安全标志，安全标志应符合现行行业标准《城镇燃气标志标准》CJJ/T 153的有关规定。

3.0.10 沼气工程的设计、施工、运行维护应采取保证人身和公共安全的有效措施。

4　沼气站

4.1　选址与总平面布置

4.1.1　站址的选择应符合城乡建设的总体规划，并应符合下列规定：

（1）宜在居民区全年主导风向的下风侧，并应远离居民区，且应满足卫生防疫的要求；

（2）宜靠近沼气发酵原料的产地，用于民用的沼气工程应根据用气区域分布特点选择合理的站址，用于发电上网的沼气工程应靠近输供电线路；

（3）宜选择在岩土坚实、抗渗性能良好的天然地基上，并应避开山洪、滑坡等不良地质地段；

（4）宜具有给排水、供电条件，对外交通方便；

（5）不应选择在架空电力线跨越的区域；

（6）站内露天工艺装置与站外建（构）筑物的防火间距应符合现行国家标准《建筑设计防火规范》GB 50016 的甲类生产厂房与厂外建（构）筑物的防火间距的有关规定。

4.1.2　站区总平面布置应按生产区和生产辅助区划分，并应符合下列规定：

（1）生产区应布置预处理设施、厌氧消化器、净化设施、储气设施和增压机房、发电机房、泵房等；

（2）生产辅助区应布置监控室、配电间、化验室、维修间等生产辅助设施和管理及生活设施用房等。

4.1.3　站区总平面布置应根据站内各种设施功能和工艺要求，结合地形、风向等因素进行合理设计，并应符合下列规定：

（1）总平面布置应紧凑；

（2）生产区应布置在辅助区主导风向的下风侧；

（3）增压机、发电机等主要噪声源厂房宜低位布置；

（4）生产区、辅助区应分别设置出入口；

（5）应便于施工和运行维护。

4.1.4　厌氧消化器应分组布置，厌氧消化器之间及厌氧消化器与站内其他设施的间距应能满足检修和操作的要求。

4.1.5　湿式气柜或膜式气柜与站内主要设施的防火间距应符合表 4.1.5 的规定。

表 4.1.5 湿式气柜或膜式气柜与站内主要设施的防火间距（m）

主要设施		总容积 V（m^3）	
		V≤1 000	V>1 000
净化间、沼气增压机房		≥10	≥12
锅炉房		≥15	≥20
发电机房、监控室、配电间、化验室、维修间等辅助生产用房		≥12	≥15
粉碎间		≥20	≥25
泵房		≥10	≥12
管理及生活设施用房		≥18	≥20
站内道路（路边）	主要道路	≥10	
	次要道路	≥5	

注：1. 防火间距按相邻建（构）筑物的外墙凸出部分、厌氧消化器外壁、气柜外壁的最近距离计算；

2. 气柜总容积按其几何容积（m^3）和设计压力（绝对压力）的乘积计算。

4.1.6 干式气柜与站内主要设施的防火间距应按本规范表 4.1.5 的规定增加 25%；带储气膜的厌氧消化器与站内主要设施的防火间距应按表 4.1.5 的规定执行。

4.1.7 带储气膜的厌氧消化器与气柜及各气柜之间的防火间距不宜小于相邻设备较大直径的 1/2。

4.1.8 当站区沼气工艺管路及设备需设置检修用集中放散装置时，应符合下列规定：

（1）集中放散装置的火炬和放散口应设置在站内全年主导风向的下风侧；

（2）火炬或放散口与站外建（构）筑物的防火间距应符合现行国家标准《城镇燃气设计规范》GB 50028 的有关规定；

（3）火炬或放散口与站内主要设施的防火间距应符合表 4.1.6 的规定；

（4）封闭式火炬与站内主要设施的防火间距应按表 4.1.6 的规定减少 50%。

表 4.1.6 火炬或放散口与站内主要设施的防火间距（m）

主要设施		防火间距
厌氧消化器组		≥20
湿式气柜或膜式气柜总容积 V（m^3）	V≤1 000	≥20
	V>1 000	≥25

（续表）

主要设施		防火间距
干式气柜 总容积 V（m^3）	V≤1000	≥25
	V>1000	≥32
净化间、沼气增压机房		≥20
锅炉房		≥25
发电机房、监控室、配电间、化验室、维修间等辅助生产用房		≥25
粉碎间		≥30
泵房		≥20
管理及生活设施用房		≥25
秸秆堆料场		≥30
站内道路（路边）		≥2

4.1.9　秸秆堆料场与站内主要设施的防火间距应符合表 4.1.7 的规定。

表 4.1.7　秸秆堆料场与站内主要设施的防火间距（m）

主要设施		防火间距
厌氧消化器组		≥20
湿式气柜或膜式气柜 总容积 V（m^3）	V≤1 000	≥20
	V>1 000	≥25
干式气柜 总容积 V（m^3）	V≤1 000	≥25
	V>1 000	≥32
净化间、沼气增压机房、泵房、锅炉房，辅助生产用房，管理及生活设施用房等站内建（构）筑物		≥15
站内道路（路边）	主要道路	≥10
	次要道路	≥5

4.1.10　净化间、沼气增压机房等甲类生产厂房、气柜及秸秆堆料场与架空电力线路最近水平距离不应小于电杆（塔）高度的 1.5 倍。

4.1.11　沼气站内各类设施之间的防火间距除应符合本规范的要求外，尚应符合现行国家标准《建筑设计防火规范》GB 50016 的有关规定。

4.1.12　沼气站区的竖向设计应充分利用原有地形高差，做到工艺能耗低、土方平整和排水畅通。

4.1.13　沼气站内应设置消防通道。占地面积大于 3 000m^2 的沼气站宜设置环形通道，并应设置车辆行驶方向标志。消防车道的设计应符合现行国家标准《建筑设计防火规范》GB 50016 的有关规定。

4.1.14 沼气站周围应设置围墙，高度不宜小于 2m，且与站内建（构）筑物的间距不宜小于 5m。

4.2 原料及预处理

4.2.1 原料供应量应连续稳定，农业有机废弃物原料的收集应符合下列规定：

（1）对畜禽粪便原料，应及时收集和使用；

（2）对秸秆原料，应在沼气站内或附近设置短期堆放秸秆的场所，秸秆堆料场面积的大小宜根据秸秆收购量和消耗量确定。

4.2.2 工业高浓度有机废水、工业有机废渣、污泥原料中不应含有对厌氧发酵产生抑制作用的有毒物质或抑制剂，且 BOD_5/COD_{cr}不应小于 0.3。

4.2.3 厌氧发酵原料应进行预处理，并应根据原料特点设置相应的预处理设施。

4.2.4 农业有机废弃物、工业高浓度有机废水的预处理应符合下列规定：

（1）含漂浮杂物较多的原料，应设置格栅，栅条间隙应根据原料种类、流量、杂物大小及水泵要求确定；

（2）含砂较多的原料，应设置沉砂池和除砂装置，沉砂池最小有效容积应根据原料流量、流速、粘度、密度及停留时间计算确定；

（3）水质、水量和温度波动较大的原料，应设置调节池，其最小有效容积应能满足原料变化一个周期所排放的全部原料量；

（4）格栅、沉砂池及调节池的设计应符合本规范附录 A 的规定。

4.2.5 秸秆的预处理应符合下列规定：

（1）干秸秆应在粉碎间进行粉碎，经粉碎后的粒径宜小于 10mm；

（2）鲜秸秆应经粉碎后进入青贮池储存，粉碎后的粒径宜为 20mm~30mm；

（3）秸秆原料宜在调配池中调质均匀后进入厌氧消化器。

4.2.6 工业有机废渣和污泥的预处理应符合下列规定：

（1）工业有机废渣或污泥饼，在进入厌氧消化器前宜设置调配池，其最小有效容积应根据原料的收集周期或厌氧消化器的进料周期确定；

（2）湿污泥浓缩后的含水率宜为 96%。

4.2.7 各种原料经预处理后，温度、固体浓度等应调制均匀，且不得含有直径或长度大于 40mm 的固体悬浮物。

4.2.8 预处理构筑物宜采用钢筋混凝土抗渗结构，并应符合现行国家标准《混凝土结构设计规范》GB 50010 的有关规定。

4.3 厌氧消化工艺及设备

4.3.1 厌氧消化工艺和厌氧消化器应根据原料特性、发酵时间、进料方式、进料条件等经技术经济比较后确定。

4.3.2 厌氧消化工艺温度应根据原料温度、采用热源形式等因素确定，并应符合下列规定：

（1）采用中温厌氧消化工艺时，温度宜为35℃±2℃；

（2）当原料温度高于50℃时，宜选用高温厌氧消化工艺，高温厌氧消化温度宜为55℃±2℃，不宜超过58℃；

（3）运行稳定后日发酵温度波动范围宜为±2℃。

4.3.3 厌氧消化工艺可根据消化阶段的要求按一级消化工艺或两级消化工艺进行设计。当采用两级消化工艺时，一级的厌氧消化器应能和二级的厌氧消化器切换，且均可独立使用。

4.3.4 对于不间断供气的沼气工程，厌氧消化器数量不应少于2个。

4.3.5 厌氧消化器进料方式可采用连续进料或批次进料方式，并应根据小时进料量计算进出料管管径、进料设备参数及加热料液到设计温度所需要的热量等。

4.3.6 采用固体含量较高的废弃物为原料时，宜选用完全混合式厌氧反应器（CSTR）、升流式固体反应器（USR）或高浓度推流式反应器（HCPF）。采用溶解性有机物较高的废水为原料时，宜选用升流式厌氧污泥床反应器（UASB）、内循环厌氧反应器（IC）或颗粒污泥膨胀床反应器（EGSB）。

4.3.7 厌氧消化器设计参数宜按表4.3.8的要求确定。当不满足需要时，可通过试验确定。

表4.3.8 厌氧消化器设计参数

消化器类型		CSTR	USR	HCPF	UASB	IC	EGSB
进料条件	TS（%）	6~12	≤6	10~15	—	—	—
	SS（mg/L）	—	—	—	≤1，500	≤1，000	≤2，000
设计参数	高径比	1：1	>1：1	长径比≥4：1	<3：1	4：1~8：1	3：1~5：1
	有效水深（m）	不限	不限	—	4~8	15~25	15~20
	上升流速（m/h）	不限	不限	—	<0.8	下：10~20 上：2~10	3~7
是否带搅拌装置		是	否	是	否	否	否
是否带布料装置		否	是	否	是	是	是
出料装置		顶部溢流	顶部溢流	顶部溢流	设置三相分离器	设置三相分离器	设置三相分离器

4.3.8 厌氧消化器的设计压力应根据工作液面高度和气相部分工作压力确定，且不应小于工作液面的高度对应的水压，其气相部分的输出工作压力应按下列公式计算：

$$P \geqslant P_{cq} + \triangle P_y + \triangle P_j + \triangle P_{jh} \quad (4.3.8-1)$$

$$\triangle P_y = \frac{\lambda}{d} l \frac{\rho \upsilon^2}{2} \quad (4.3.8-2)$$

$$\triangle P_i = \zeta \frac{\rho \upsilon^2}{2} \quad (4.3.8-3)$$

式中：P——厌氧消化器气相部分工作压力（Pa）；

P_{cq}——气柜额定工作压力（Pa）；

$\triangle P_y$——管路沿程阻力（Pa）；

$\triangle P_j$——管路局部阻力（Pa）；

$\triangle P_{jh}$——净化装置阻力（Pa）；

λ——摩擦系数；

ζ——局部阻力系数；

ρ——沼气密度（kg/m^3）；

υ——管道内沼气流速（m/s）；

d——沼气管道内径（m）。

4.3.9 厌氧消化器的总有效容积可根据水力停留时间或容积有机负荷确定，并应符合下列规定：

（1）根据水力停留时间确定的厌氧消化器的总有效容积可按下式计算：

$$V = Q\theta \quad (4.3.9-1)$$

式中：V——厌氧消化器的总有效容积（m^3）；

Q——厌氧消化器的设计流量（m^3/d）；

θ——厌氧消化器的水力停留时间（d）。

（2）根据容积有机负荷确定的厌氧消化器的总有效容积可按下式计算：

$$V = \frac{(S_o - S_e)\ Q}{U_v} \quad (4.3.9-2)$$

式中：S_o——厌氧消化器进水化学需氧量（$kgCOD_{cr}/m^3$）；

S_e——厌氧消化器出水化学需氧量（$kgCOD_{cr}/m^3$）；

U_v——厌氧消化器的化学需氧量容积有机负荷（$kgCOD_{cr}/(m^3 \cdot d)$）。

4.3.10 CSTR 应设置搅拌装置，并应符合下列规定：

（1）当采用机械搅拌时，机械搅拌器宜设置在厌氧消化器顶部，搅拌器的半径应根据罐体尺寸、料液性质等确定，扰动半径宜为 3m~6m。对于直径较大的厌氧消化器，宜设置多个搅拌器，且应均匀布置；

（2）当采用沼气搅拌时，在厌氧消化器内应设置配气环管，且配气环管应均匀布置。

4.3.11　UASB、IC、EGSB 应设置三相分离器，并应符合下列规定：

（1）三相分离器应由气封、沉淀区和回流缝三部分组成，可采用整体或组合式的布置方式；

（2）三相分离器斜板与水平面的夹角宜为 55°~60°；

（3）沉淀区的沉淀面积可根据原料流量和表面负荷率确定，表面负荷率可按厌氧消化器的上升流速计算确定；

（4）沉淀区的水深应大于 1 000mm，水力停留时间宜为 1.0~1.5h；

（5）回流缝的水流速度宜小于 2.0m/h；

（6）三相分离器可使用高密度聚乙烯、碳钢、不锈钢等材质。当使用碳钢时，应进行防腐处理。

4.3.12　厌氧消化器应设置进料管、出料管、排泥管、安全放散、集气管、检修人孔和观察窗等附属设施及附件，并应符合下列规定：

（1）检修人孔孔径不应大于 1 200mm；

（2）进料管距消化器罐底不宜小于 500mm；

（3）厌氧消化器集气管距液面不宜小于 1 000mm，管径应经计算确定，且不宜小于 100mm；

（4）厌氧消化器排泥管宜设置在消化器的最低处，排泥管的管径不宜小于 150mm。排泥管阀门后应设置清扫口；

（5）厌氧消化器进料管和排泥管应选用双刀闸阀门；

（6）厌氧消化器罐体应预留各附属管道及附件的接口。

4.3.13　厌氧消化器宜采用钢制或钢筋混凝土结构，钢制厌氧消化器可采用焊接、钢板拼装和螺旋双折边咬口结构。钢制厌氧消化器的罐壁板的材质宜为 Q235 或 Q345。

4.3.14　钢制厌氧消化器应安装在钢筋混凝土基础上，基础外圆直径应大于设备主体直径 500mm 以上，基础设计应符合现行国家标准《建筑地基基础设计规范》GB 50007 的有关规定。

4.3.15　厌氧消化器应设置加热保温装置。总需热量应考虑冬季最不利工况，并可按下式计算：

$$Q=Q_1+Q_2+Q_3 \tag{4.3.15}$$

式中：Q——总需热量（kJ/h）；

Q_1——加热料液到设计温度需要的热量（kJ/h）；

Q_2——保持消化器发酵温度需要的热量（kJ/h）；

Q_3——管道散热量（kJ/h）。

换热装置的总换热面积应根据热平衡计算，并应留有10%~20%的余量。

4.3.16 钢制厌氧消化器内外壁应采取防腐措施，外壁防腐层外侧应设置保温层，保温材料宜选用阻燃、环保的材料，保温层厚度应通过经济技术比较后确定，保温层外侧应设置防护层。

4.3.17 厌氧消化器上部应设置正负压保护装置和低压报警装置。

4.3.18 厌氧消化器集气管路上宜设置稳压装置。采用水封稳压装置时，有效高度应根据厌氧消化器最大工作压力和后端储气压力确定。

4.3.19 厌氧消化污泥的处理应符合下列规定：

（1）厌氧消化污泥应采用储泥池储存，储泥池的容积应根据污泥量和消纳量及消纳周期等因素确定；

（2）厌氧消化污泥机械脱水可根据污泥性质、污泥产量、脱水要求等选用离心机、板框压滤机、螺旋式压滤机或带式压滤机。脱水后的污泥含水率应小于80%；

（3）脱水后的污泥不得露天堆放，并应及时处理；

（4）污泥堆场的大小应按污泥产量、运输条件等确定，污泥堆场地面应有防渗、防漏等措施。

4.3.20 厌氧消化液的处置与利用应符合下列规定：

（1）厌氧消化液宜优先考虑农用；

（2）储存池应能满足所种农作物均衡施肥要求，其容积应根据厌氧消化液的数量、储存时间、利用方式、利用周期、当地降雨量与蒸发量确定。

4.4 沼气净化

4.4.1 厌氧消化器产生的沼气应进行脱硫、脱水净化处理。净化工艺的选择应根据沼气的不同用途、处理量、沼气质量指标，并结合当地环境温度等因素，经技术经济比较后确定。

4.4.2 沼气脱硫宜采用生物脱硫、干法脱硫或湿法脱硫。

4.4.3 当一级脱硫后的沼气质量不能满足要求时，应采用两级脱硫，第二级宜采用干法脱硫。

4.4.4 脱硫工艺的设计应符合下列规定：

（1）生物脱硫应设置在脱水装置前端；

（2）干法脱硫应设置在脱水装置后端；

（3）脱硫装置应设置备用设备；

（4）脱硫装置前后应设置阀门；

（5）脱硫装置前后应预留检测口；

（6）废脱硫剂、硫泥的处置应符合环境保护的要求。

4.4.5　生物脱硫的工艺设计应符合下列规定：

（1）生物脱硫系统宜设置生物脱硫塔、循环水箱、循环泵、鼓风机、排渣泵和加药泵等；

（2）脱硫塔应易于清理、维护、检修并应设置观察窗及人孔；

（3）循环水箱内应设置温度传感器及加热装置；

（4）生物脱硫后沼气管路宜设置氧含量在线监测系统，并应与风机联动，沼气中余氧含量应小于1%；

（5）生物脱硫所需的营养液应满足脱硫菌群生存的要求；

（6）生物脱硫装置的脱硫效果应满足工艺要求。

4.4.6　干法脱硫的工艺设计应符合下列规定：

（1）脱硫剂宜采用氧化铁，脱硫剂空速宜为$200h^{-1}$~$400h^{-1}$；

（2）沼气首次通过脱硫剂每米床层时的压力降应小于100Pa；

（3）每层颗粒状脱硫剂装填高度宜为1.0m~1.4m；

（4）沼气通过颗粒状脱硫剂的线速度宜为0.020m/s~0.025m/s；

（5）脱硫塔的操作温度应为25~35℃，寒冷地区的脱硫设施应有保温或采暖措施；

（6）脱硫塔底部最低处应设置排污阀；

（7）每台脱硫装置应有独立的放散管；

（8）脱硫剂在塔内再生时应设置进空气管，在线再生时，宜配备在线氧监控系统。

4.4.7　沼气脱水宜采用冷干法脱水装置，也可采用重力法（气水分离器）或固体吸附法等，并应符合下列规定：

（1）冷干法或固体吸附法脱水装置前宜设置气水分离器或凝水器；

（2）脱水前的沼气管道的最低处宜设置凝水器；

（3）脱水装置的沼气出口管道上应设置水露点检测口。

4.5　沼气储存

4.5.1　沼气宜采用低压储存，气柜的选择应根据用户性质、供气规模、用气时间、供气距离等因素，经技术经济比较后确定。

4.5.2　储气容积应能满足用气的均衡性，当缺乏相关资料时应符合下列规定：

（1）用于民用的储气容积可按日平均供气量的50%~60%确定；

（2）发电机组连续运行时，储气容积宜按发电机日用气量的10%~30%确定；发电机组间断运行时，储气容积宜大于间断发电时间的用气总量；

（3）用于提纯压缩时，储气容积宜按日用气量的10%~30%确定；

（4）确定气柜单体容积时，应考虑气柜检修期间供气系统的调度平衡，对于不间断供气的用户，气柜数量不宜少于2个。

4.5.3 气柜应设自动超压放散装置和低压报警装置。

4.5.4 膜式气柜的工艺设计应符合下列规定：

（1）膜式气柜应由气柜本体、气柜稳压系统、泄漏检测系统、气量检测系统、超压放散装置等组成；

（2）外膜宜选用防静电，有良好反光效果、抗紫外线、耐老化、耐低温的高强度阻燃材料；

（3）内膜、底膜应选用防沼气渗透、耐磨、耐褶皱、耐硫化氢腐蚀的高强度阻燃材料；

（4）气柜稳压系统应包括吹膜防爆风机、柔性风管、蝶阀、调压装置和风道口，吹膜防爆风机应设置备用设备；

（5）泄漏检测系统中甲烷浓度传感器宜安装在外膜内侧顶部，并应将报警信号远传至控制室；

（6）气量检测系统应能即时显示气柜中的沼气储量；

（7）外膜应设置观察窗，观察窗的位置应便于观察内膜的情况；

（8）独立式膜式气柜应设置基础，基础应密实、平整，坡度不应小于0.02，且坡向排水管；

（9）独立式膜式气柜的形状宜采用3/4球冠或半球形，一体化膜式气柜形状宜为半球形或1/4球冠；

（10）储气量与最大储气压力的关系宜符合本规范附录B的规定；

（11）独立式膜式气柜的进出气管路应安装凝水器，管道应坡向凝水器，其坡度不应小于0.003。

4.5.5 寒冷地区宜采用干式气柜，当采用湿式气柜时应采取相应的防冻措施。湿式气柜和干式气柜的设计应符合现行国家标准《工业企业煤气安全规程》GB 6222的有关规定。

4.6 管道及附件、泵、增压机和计量装置

4.6.1 沼气工程的管道应符合下列规定：

（1）输送物料的工艺管道宜采用钢管，沼气管道宜采用聚乙烯管或钢管；

（2）焊接钢管、镀锌钢管应符合现行的国家标准《低压流体输送用焊接钢管》GB/T 3091；无缝钢管应符合现行国家标准《输送流体用无缝钢管》GB/T 8163的有关规定；

（3）聚乙烯管应符合现行行业标准《聚乙烯燃气管道工程技术规程》CJJ 63的有

关规定；

（4）不锈钢管应符合现行国家标准《流体输送用不锈钢无缝钢管》GB/T 14976 的有关规定。

4.6.2 架空管道的敷设应符合下列规定：

（1）车行道与人行道处，管底距道路路面的垂直净距不宜小于4m；车行道与人行道以外的地区，管底距地面的垂直净距不宜小于0.35m；

（2）支架的最大允许间距应根据管材的强度、管道截面刚度、外荷载大小、水压试验时管内水重及管道最大允许挠度等参数，并经计算确定；

（3）支架应采用金属或钢筋混凝土材料，金属材料应做防腐处理，支架应坚固；

（4）架空钢质管道的防腐处理应选用干燥快、涂敷工艺简单、不易裂缝剥皮、附着力强、耐水性好的涂料；

（5）架空管道宜采取保温措施，保温材料应具有良好的防潮性和耐候性，并应采用阻燃材料；

（6）管道宜采用自然补偿的方式；

（7）架空管道应采取防碰撞保护措施和设置警示标志；

（8）架空沼气管道法兰及阀门等易泄漏沼气的部位应避开与沼气管道共架敷设的其他管道的操作装置；

（9）架空沼气管道与水管、热力管共支架敷设时，垂直净距不宜小于250mm；水平净距不宜小于200mm；支架基础外缘距建筑物外墙的净距不应小于4m；

（10）架空沼气管道的坡度不宜小于0.005，管道最低点应设有排水器。

4.6.3 在容易积存沉淀物的物料管道上部，宜设检查管。

4.6.4 埋地管道最小覆土深度应在冰冻线以下，并应符合下列规定：

（1）当敷设在人行道下时，不得小于0.6m；

（2）当敷设在机动车道下时，不得小于0.9m；

（3）当敷设在机动车不可能到达的地方，钢管不得小于0.3m，聚乙烯管不得小于0.5m；

（4）当敷设深度不能满足要求时，应采取有效的安全防护措施。

4.6.5 埋地管道与其他相邻建（构）筑物或相邻管道的最小水平间距和垂直净距，应符合本规范附录C的规定。

4.6.6 埋地管道应采取排水措施，排水坡度不应小于0.003，并应在埋地管道最低点设置凝水器。

4.6.7 埋地钢质管道的连接应采用焊接。

4.6.8 当公称直径小于等于50mm时，管道与设备及阀门宜采用螺纹连接；当公称直径大于50mm时，管道与设备及阀门应采用法兰连接。

4.6.9 埋地钢质管道应进行防腐处理。输送物料的工艺管道的防腐应符合现行国家标准《钢质管道外腐蚀控制规范》GB/T 21447的有关规定，沼气管道的防腐应符合现行行业标准《城镇燃气埋地钢质管道腐蚀控制技术规程》CJJ 95的有关规定。

4.6.10 阀门的选用应符合下列规定：

（1）管道阀门应采用燃气专用阀门；

（2）寒冷地区不应采用灰铸铁阀门；

（3）防火区域内使用的阀门应具有耐火性能。

4.6.11 沼气站应按工艺和安全的要求设置放散管，并应符合下列规定：

（1）当放散管直径大于150mm时，放散管口高出建筑物顶面、沼气管道及平台的距离不应小于4m；当放散管直径小于或等于150mm时，放散管管口高出建筑物顶面、沼气管道及平台的距离不应小于2.5m；

（2）放散管前应设置阀门，放散管口应采取防止雨雪进入管道的措施。

4.6.12 泵的选型应根据物料TS浓度、固形物粒度、扬程、流量等参数确定，同种用途的水泵宜选用同一型号，备用泵不得少于1台。

4.6.13 泵的布置应符合下列规定：

（1）水泵布置宜采用单行排列，水泵的布置和通道宽度应满足机电设备安装、运行和操作的要求，其间距应符合下列规定：

1）水泵机组基础间的净距不宜小于1.0m；

2）机组突出部分与墙壁的净距不宜小于1.2m；

3）主要通道宽度不宜小于1.5m；

（2）水泵机组的基础高出地坪不应小于100mm，机座边缘距基础边缘的距离不宜小于100mm；

（3）水泵的进出口管道均应设置切断阀，同种用途水泵之间应能任意切换；

（4）2台及2台以上水泵合用1根出口管道时，应在切断阀前设置止回阀。

4.6.14 当沼气压力不满足用户要求时，应设置沼气专用增压机。增压机的选择应符合下列规定：

（1）增压机流量应按用户小时最大用气量确定，压力应按用户需要的最高压力和增压机出口至用户之间的最大阻力之和确定；

（2）增压机组的并联工作台数不宜超过3台，且其中一台应为备用。

4.6.15 增压机应安装在单独的增压间内，增压机的布置应符合下列规定：

（1）增压机之间和增压机与墙的通道宽度，应根据增压机型号、操作和检修的需要等因素确定；

（2）增压机前应设置缓冲装置，沼气在缓冲装置内停留时间不应少于 3s；缓冲装置应设置切断阀和上、下限位报警装置。当沼气储量位于下限位时应能与加压设备停机和自动切断阀连锁；

（3）每台增压机的出口管道上应设置止回阀；增压机组的出口总管道和入口总管道间应设置回流管道；出口总管道处应设置阻火器；

（4）增压机组前应设置现场紧急停车按钮。

4.6.16　沼气站内应安装计量装置，计量装置应安装在净化装置后。

4.7　消防设施及给排水

4.7.1　沼气站消防设施的设置应符合下列规定：

（1）沼气站在同一时间内的火灾次数应按一次考虑；气柜、建筑物和秸秆堆场一次灭火的室外消防用水量应符合表 4.7.1 的规定：

表 4.7.1　气柜、建筑物和秸秆堆场一次灭火的室外消防用水量

设施类型	气柜	建筑物		秸秆堆场	
		净化间、增压机房、粉碎间、发电机房、锅炉房、监控室、配电间、泵房、化验室、维修间等辅助生产厂房	管理及生活设施用房	储存量<500t	储存量≥500t
消防用水量（L/s）	≥15	≥10	≥10	≥20	≥35

注：消防用水量按最大的一座建筑物或堆场、气柜的消防用水量计算。

（2）寒冷地区应设置地下式消火栓，其他地区宜设置地上式消火栓；

（3）采用天然水源不能满足室内外消防用水量时应设置消防水池；由市政给水管道供水，且室内外消防用水量之和大于 25L/s 时，应设置消防水池；

（4）消防水池的容量应按火灾延续时间 3h 计算确定；当火灾情况下能保证连续向消防水池补水时，消防水池的容量可减去火灾延续时间内的补水量；

（5）净化间、增压机房、泵房、秸秆堆料场等灭火器的配置应符合现行国家标准《建筑灭火器配置设计规范》GB 50140 的有关规定。

4.7.2　沼气站内给排水设施的设计除应符合现行国家标准《建筑给水排水设计规范》GB 50015 的有关规定外，还应符合下列规定：

（1）沼气站的生产生活用水量应按生产用水量、生活用水量及绿化用水量之和计算。用水指标应按现行国家标准《建筑给水排水设计规范》GB 50015 的有关规定执行；

（2）沼气站内应实行雨污分流，雨水宜排入当地排水系统，不含杀菌剂的生活污水宜排入预处理设施；

（3）泵房、锅炉房、净化间等应设置排除积水的设施；

（4）沼气站排出的生产污水应集中处理。

4.8 电气和安全系统

4.8.1 沼气站内具有爆炸危险的进料间、净化间、锅炉房、增压机间等建（构）筑物应设置甲烷浓度报警器和事故排风机。当检测到空气中甲烷浓度达到爆炸下限的20%（体积比）时，事故排风机应能自动开启，并应将报警信号送至控制室。甲烷浓度报警器及其报警装置的选用和安装应符合现行行业标准《城镇燃气报警控制系统技术规程》CJJ/T 146 的有关规定。

4.8.2 有爆炸危险的房间或区域内的电气防爆设计，应符合现行国家标准《爆炸和火灾危险环境电力装置设计规范》GB 50058 的有关规定，爆炸危险区等级和范围的划分宜符合本规范附录 D 的规定。

4.8.3 沼气站宜设置集中监测系统。集中监测系统的中央控制室的仪表电源应配备在线式不间断供电电源设备（UPS），并宜对下列参数进行在线监测：

（1）预处理构筑物内、厌氧消化器内物料的液位；

（2）厌氧消化器内物料的温度、pH 值及沼气压力；

（3）热交换器进出口水温；

（4）脱硫装置进出口沼气的硫化氢浓度；

（5）脱水装置进出口沼气的水含量；

（6）气柜进口甲烷含量、氧含量、二氧化碳含量、流量及气柜中沼气的储量、压力；

（7）增压机后沼气的压力、温度；

（8）风机、增压机、水泵、锅炉等设备的启停状态。

4.8.4 沼气站内具有爆炸危险的进料间、净化间、锅炉房、增压机房等建（构）筑物的防火、防爆设计应符合下列规定：

（1）建筑物耐火等级不应低于二级；

（2）门窗应向外开；

（3）屋面板和易于泄压的门、窗等宜采用轻质材料；

（4）照明灯应为防爆灯，照明灯的电源开关应设置在室外；

（5）地面面层应采用撞击时不产生火花的材料，并应符合现行国家标准《建筑地面工程施工质量验收规范》GB 50209 的有关规定。

4.8.5 当站内工艺系统设置放散火炬时，放散火炬的设计应符合下列规定：

（1）放散火炬前沼气管道应设置阻火器；

（2）放散火炬应设置自动点火、火焰检测及报警装置；

（3）放散火炬燃烧后的排放物质应符合国家现行环境保护标准的有关规定。

4. 8. 6　厌氧消化器、预处理构筑物、沼液储存池等建（构）筑物应设置防护栏杆及盖板，并应采取防滑措施。沼液储存池等构筑物应配备救生圈等防护用品。

4. 8. 7　沼气站内设备及建筑物的防雷、接地应符合下列规定：

（1）放散火炬应按第一类防雷建筑设防，厌氧消化器、气柜和发电机房应按第二类防雷建筑设防，防雷设计应符合现行国家标准《建筑物防雷设计规范》GB 50057 的有关规定；

（2）控制室等电子信息系统的防雷设计应符合现行国家标准《建筑物电子信息系统防雷技术规范》GB 50343 的有关规定；

（3）当沼气站内不同用途的接地共用一个总接地装置时，接地电阻不应大于其中的最小值。

4.9　采暖通风

4. 9. 1　沼气站内各房间采暖设计应根据当地环境条件、生产工艺特点和运行管理需要等因素确定，采暖房间的室内计算温度宜符合表 4. 9. 1 的规定。

表 4. 9. 1　采暖房间的室内计算温度（℃）

房间名称	计算温度
净化间	15
锅炉房、增压机房、发电机房、配电室	12
泵房	5
监控室、化验室、管理用房及生活设施	18

4. 9. 2　锅炉房、进料间、秸秆粉碎间和净化间宜采用强制通风，净化间、泵房等宜采用自然通风。当自然通风不能满足要求时，可采用强制排风，并应符合下列规定：

（1）当采用自然通风时，通风口总面积应按每平方米房屋地面面积不少于 0. 03m^2 计算确定。通风口不应少于 2 个，并应靠近屋顶设置；

（2）当采用强制通风时，正常工作时通风量按换气次数不应小于 6 次/h；事故通风时，通风量按换气次数不应小于 6 次/h；不工作时，通风量按换气次数不应小于 3 次/h。

5　沼气输送及应用

5. 0. 1　沼气输配管网应根据沼气用户的用气量及分布、施工和运行等因素，经多方案比较，择优选取技术经济合理、安全可靠的中、低压供气方案，并宜按逐步形成环状供气管网进行设计。

5.0.2 管网供气压力可采用低压供气（小于 0.01MPa）或中压供气（大于 0.01MPa 且小于 0.2MPa），并应符合下列规定：

（1）当采用低压供气时，管网供气压力应满足下式要求：

$$P-0.75P_n>\Delta P_y+\Delta P_j \qquad (5.0.2)$$

式中：P——管网供气压力（Pa）；

P_n——低压燃具额定工作压力（Pa）；

$\triangle P_y$——储气装置到最远端燃具管道的沿程阻力损失（Pa）；

$\triangle P_j$——储气装置到最远端燃具管道的局部阻力损失（Pa）。

（2）当管网供气压力不满足式 5.0.2 要求时，应设置增压机；

（3）当采用中压供气时，应使用增压机升压，增压机的工艺设计应符合本规范第 4.6.14 条和第 4.6.15 条的规定。

5.0.3 中压供气宜设调压装置，调压装置的工艺设计应符合现行国家标准《城镇燃气设计规范》GB 50028 的有关规定。

5.0.4 沼气管道的计算流量、水力计算、管材选择、与其他管道的安全间距等应符合现行国家标准《城镇燃气设计规范》GB 50028 的有关规定。

5.0.5 沼气管道宜采用聚乙烯管道，并应符合现行行业标准《聚乙烯燃气管道工程技术规程》CJJ63 的有关规定。

5.0.6 沼气管道的阀门的设置应符合下列规定：

（1）沼气管道出站后应设置阀门；

（2）沼气支管的起点处应设置阀门；

（3）中压沼气管道上应设置分段阀门，并宜在阀门两侧设置放散管。

5.0.7 民用低压用气设备的额定压力宜为 1.6kPa，允许的压力范围应为 0.8kPa~2.4kPa。

5.0.8 民用集中供气的室内沼气管道、沼气计量、用气设备的设计应符合现行国家标准《城镇燃气设计规范》GB 50028 的有关规定。

5.0.9 供发电的沼气热值、水露点、硫化氢浓度应符合本规范第 3.0.3 条的规定；温度、压力、压力波动、含尘量等其他参数应符合选用的发电机组的技术要求。

5.0.10 供发电和提纯压缩的沼气进口管道上应设置快速切断阀，切断阀的安装位置应便于发生事故时能及时切断气源。

6 施工安装与验收

6.1 一般规定

6.1.1 沼气工程应按设计图纸、技术文件、设备安装图纸等资料编制施工组织设计或施工方案。当需要变更设计或材料代用时，应征得原设计单位的同意后方可实施。

6.1.2 对采购的成品设备应有产品合格证和说明书等技术文件，安装前应对所使用的设备、材料、器件进行质量检查，并应符合国家现行标准的有关规定。

6.1.3 设备安装应按产品说明书进行，安装后应进行单机调试。

6.1.4 钢制厌氧消化器、储气装置的主要组件宜在制造厂预制，并应检验合格。

6.1.5 沼气工程应根据施工安装特点，进行中间验收和竣工验收，并应验收合格，所有验收应做好记录。

6.2 构筑物与基础施工

6.2.1 构筑物的施工应符合现行国家标准《给水排水构筑物工程施工及验收规范》GB 50141 中的有关规定。

6.2.2 构筑物主体结构的混凝土应采用同品种、同标号的水泥拌制，底板和顶部的浇筑应连续进行，不应留施工缝；池墙上如有施工缝，应设置止水带。

6.2.3 混凝土浇筑完毕后，应及时养护，养护期不得少于 14d。

6.2.4 钢筋混凝土结构的构筑物施工完毕后应进行满水试验，满水试验时，工艺管道应有效断开，渗水量不应大于 $2L/(m^2 \cdot d)$。

6.2.5 钢筋混凝土结构的厌氧消化器在满水试验合格后应进行气密性试验，气密性试验时，试验压力应为消化器工作压力，24h 的压力降不应大于试验压力的 3%。

6.2.6 厌氧消化器气密性试验合格后，应对其进行防腐和保温。

6.2.7 设备基础的施工应符合下列规定：

（1）厌氧消化器、气柜的基础应进行预压沉降试验并记录，待试验合格后再进行下步施工；

（2）设备基础的预埋件位置应准确，浇筑混凝土时应采取防止发生位移的固定措施；

（3）膜式气柜基础应预埋底板、地脚螺栓、进出气管和冷凝液排水管，进出气管应高于基础底面，冷凝液排水管不应高于基础底面；

（4）当在厌氧消化器基础上设置预留槽时，其宽度宜为 150mm~200mm，深度宜为 100mm~200mm；预留槽内预埋件的间距不得小于 1 000mm；

（5）设备基础允许偏差应符合表 6.2.7 的规定。

表 6.2.7 设备基础允许偏差（mm）

项目		允许偏差
支撑面	标高	±3.0
	水平度	1/1 000
	平整度	±20.0
地脚螺栓	螺栓中心偏移	5.0
	螺栓露出长度	+20.0
	螺纹长度	+20.0
预留槽	宽度	±20.0
	深度	±20.0
	底部水平度	±20.0
	预埋件高度	±20.0

6.3 钢制厌氧消化器安装

6.3.1 钢制厌氧消化器的安装准备应符合下列规定：

（1）消化器基础周围应回填土，并应夯实平整，且混凝土基础强度不应小于设计强度的 75%；

（2）安装工具及辅料应配备齐全，脚手架搭建应稳固、安全，吊装设备的吊装能力应满足要求；

（3）消化器上的人孔、进料管、出料管、排泥管、检测孔管、取样管、导气管等附属构件应在进场前预制完成，并应验收合格。

6.3.2 焊接厌氧消化器的安装应符合下列规定：

（1）宜采用倒装法组装焊接壁板；

（2）组装前应将部件的坡口和搭接部位的铁锈、水分及污物清理干净；

（3）壁板、支柱等主要构件安装就位后，应立即进行校正、固定，罐壁的局部凹凸变形应平缓；

（4）与外界联接的易变形管口和支固角铁等部位，应采取加固或补强措施；

（5）焊接式厌氧消化器的焊缝检查及焊缝质量应符合现行国家标准《立式圆筒形钢制焊接储罐施工及验收规范》GB 50128 的有关规定。

6.3.3 钢板拼装厌氧消化器的安装应符合下列规定：

（1）钢板拼装前应将构件的预留口和紧固件部位的水分及污物清理干净，两板贴合时，定位应准确、牢固，孔位不得错位；

（2）加强筋的松紧度应以腻子带厚度被压缩 1/3 为宜；

（3）罐体与底板连接时，应采用角钢加固，并应采用可靠的密封方式；拼板交接处内外部位及螺栓均应满涂密封剂；

（4）管道接口应预制完成，不应在现场开孔，当必须开孔时，补口防腐层质量应检验合格。

6.3.4　螺旋双折边咬口结构厌氧消化器的安装应符合下列规定：

（1）成型机和咬合机应根据钢板厚度选择；

（2）消化器进行咬合操作时，在两块钢板之间应注入密封胶，密封胶的注入应连续均匀，不得间断；

（3）咬合操作完成后，螺旋双折咬合筋厚度应符合下式要求：

$$\delta_0 \leqslant 3\delta_1 + 2\delta_2 + 0.2 \qquad (6.3.4)$$

式中：δ_0——螺旋双折咬合筋厚度（mm）；

δ_1——上层钢板厚度（mm）；

δ_2——下层钢板厚度（mm）；

（4）罐体落地后应立即将罐体与基础预留沟槽内的预留件固定；

（5）当在罐体上开孔时，不得超过1条咬合筋；不应直接在罐体上焊接人孔、进料管、出料管、排泥管、检测孔管、取样管、导气管。

6.3.5　钢制厌氧消化器安装的允许偏差应符合表6.3.5的规定。

表6.3.5　钢制厌氧消化器安装的允许偏差（mm）

项目		允许偏差
罐体	标高	±20.0
	垂直度	1/1 000
	罐顶外倾	≤30.0
	圆周任意两点水平度	≤6.0
	半径允许偏差（直径D≤12.5m）	±13.0
	半径允许偏差（直径D>12.5m）	±19.0
人孔	标高	±20.0
外接管道	标高	±10.0
	水平位移量	≤20.0

注：外接管道包括进料管、出料管、排泥管、检测管、取样管、导气管等。

6.3.6　钢制厌氧消化器安装制作完成后应分别进行满水试验和气密性试验，并应符合下列规定：

（1）试验前罐体内的所有残留物应清理干净；

（2）满水试验介质应采用洁净的淡水，气密性试验介质应采用压缩空气，试验介质温度不得低于5℃；

（3）满水试验时，充水到溢流口并应保持48h罐体应无渗漏，且应无异常变形；试验过程中应对设备基础的沉降进行监测；

（4）气密性试验应在满水试验合格后进行；

（5）气密性试验前，应将液位降至工作液位，压缩空气应从上部注入消化器，试验压力应为工作压力的1.15倍；气密性试验时，压力应缓慢上升至试验压力的50%并应保压5min所有焊缝和连接部位应确认无泄漏后，再缓慢升压至试验压力并应保压10min所有焊缝和连接部位应无泄漏。

6.3.7　钢制厌氧消化器的防腐处理应符合下列规定：

（1）焊接厌氧消化器的罐体内外壁的防腐处理应在满水试验和气密性试验合格后进行，内部气液交接线上下0.5m处应进行加强防腐处理；

（2）钢板拼装厌氧消化器和螺旋双折边咬口结构厌氧消化器各安装组件的防腐处理应在预制时完成，在满水试验和气密性试验合格后应对防腐层进行检查和修补。

6.3.8　钢制厌氧消化器的防腐处理后应进行保温处理。保温层应错缝贴铺，挂壁应牢靠，保温施工不宜在雨雪天气进行。

6.4　沼气净化、储存设施安装

6.4.1　沼气净化设备的安装应牢固、可靠，安装允许偏差应符合设计文件的要求，设计文件未规定时，净化设备安装允许偏差应符合表6.4.1的规定。

表6.4.1　净化设备安装允许偏差（mm）

检查项目	允许偏差
中心线位置	5
标高	±5
垂直度	H/1 000
方位偏差（沿底座圆周测量）	10

注：1. H为设备高度；

2. 方位偏差为进气管与设计方位偏差。

6.4.2　沼气净化设备的管道连接接头、排泥阀、检查口、取样口、排放口应清洁畅通。

6.4.3　独立式膜式气柜的安装应符合下列规定：

（1）安装应按底膜、内膜、外膜、压板的顺序进行，底膜应与底板固定牢靠；进出气管和冷凝排水管应与底膜密封，每层之间应涂抹密封胶，并应在地脚螺栓连接处30mm范围内连续涂抹；

（2）外膜铺设时应在观察窗位置做标示，外膜铺展开后观察窗应位于基础平台的中间位置；

（3）吹膜风机与基础固定应牢固，风机出口应连接柔性风管，所有连接处应进行密封；

（4）安装完毕后应分别对外膜和内膜进行气密性试验，试验压力应缓慢升高，最大试验压力应为设计压力的1.15倍，且应保持24h，内膜气压降不得超过3%，外膜应无泄漏。

6.4.4　一体化膜式气柜的安装应符合下列规定：

（1）厌氧消化器的上口应预设法兰边；

（2）安装应按预设法兰边、内膜、外膜、压板的顺序进行，内膜、外膜及压板应与预设法兰边固定牢靠，密封胶应涂抹均匀，固定螺栓应受力均匀；

（3）拉筋带和安全护网应固定牢靠；

（4）一体化气柜应在观察窗位置做标示，展开后观察窗应位于围栏平台的中间位置；

（5）安装完毕后进行满水试验和气密性试验，并应按本规范第6.3.6条的规定执行。

6.4.5　湿式、干式气柜的安装与验收应符合国家现行标准的有关规定。

6.5　管道施工

6.5.1　管道施工应符合设计文件要求。埋地沼气管道与建（构）筑物或相邻管道的最小水平间距和垂直净距应符合本规范附录C的规定。

6.5.2　站内物料管道的敷设应符合现行国家标准《给水排水管道工程施工及验收规范》GB 50268的有关规定。

6.5.3　聚乙烯管的连接与敷设应符合现行行业标准《聚乙烯燃气管道工程技术规程》CJJ 63的有关规定。

6.5.4　架空沼气钢制管道的安装应符合下列规定：

（1）架空钢制管道的支、吊架安装应符合设计要求，并应平整、牢固，且应与管道接触良好；

（2）滑动支架的滑动面应洁净平整，不得有歪斜和卡涩现象；

（3）焊缝距支、吊架净距不应小于50mm；

（4）安装完成且经试压合格后，应对防腐层进行检查、修补。

6.5.5　埋地沼气钢制管道的敷设应符合下列规定：

（1）下沟前应对管道防腐层进行100%的外观检查；

（2）穿越铁路、公路、河流及城市道路时，应减少管道环向焊缝的数量，并应对穿越段管道的所有环向焊缝进行无损探伤检验；

（3）管道下沟宜使用吊装机具，吊装时应保护管口及防腐层不受损伤，不得采用抛、滚、撬等破坏防腐层的做法；

（4）回填土前应对管道防腐层进行100%电火花检漏。

6.5.6 沼气输配管道及附件敷设应符合现行行业标准《城镇燃气输配工程施工及验收规范》CJJ33的规定。

6.5.7 沼气引入管和室内沼气管道的施工应符合现行行业标准《城镇燃气室内工程施工与质量验收规范》CJJ94的有关规定。

6.5.8 沼气管道安装完毕后应依次进行管道吹扫、强度试验和气密性试验，并应符合现行行业标准《城镇燃气输配工程施工及验收规范》CJJ33和《城镇燃气室内工程施工与质量验收规范》CJJ 94的有关规定；

6.5.9 物料管道应先进行强度试验，强度试验合格后进行管道清洗，并应符合现行国家标准《给水排水管道工程施工及验收规范》GB 50268的有关规定。

6.6 设备、电气及仪表安装

6.6.1 设备安装应按设备技术文件的要求进行，除应符合现行国家标准《压缩机、风机、泵安装工程施工及验收规范》GB 50275和《机械设备安装工程施工及验收通用规范》GB 50231的有关规定外，还应符合下列规定：

（1）出厂时已装配和调整完善的机械设备，现场不应随意拆卸。需要拆卸时，应会同建设单位、生产厂家，按设备技术文件的有关规定进行；

（2）机械设备就位前设备复查应符合下列规定：

1）基础的尺寸、位置、标高、地脚螺栓孔等应符合设计和设备安装要求；

2）应按技术文件的规定清点零部件，并应无缺件、损坏和锈蚀；管道端口保护物和堵盖应完好；

3）盘车应灵活，不得有阻滞和卡住现象，不得有异常声音。

6.6.2 爆炸和火灾危险环境电气装置的施工应符合现行国家标准《电气装置安装工程爆炸和火灾危险环境电气装置施工及验收规范》GB 50257的有关规定。

6.6.3 仪表取源部件的安装应符合下列规定：

（1）应与工艺设备制造或工艺管道的预制、安装同时进行；

（2）取源部件的开孔与焊接，应在工艺管道或设备的防腐、吹扫和气密性试验前进行；

（3）在砌体和混凝土浇注体上安装的取源部件，应在砌筑或浇注的同时埋设，当无法同时埋设时，应预留安装孔；

（4）所有传感器的安装孔应设置在管道上侧；

（5）不宜在焊缝及其边缘上开孔、焊接。

6.6.4 电缆施工应符合现行国家标准《电气装置安装工程电缆线路施工及验收规范》GB 50168 的有关规定。

6.6.5 所有导电体在安装完成后应进行接地检查，接地电阻值应符合设计要求，接地装置的安装应符合现行国家标准《电气装置安装工程接地装置施工及验收规范》GB 50169 的有关规定。

6.6.6 放散火炬、厌氧消化器、气柜和发电机房等站内设备及建（构）筑物防雷工程的施工应符合现行国家标准《建筑物防雷工程施工及质量验收规范》GB 50601 的有关规定。

6.7 试运转

6.7.1 工程施工完毕后应对系统进行试运转，试运转应包括无生产负荷的设备单机试运转和分单元模块的联合试运转。

6.7.2 试运转的准备工作应符合下列规定：

（1）设备及附属装置、管路等应安装完毕，施工记录及资料应齐全；

（2）试运转需要的能源、介质、材料、工机具、检测仪器、安全防护用具等，应符合技术要求；

（3）设备及周围环境应清扫干净，设备附近不得进行产生粉尘或噪音较大的作业。

6.7.3 设备单机试运转应符合下列规定：

（1）水泵、风机叶轮旋转方向应正确，运转应平稳，且无异常震动和声响，紧固连接部位应无松动，其电机运行功率值应符合设备技术文件的规定。水泵、风机连续运转 2h 后轴承外壳温度应符合设备技术文件的规定；

（2）增压机各运动部件应无异常声响，各紧固件应无松动；电动机运行功率值、润滑油或轴承外壳温度应符合设备技术文件的规定。

6.7.4 单机试运转合格后，应对净化单元、储气单元等分别进行联合试运转，联合试运转宜采用空气为介质，并应符合下列规定：

（1）联合试运转所使用的测试仪器、仪表，性能应稳定可靠，精度等级及最小分度值应能满足测定的要求；

（2）净化单元运行应正常、平稳，进出口压力降、总流量应符合设计要求；

（3）储气单元连续运行应正常、平稳；膜式气柜内外膜外形应稳定、无泄漏，内膜储气量应符合设计要求；

（4）自动监控设备应与系统的检测元件和执行机构沟通正常，系统的状态参数应显示正确，设备联锁、自动保护应动作正确。

6.8 工程竣工验收

6.8.1 沼气工程在竣工验收合格后，方可投入试运行。

6.8.2 竣工验收的准备工作应符合下列规定：

（1）工程应已完成全部建设内容；

（2）工程质量应自检合格，无安全隐患，检验记录应完整，并应提出《工程竣工报告》；

（3）设备调试、试运转及试压应达到设计要求，维护保养手册、安全操作规程应与项目实际相符；

（4）应由第三方提出《工程质量评估报告》。

6.8.3 竣工资料检查应包括以下内容：

（1）设备及材料进场验收和检验证明，应包括各类建筑材料、产品、设备、仪器、仪表的出厂证明书、合格证书、材料试验报告单和现场抽查检验试验报告；

（2）设计及变更资料，应包括工程用地勘检测报告、设计图纸、设计变更图纸、竣工图等；

（3）施工记录及验收资料，应包括重大施工方案的会议记录，管道试验及检查记录；满水试验、气密性试验、防腐和保温验收、地基验槽、隐蔽工程验收、主体工程验收和竣工验收等验收资料；工程外观质量评定表、工程测量复核表、工程核定质量证明书；工程质量监督部门评定报告；

（4）工程试运转资料，应包括单机试运转记录、分单元模块联合试运转记录。

6.8.4 沼气工程竣工验收时，应核实竣工验收文件资料；应对试运转状态进行现场复验，对关键设施设备外观进行现场检查，对各分项工程质量出具鉴定结论，并应将所有验收的技术资料立卷存档。

7 运行与维护

7.1 一般规定

7.1.1 沼气生产、供应单位应根据沼气站的工艺设备系统的结构、性能、用途等制订相应的操作规程，建立健全事故处理应急体系。

7.1.2 沼气站应设化验人员和配备必要的化验仪器设备。

7.1.3 运行管理、操作和维护人员应按规程进行操作，并应记录各项生产指标和能源材料消耗指标。

7.1.4 对沼气站内设施、管道、附件等应定期进行巡检，各连接部位应无泄漏，当发现泄漏时应及时修复。

7.1.5 停气检修后重新使用时，应进行气密性试验，合格后方可使用。

7.1.6 未经批准不得在生产区使用明火作业，必须使用明火作业时应采取安全防护措施，并应在相关人员监护下操作。

7.1.7 沼气站内管道及设备的压力表、计量装置等仪器仪表应定期校验。

7.1.8 沼气站内应备有应急救护器材，器材应保持完好状态；所有人员应熟悉应急器材的存放地点及使用方法。

7.2 沼气站

7.2.1 对格栅、沉砂池、调节池等构筑物内的浮渣、杂物和沉砂等应定期进行清理。

7.2.2 对正在运行的机械设备应进行定期巡检，设备运行应稳定、正常，并应定期对备用机械设备进行检查，对检查不合格的设备应及时进行维修。

7.2.3 对原料的 TS、VS、COD 和 pH 值宜进行定期检测，当不能满足厌氧消化器进料要求时，应对原料进行调配。

7.2.4 厌氧消化器的启动调试应符合下列规定：

（1）厌氧活性污泥宜取自同类物料厌氧消化器，对于以禽畜粪便为原料的消化器，可直接以原料本身进行污泥培养；

（2）厌氧活性污泥量宜为消化器有效容积的 10%～30%，污泥浓度宜大于 $10kgVSS/m^3$；

（3）厌氧消化器启动过程中的初始负荷宜为 $0.5kgCOD/(m^3 \cdot d) \sim 1.5kgCOD/(m^3 \cdot d)$，并应逐步增加至设计负荷。

7.2.5 厌氧消化器的运行和维护应符合下列规定：

（1）应对料液、污泥、沼气等运行指标定期进行化验或监测，检测项目和周期可按本规范附录 E 的规定执行，并应根据化验和监测数据调整厌氧消化器的各项运行参数至设计要求；

（2）厌氧消化器的排泥量和排泥频率应根据污泥浓度分布曲线确定；

（3）厌氧消化器应保持正压，当沼气压力低于规定值时，应立即采取措施；

（4）应定期检查溢流管，不得堵塞；

（5）厌氧消化器的反应温度应保持稳定；

（6）当采用热交换器换热时，应每日测量热交换器进出口的水温。

7.2.6 厌氧消化器连续运行 3 年～5 年后，宜清理检修 1 次，并应符合下列规定：

（1）应关闭进出厌氧消化器的相关阀门；

（2）厌氧消化器停用泄空时，排出的沼液应妥善处理；

（3）热交换器中的水应放空；

（4）厌氧消化器再启动时，应符合本规范第 7.2.4 条的规定。

7.2.7 厌氧消化器停产备用时，消化器内温度应保持在 10℃以上，水位不宜低于消化器高度的 1/2，并应定期检查，及时补充营养基质。

7.2.8 沼气净化装置的运行维护应符合下列规定：

（1）应定期排除脱水、脱硫装置中的冷凝水。当室外温度接近 0℃时，应每天排除冷凝水，排水时应防止沼气泄漏；

（2）生物脱硫启动运行正常后，应定期检查脱硫前后硫化氢浓度变化，硫化氢去除率应满足后端工艺设计要求。当发现脱硫效率明显下降时，应及时补充循环营养液。塔内填料应 6 个月~12 个月清洗 1 次；

（3）应定期检查干法脱硫塔前后硫化氢浓度、沼气压力变化，当达不到设计要求时应更换脱硫剂或进行脱硫剂再生；

（4）干法脱硫再生应符合下列规定：

1）当采用塔内脱硫剂再生时，应关闭沼气进出口阀门，打开旁通管路和放散管路阀门；

2）当采用在线脱硫剂再生时，应根据沼气中硫化氢含量确定空气掺混量及空气流速，塔内温度应低于 70℃，脱硫塔出口处沼气中氧含量应小于 1%；

3）脱硫剂进行 2 次~3 次再生后应及时更换，更换脱硫剂时操作人员应带防毒面具，室内应进行通风；

4）废脱硫剂堆放在室外空地上时应适当浇水，不得产生自燃，废脱硫剂的处置应符合环境保护的要求。

7.2.9 膜式气柜的运行和维护应符合下列规定：

（1）吹膜风机应处于连续运行状态；

（2）进出气柜的阀门开关应灵活；

（3）凝水器中冷凝水应及时排除；

（4）当独立式膜式气柜内外膜之间的甲烷浓度超过正常值时，应停产检修；

（5）应定期对气柜压板、地脚螺栓的防腐层进行检查，当出现破损时应及时进行修补。

7.2.10 应每天对厌氧消化器、气柜的安全水封液位进行可靠性检查，当室外温度接近 0℃时，应对水封内介质采取防冻措施。

7.2.11 调压装置的运行维护应符合下列规定：

（1）调压装置的巡检内容应包括调压器、过滤器、阀门、安全设施、仪器、仪表等设备的运行工况，不得有泄漏等异常情况；

（2）寒冷地区在采暖期前应检查调压装置的采暖及保温情况；

（3）当发现沼气泄漏及调压器有喘息、压力跳动等问题时应及时处理；

（4）应及时清除调压装置各部位的油污、锈斑，不得有腐蚀和损伤。

7.2.12　操作人员进入集料池、厌氧消化器、沼气气柜、阀门井和检查井等作业前，应采取安全防护措施，并应符合下列规定：

（1）应放散沼气，再进行通风换气，当确认安全后，方可进入；

（2）操作人员应佩戴个人防护用具，并应设专人监护，作业人员应轮换操作；

（3）作业期间，厌氧消化器、气柜内应持续通风和监测。

7.2.13　当对厌氧消化器、生物脱硫装置、放散火炬等检修需要高空作业时，作业人员不应少于2人，并应系安全带和安全帽，在确保安全时，方可攀高作业。

7.2.14　站内给排水、消防设施应定期检查。

7.3　管道及附件

7.3.1　沼气输配管网、沼气引入管、室内沼气管道、用户设施的运行和维护应符合现行行业标准《城镇燃气设施运行、维护和抢修安全技术规程》CJJ51的有关规定。

7.3.2　工艺管道应定期进行巡检，发现问题应及时采取有效的处理措施，并应做好巡检记录。

7.3.3　当发现沼气管道泄漏时，应及时对设施、设备进行修补或更换。当管道附件丢失或损坏时，应及时修复。

7.3.4　对架空安装的工艺管道应定期对防碰撞保护措施、警示标志和管道外表面防腐蚀情况进行检查和维护。

7.3.5　阀门的运行维护应符合下列规定：

（1）应定期检查，不得有沼气泄漏、损坏等现象。阀门井内不得有积水、塌陷及妨碍阀门操作的堆积物；

（2）应根据管网运行情况对阀门定期进行启闭操作和维护保养；

（3）应使厌氧消化器的进料管和排泥管的双阀门的内阀门处于常开位置，且应通过对双阀门的外阀门进行操作；

（4）对无法启闭或关闭不严的阀门，应及时维修或更换。

7.3.6　凝水器的运行维护应符合下列规定：

（1）应定期排放积水，排放时应防止沼气泄漏；

（2）护罩（或护井）及排水装置应定期检查，不得有泄漏、腐蚀和堵塞的现象及妨碍排水作业的堆积物；

（3）排出的污水应收集处理，不得随地排放。

附录 A　预处理池工艺设计计算

A.1 格栅

A. 1. 1　格栅宜设置在水泵和主体构筑物之前，格栅的设计参数应符合下列规定：

（1）栅前流速可按下式计算：

$$v_1 = Q\max/(B_1 h) \tag{A. 1. 1-1}$$

式中：v_1——栅前流速（m/s）；

B_1——栅前渠道宽度（m）；

h——栅前水深（m）；

Q_{max}——最大设计流量（m^3/s）。

（2）过栅流速可按下式计算：

$$v = \frac{Q_{max}}{b(n+1)h} \tag{A. 1. 1-2}$$

式中：b——栅条间隙（m）；

n——栅条数目。

（3）最大处理流量可按下式计算：

$$Q_{max} = v\frac{hb}{\sin\alpha}\frac{B}{b+s} \tag{A. 1. 1-3}$$

式中：Q_{max}——最大处理流量（m^3/s）；

v——过栅流速（m/s）；

B——栅条宽度（m）；

s——栅条宽度（m）；

α——格栅倾角（°），一般可取 60 °~70 °。

（4）栅条宽度可按下列公式计算：

$$B = sn + (n+1)b \tag{A. 1. 1-4}$$

（5）栅条目数可按下式计算：

$$n = \frac{Q\max\sqrt{\sin\alpha}}{Blv} \tag{A. 1. 1-5}$$

（6）过栅阻力系数可按下列公式计算：

1）当栅条断面形状为正方形时可按下式计算：

$$\zeta = \left(\frac{b + s}{\varepsilon \cdot b} - 1\right)^2 \quad (A.1.1-6)$$

式中：ζ——阻力系数；

ε——收缩系数，一般取 0.64。

2）当栅条断面为其他形状时可按下式计算：

$$\zeta = \beta(s/b)^{4/3} \quad (A.1.1-7)$$

式中：β——形状系数，一般取 1.6~2.4。

（7）过栅水头损失可按下列公式计算：

$$h_1 = h_0 k \quad (A.1.1-8)$$

$$h_0 = \zeta \frac{v^2}{2g}\sin\alpha \quad (A.1.1-9)$$

式中：h_1——过栅水头损失（m）；

h_0——计算水头损失（m）；

k——系数，可按 k=3.36v | 1.32 计算或取 2~3；

g——重力加速度（m/s）。

A.1.2　栅条净距应根据水泵型号和运行工况确定，最小间距不应小于 50mm。

A.2　沉砂池

A.2.1　沉砂池设计参数应按去除相对密度不小于 2.65、粒径不小于 0.2mm 的砂粒设计，沉砂池的设计参数可按表 A.2.1 的规定选取。

表 A.2.1　沉砂池的设计参数

设计参数	沉砂池
最大流速/（m/s）	0.30
最小流速/（m/s）	0.15
停留时间/s	30~60
有效水深/m	0.25~1.20
池底坡度	0.01~0.02
池（格）宽/m	≥0.60
曝气器距池底/m	—
曝气量/（m^3/m^3水）	—

A.2.2　沉砂池的设计参数应符合下列规定：

（1）池长可按下式计算：

$$L = vt \quad (A.2.2-1)$$

式中：L——池长（m）；

v——最大设计流量时的流速（m/s）；

t——最大设计流量时的水力停留时间（s）。

（2）水流断面积可按下式计算：

$$A = Q_{max}/v \quad (A.2.2-2)$$

式中：A——水流断面（m^2）；

Q_{max}——最大设计流量（m^3/s）。

（3）池总宽可按下式计算：

$$B = A/h_2 \quad (A.2.2-3)$$

式中：B——池总宽（m）；

h_2——设计有效水深（m）。

（4）池总高可按下式计算：

$$H = h_1 + h_2 + h_3 \quad (A.2.2-4)$$

式中：H——池总高（m）；

h_1——超高（m），一般取 0.3m~0.5m；

h_3——沉砂斗高（m）。

A.2.2　砂斗容积应按 2d 的沉砂量计算，且斗壁与水面夹角不应小于 45°。

A.3　调节池

A.3.1　调节池的最小有效容积可按下式计算：

$$V_1 = qT = q_1t_1 + q_2t_2 + \cdots + q_nt_n \quad (A.3.1)$$

式中：V_1——调节池的最小有效容积（m^3）；

q——调节时间 T 内原料的平均流量（m^3/h）；

T——时间间隔总和（h）；

t——水力停留时间（h）；

$t_1, t_2, \cdots t_n$——时间间隔（h）；

$q_1, q_2, \cdots q_n$——时间间隔内原料的平均流量（m^3/h）。

附录 B　膜式气柜最大储气量与最大承压的关系

表 B　膜式气柜最大储气量与最大承压的关系

独立式双膜气柜（3/4 球冠）		一体化双膜气柜（1/4 球冠）		独立式双膜气柜、一体化双膜气柜（1/2 球冠）	
最大储气量（m^3）	最大储气压力（kPa）	最大储气量（m^3）	最大储气压力（kPa）	最大储气量（m^3）	最大储气压力（kPa）
50		100	3.0	200	4.0
100	5.0	200	2.2	400	2.8
200		400	1.6	800	2.8
400	4.6	800	1.5	1 600	2.0
800	3.5	1 600	1.1	3 200	1.6
1 600	2.7	3 200	0.8	6 400	1.4
3 200	2.1	6 100	0.3	—	—
5 300	1.7	—	—	—	—

附录C 埋地沼气管道与建（构）筑物或相邻管道之间的水平和垂直净距

C. 0. 1 埋地沼气管道与建（构）筑物或相邻管道之间的水平净距可按表 C. 0. 1 的规定执行。

表 C. 0. 1 埋地沼气管道与建（构）筑物或相邻管道之间的水平净距（m）

<table>
<tr><th colspan="3">项目</th><th>低压≤0. 01</th><th>中压≤0. 2</th></tr>
<tr><td colspan="3">建筑物基础</td><td>0. 7</td><td>1. 0</td></tr>
<tr><td colspan="3">给水管</td><td>0. 5</td><td>0. 5</td></tr>
<tr><td colspan="3">污水、雨水排水管</td><td>1. 0</td><td>1. 2</td></tr>
<tr><td rowspan="2">电力电缆</td><td colspan="2">直埋</td><td>0. 5</td><td>0. 5</td></tr>
<tr><td colspan="2">在导管内</td><td>1. 0</td><td>1. 0</td></tr>
<tr><td rowspan="2">通信电缆</td><td colspan="2">直埋</td><td>0. 5</td><td>0. 5</td></tr>
<tr><td colspan="2">在导管内</td><td>1. 0</td><td>1. 0</td></tr>
<tr><td rowspan="2">其他沼气管道</td><td colspan="2">DN≤300mm</td><td>0. 4</td><td>0. 4</td></tr>
<tr><td colspan="2">DN>300mm</td><td>0. 5</td><td>0. 5</td></tr>
<tr><td rowspan="3">热力管</td><td rowspan="2">直埋</td><td>热水</td><td>1. 0</td><td>1. 0</td></tr>
<tr><td>蒸汽</td><td>1. 0（PE 管为 2. 0）</td><td>1. 0（PE 管为 2. 0）</td></tr>
<tr><td colspan="2">在管沟内（至外壁）</td><td>1. 0</td><td>1. 5</td></tr>
<tr><td colspan="3">通讯照明电杆（至电杆中心）</td><td>1. 0</td><td>1. 0</td></tr>
<tr><td colspan="3">街树（至树中心）</td><td>0. 75</td><td>0. 75</td></tr>
</table>

C. 0. 2 埋地沼气管道与建（构）筑物或相邻管道之间垂直净距可按表 C. 0. 2 的规定执行。

表 C. 0. 2 埋地沼气管道与建（构）筑物或相邻管道之间垂直净距（m）

项目	埋地沼气管道（当有套管时，以套管计）
给水管、排水管或其他沼气管道	0. 15

（续表）

项目		埋地沼气管道（当有套管时，以套管计）
热力管	沼气管道在直埋管上方	0.15
	沼气管道在直埋管下方	0.15
	沼气管道在管沟上方	0.15
	沼气管道在管沟下方	0.15
电缆	直埋	0.50
	在导管内	0.15

C.0.3　当受地形限制无法满足表C.0.1和表C.0.2的规定时，应与有关部门协商，采取有效的安全防护措施后，表C.0.1和表C.0.2规定的净距均可适当缩小。

C.0.4　低压埋地沼气管道不应影响建（构）筑物和相邻管道基础的稳固性；中压埋地沼气管道距建（构）筑物的基础不应小于0.5m，且距建筑物外墙面不应小于1m。

附录 D　爆炸危险区域等级和范围划分

D. 0. 1　干秸秆粉碎室内环境应按现行国家标准《爆炸和火灾危险环境电力装置设计规范》GB 50058 中爆炸性粉尘危险场所的 10 区进行设计。

D. 0. 2　厌氧消化器外部罐壁上半部外 4. 5m 以内，至器顶最高点以上 7. 5m 内的范围内，爆炸危险区域应为 2 区（如图 D. 0. 1 所示）。

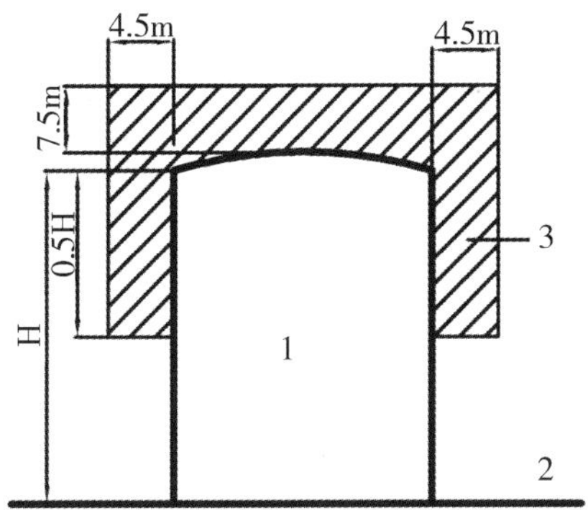

1.厌氧反应器；2.反应器基础；3.2区

图 D. 0. 1　厌氧消化器的爆炸危险区域等级和范围划分

D. 0. 3　一体化膜式气柜的爆炸危险区域等级和范围划分宜符合下列规定：

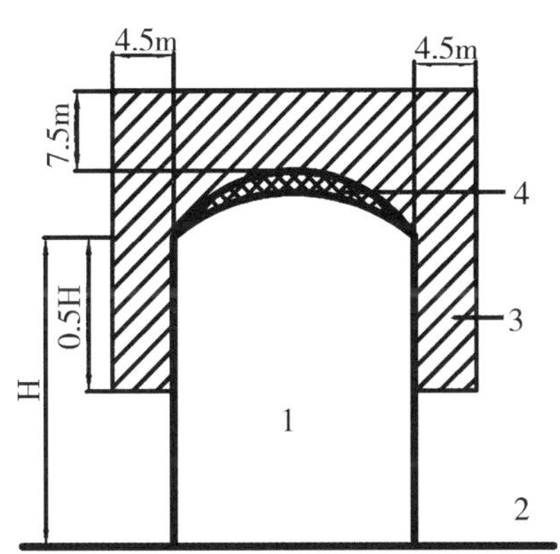

1.厌氧反应器；2.反应器基础；3.2区；4.1区

图 D. 0. 2　一体化厌氧消化器的爆炸危险区域等级和范围划分

（1）反应器外部罐壁上半部外 4. 5m 以内，至器顶最高点以上 7. 5m 内的范围宜设为 2 区（如图 D. 0. 2 所示）；

（2）反应器顶部内外膜之间宜设为 1 区（如图 D. 0. 2 所示）。

D. 0. 4　膜式气柜的爆炸危险区域等级和范围宜符合下列规定：

（1）内外膜之间宜设为 1 区（如图 D. 0. 3 所示）；

（2）外膜最大直径外 4. 5m 以内，至柜顶以上 7. 5m 米的范围宜设为 2 区（如图 D. 0. 3 所示）。

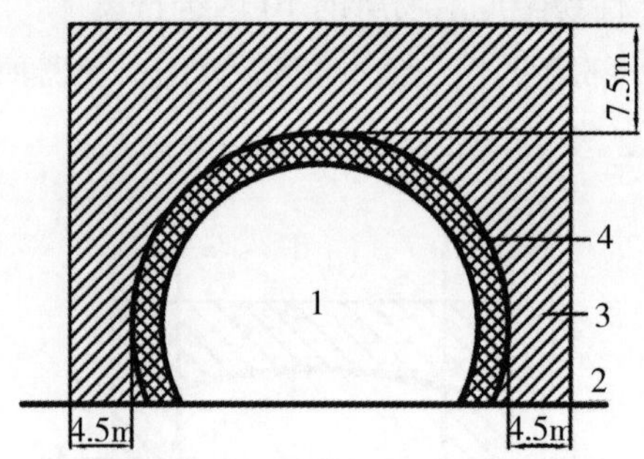

1.双膜储气柜；2.储气柜基础；3.2区；4.1区

图 D. 0. 3　膜式气柜的爆炸危险区域等级和范围划分

D. 0. 5　其他用电场所的爆炸危险区域等级和范围划分应符合现行国家标准《城镇燃气设计规范》GB 50028 的有关规定。

附录E　沼气站日常化验项目及检验周期

E.0.1　污水分析化验项目及检测周期可按表E.0.1选用。

表E.0.1　污水分析化验项目及检测周期表

检测周期	分析项目
每日	pH
	温度
	COD_{cr}
	SS
	TS
	VSS
	氨氮
	挥发性有机酸
每周	氯化物
	MLVSS
	总固体
	溶解性固体
每6个月	BOD_5

E.0.2　污泥分析化验项目及检测周期可按表E.0.2选用。

表E.0.2　污泥分析化验项目及检测周期

<table>
<tr><th>分析周期</th><th colspan="2">分析项目</th></tr>
<tr><td>每日</td><td colspan="2">含水率</td></tr>
<tr><td rowspan="7">每周</td><td colspan="2">pH</td></tr>
<tr><td colspan="2">有机组分</td></tr>
<tr><td colspan="2">脂肪酸</td></tr>
<tr><td colspan="2">总碱度</td></tr>
<tr><td rowspan="3">上清液</td><td>总磷</td></tr>
<tr><td>总氮</td></tr>
<tr><td>悬浮物</td></tr>
<tr><td rowspan="3">每月</td><td colspan="2">粪大肠菌群</td></tr>
<tr><td colspan="2">矿物油</td></tr>
<tr><td colspan="2">挥发酚</td></tr>
</table>

E.0.3 沼气分析化验项目及检测周期可按表E.0.3选用。

表E.0.3 沼气分析化验项目及检测周期

分析周期	分析项目
每日	沼气产量
	沼气压力
	沼气温度
每周	热值
	沼气含水率
	沼气中甲烷含量
	沼气中硫化氢含量
每月	沼气全组分分析
	沼气中氧气含量

本规范用词说明

(1) 为便于在执行本规范条文时区别对待，对要求严格程度不同的用词说明如下：

1) 表示很严格，非这样做不可的：

正面词采用“必须”，反面词采用“严禁”；

2) 表示严格，在正常情况下均应这样做的：

正面词采用“应”，反面词采用“不应”或“不得”；

3) 表示允许稍有选择，在条件许可时首先应这样做的：

正面词采用“宜”，反面词采用“不宜”；

4) 表示有选择，在一定条件下可以这样做的，采用“可”。

(2) 条文中指明应按其他有关标准执行的写法为：“应符合……的规定”或“应按……执行”。

引用标准名录

1.《建筑地基基础设计规范》GB 50007
2.《凝土结构设计规范》GB 50010
3.《建筑抗震设计规范》GB 50011
4.《建筑给水排水设计规范》GB 50015
5.《建筑设计防火规范》GB 50016
6.《城镇燃气设计规范》GB 50028
7.《供配电系统设计规范》GB 50052
8.《建筑物防雷设计规范》GB 50057
9.《爆炸和火灾危险环境电力装置设计规范》GB 50058
10.《立式圆筒形钢制焊接储罐施工及验收规范》GB 50128
11.《建筑灭火器配置设计规范》GB 50140
12.《给水排水构筑物工程施工及验收规范》GB 50141
13.《电气装置安装工程电缆线路施工及验收规范》GB 50168
14.《电气装置安装工程接地装置施工及验收规范》GB 50169
15.《构筑物抗震设计规范》GB 50191
16.《建筑地面工程施工质量验收规范》GB 50209
17.《机械设备安装工程施工及验收通用规范》GB 50231
18.《工业金属管道工程施工规范》GB 50235
19.《电气装置安装工程爆炸和火灾危险环境电气装置施工及验收规范》GB 50257
20.《给水排水管道工程施工及验收规范》GB 50268
21.《压缩机、风机、泵安装工程施工及验收规范》GB 50275
22.《建筑物电子信息系统防雷技术规范》GB 50343
23.《建筑物防雷工程施工及质量验收规范》GB 50601
24.《低压流体输送用焊接钢管》GB/T 3091
25.《工业企业煤气安全规程》GB 6222
26.《输送流体用无缝钢管》GB/T 8163
27.《流体输送用不锈钢无缝钢管》GB/T 14976
28.《钢质管道外腐蚀控制规范》GB/T 21447
29.《城镇燃气输配工程施工及验收规范》CJJ 33

30. 《城镇燃气设施运行、维护和抢修安全技术规程》CJJ 51
31. 《聚乙烯燃气管道工程技术规程》CJJ 63
32. 《城镇燃气室内工程施工与质量验收规范》CJJ 94
33. 《城镇燃气埋地钢质管道腐蚀控制技术规程》CJJ 95
34. 《城镇燃气报警控制系统技术规程》CJJ/T146
35. 《城镇燃气加臭技术规程》CJJ/T 148
36. 《城镇燃气标志标准》CJJ/T 153
37. 《钢制低压湿式气柜》HG 20517

第三篇 《玻璃纤维增强塑料户用沼气池技术条件》摘录（NY/T 1699）

玻璃纤维增强塑料户用沼气池技术条件

Technical specifications for household biogas digesters of glass fiber reinforced plastics

主要起草单位：农业农村部沼气科学研究所
农业农村部沼气产品及设备质量监督检验测试中心
主要起草人：王超、席江、丁自立、冉毅、陈子爱、蒋鸿涛、贺莉等

目次

玻璃纤维增强塑料户用沼气池技术条件

1 范围

本标准规定了以玻璃纤维为增强材料、以树脂为基体的玻璃纤维增强塑料户用沼气池（以下简称“玻璃钢沼气池”）及拱盖（以下简称“玻璃钢拱盖”）的技术要求、试验方法、检验规则及标志、包装、运输和贮存等内容。

本标准适用于以片状模塑料（SMC）模压成型、缠绕成型、手糊成型和喷射成型工艺生产的，容积不大于10m^3的户用玻璃钢沼气池和以玻璃钢拱盖作为贮气间的沼气池。

2 规范性引用文件

下列文件对于本文件的应用是必不可少的。凡注日期的引用文件，仅注日期的版本适用于本文件。凡不注日期的引用文件，其最新版本（包括所有的修订单）适用于本文件。

GB/T 1449 玻璃增强塑料弯曲性能试验方法

GB/T 1462 玻璃增强塑料吸水性试验方法

GB/T 2577 玻璃纤维增强塑料树脂含量试验方法

GB/T 3854 纤维增强塑料巴柯尔硬度试验方法

GB/T 4750 户用沼气池标准图集

GB/T 4751 户用沼气池质量检查验收规范

GB/T 8237 玻璃纤维增强塑料用液体不饱和聚脂树脂

GB/T 15568 通用型片状模塑料（SMC）

GB/T 17470 玻璃纤维短切原丝毡和连续原丝毡

GB/T 18369 玻璃纤维无捻粗纱

GB/T 18370 玻璃纤维无捻粗纱布

3 术语与定义

下列术语和定义适用于本文件。

3.1 玻璃纤维增强塑料（玻璃钢）glass fiber reinforced plastics（GFRP）

以玻璃纤维或其制品为增强材料的复合材料。

3.2　玻璃钢拱盖 glass fiber reinforced plastics dome

通常形状为球形，是沼气池的一个组成部分，主要用作沼气池贮气间，需与其他材质的沼气池下半池及进出料间组合成完整的沼气池。

3.3　玻璃钢拱盖沼气池 household biogas digester with the GFRP dome

贮气间采用玻璃钢拱盖，其余部分采用其他材质的沼气池。

3.4　手糊成型　hand lay-up

在涂好脱模剂的模具上，用手工铺放纤维布等材料并涂刷树脂胶液，直至所需厚度为止，然后进行固化的成型方法。

3.5　片状模塑料　sheet molding compound（SMC）

树脂糊浸渍纤维或毡片所制成的片状混合料。

3.6　缠绕成型 filament winding

在控制张力和预定线型的条件下，以浸渍树脂胶液的连续纤维或织物缠到芯模或模具上成型制品的方法，又称连续纤维缠绕成型。

3.7　喷射成型　spray up

将预聚物、催化剂及短纤维同时喷到模具或芯模上成型制品的方法。

3.8　沼气池容积 volume of the biogas digester

水压式沼气池中，沼气池发酵间与贮气间容积之和，沼气池容积不包括进出料管容积和水压间容积。

4　分类与标记

4.1　编制方法

4.1.1　玻璃钢沼气池型号由产品类型、生产工艺、沼气池容积和企业自编号组成，表示为：

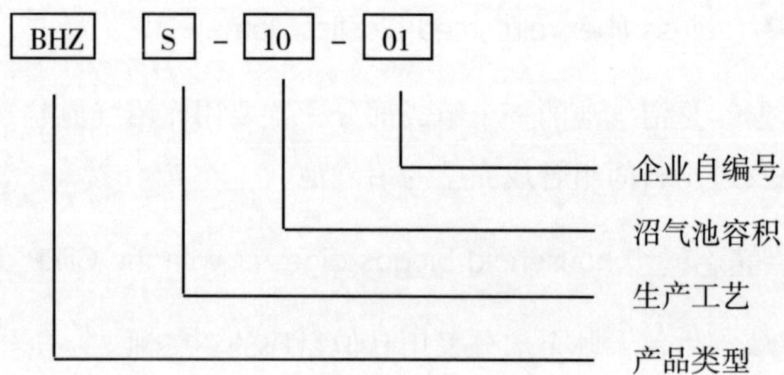

4.1.2 玻璃钢拱盖由产品类型、生产工艺、沼气池容积和企业自编号组成，表示为：

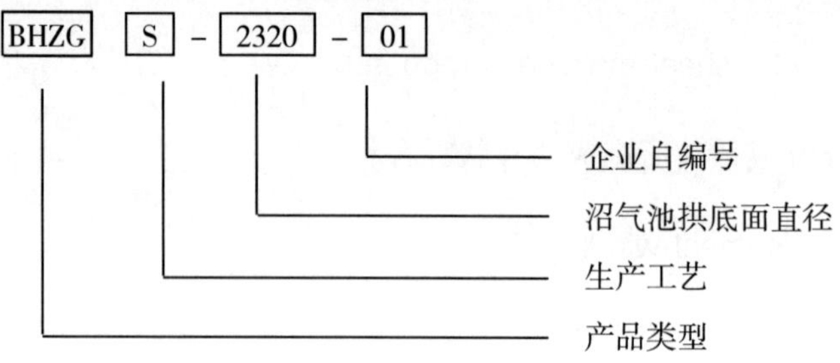

4.2 产品类型

玻璃钢沼气池用 BHZ 表示，玻璃钢拱盖用 BHZG 表示。

4.3 生产工艺

生产工艺用汉语拼音字母表示，M-片状模塑料（SMC）模压成型工艺、C-缠绕成型工艺、S-手糊成型工艺和 P-喷射成型工艺。

4.4 沼气池容积

沼气池容积单位为 m^3。

4.5 沼气池拱底面直径

沼气池拱底面直径单位为 mm。

4.6 企业自编号

企业自编号用汉语拼音字母或阿拉伯数字表示。

4.7 示例

BHZS-10-01 表示企业自编号为 01，容积为 $10m^3$ 的手糊成型工艺玻璃钢沼气池。BHZGS-2320-01 表示企业自编号为 01，底面直径为 2 320mm 的手糊成型工艺玻璃钢拱盖。

5 材料

5.1 基体材料

不饱和聚脂树脂应符合 GB/T 8237 的规定。

5.2 增强材料

5.2.1 接触成型工艺宜选用玻璃纤维无捻粗纱布和玻璃纤维短切原丝毡，并应符合 GB/T 18370 和 GB/T 17470 的规定。

5.2.2 缠绕成型工艺宜采用玻璃纤维无捻粗纱，并应符合 GB/T 18369 的规定。

5.3 模压材料

模压成型工艺采用片状模塑料（SMC）并应符合 GB/T 15568 的规定。

5.4 连接件

连接件应采用受力好，耐腐蚀的材料制作。

6 技术要求

6.1 材料理化性能

沼气池材料理化性能应符合表 1 的规定。

表 1 材料理化性能

序号	项目	性能指标	
1	结构层弯曲强度，MPa	片状膜塑料模压工艺（M）	≥80
		缠绕成型工艺（C）	≥150（环向）
		手糊成型工艺（S）	≥100
		喷射成型工艺（P）	≥100
2	表面巴氏硬度	≥40	

（续表）

<table>
<tr><th>序号</th><th>项目</th><th colspan="3">性能指标</th></tr>
<tr><td rowspan="4">3</td><td rowspan="4">结构层弹性模量，GPa</td><td colspan="2">片状膜塑料模压工艺（M）</td><td>≥8</td></tr>
<tr><td colspan="2">缠绕成型工艺（C）</td><td>≥10</td></tr>
<tr><td colspan="2">手糊成型工艺（S）</td><td>≥8</td></tr>
<tr><td colspan="2">喷射成型工艺（P）</td><td>≥8</td></tr>
<tr><td rowspan="5">4</td><td rowspan="5">树脂重量含量，%</td><td colspan="2">内衬层</td><td>≥70</td></tr>
<tr><td rowspan="4">结构层</td><td>片状膜塑料模压工艺（M）</td><td>≥25</td></tr>
<tr><td>缠绕成型工艺（C）</td><td>≥28</td></tr>
<tr><td>手糊成型工艺（S）</td><td>≥45</td></tr>
<tr><td>喷射成型工艺（P）</td><td>≥45</td></tr>
<tr><td>5</td><td colspan="3">吸水率，%</td><td>≤1.0</td></tr>
</table>

注：SMC 不受内衬层限制。

6.2 外观与结构

6.2.1 外观

6.2.1.1 外观应平整、光滑，不应有明显的划痕、褶皱，外表面不得有纤维裸露，不得有针孔、中空气泡、浸渍不均匀和不完全等缺陷。

6.2.1.2 内表面应光滑、均匀，不允许有明显气泡。

6.2.1.3 各部件和连接部位边缘应整齐。

6.2.1.4 应厚度均匀，无分层。

6.2.2 整体结构

玻璃钢沼气池整体结构应符合 GB/T 4750 的规定，应能满足生产沼气，贮存沼气，方便进料、出料和维修的要求。

6.2.3 局部结构

玻璃钢沼气池宜设计活动盖，进出料管、活动盖、水压间与主池的连接部位应做加强处理。

6.3 容积

6.3.1 玻璃钢沼气池容积为 $4m^3$、$5m^3$、$6m^3$、$7m^3$、$8m^3$、$9m^3$ 和 $10m^3$。

6.3.2 玻璃钢沼气池容积偏差率应不大于 5%。

6.3.3 玻璃钢沼气池水压间容积应符合 GB/T 4750 的规定。

6.3.4 玻璃钢沼气池配套水压间和贮气间容积应按玻璃钢沼气池容积产气率不小

于0.3$m^3/m^3 \cdot d$计算。

6.3.5 玻璃钢拱盖沼气池容积不大于玻璃钢拱盖的4倍。

6.4 结构和壁厚

6.4.1 池壁结构

采用接触成型工艺的沼气池池壁除结构层外还应包含内衬层，壁厚结构如图1所示。

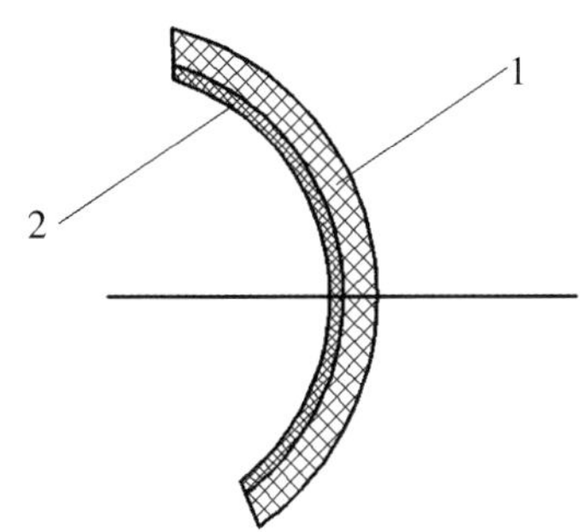

图1 沼气池壁厚结构

1——结构层；2——内衬层

6.4.2 壁厚

池壁最小厚度应符合表2的规定。

表2 池壁最小厚度要求

项目	玻璃钢沼气池							玻璃钢拱盖
沼气池容积（m^3）	4	5	6	7	8	9	10	—
池壁最小厚度（mm）	4.0			5.0		6.0		6.0

6.5 密封性能

6.5.1 沼气池加压至8kPa，保压24h，修正压力降应不大于3%。

6.5.2 玻璃钢拱盖加压至12kPa，保压24h，修正压力降应不大于3%。

6.6 荷载

6.6.1 玻璃钢沼气池整体承受纵向荷载，单位承载面积上的最小试验荷载见表3。

6.6.2 承载面积为主池体垂直投影面积减去活动盖和水压间所占用的垂直投影面积。

6.6.3　加载后，玻璃钢沼气池应无破裂和损坏。

表 3　单位承载面积上的最小试验荷载

项目	玻璃钢沼气池							玻璃钢拱盖
沼气池容积（m^3）	4	5	6	7	8	9	10	—
最小荷载（kPa，kN/m^2）	17.0	18.0		19.0		20.0		20.0

6.7　产品安装

6.7.1　玻璃钢沼气池现场安装使用的材料应与池体材料一致，安装程序应有具体、详细的说明。

6.7.2　玻璃钢拱盖沼气池拱盖部分与其他部分的连接方法应有具体、详细的施工说明。

6.8　玻璃钢拱盖

玻璃钢拱盖应满足 6.1、6.2.1、6.4、6.5、6.6 和 6.7 的要求。

7　试验方法

7.1　材料

7.1.1　弯曲强度和弯曲弹性模量按 GB/T 1449 规定执行。

7.1.2　巴氏硬度按 GB/T 3854 规定执行。

7.1.3　树脂含量按 GB/T 2577 规定的方法执行。

7.1.4　吸水率按 GB/T 1462 规定的方法执行。

7.2　外观与结构

按 6.2 的要求目测检查,。

7.3　容积

7.3.1　形状规则的玻璃钢沼气池用分度值为 0.5mm 的钢卷尺测量几何尺寸，计算容积。

7.3.2　形状不规则的玻璃钢沼气池可采用分度值为 50g 的地磅，根据水重进行测量，用式（1）计算。

$$V = (G_2 - G_1)/\rho \tag{1}$$

式中：

V ——容积，单位为立方米（m^3）；

G_2——产品盛满水后称量重量，单位为 kg；

G_1——产品盛水前称量重量，单位为 kg；

ρ ——水密度，单位为 kg/m^3。

7.4 结构和壁厚

7.4.1 池壁结构通过目测检查。

7.4.2 使用 0.1mm 的厚度表和分度值为 0.02mm 的游标卡尺测量产品各部位壁厚，至少测量 40 个点，测量点应根据产品池型和形状，采用在样品同一高度环行取点的方式，尽量均匀分布于产品表面。其中，玻璃钢沼气池上下半池分别取测量点 3 圈，取点从接近池顶或池底的位置开始，每圈测量点间距半池高度的三分之一，具体分布见图 2，玻璃钢拱盖取测量点 3 圈，取点从接近池顶的位置开始，每圈测量点间距拱盖高度的三分之一，具体分布图见图 3。

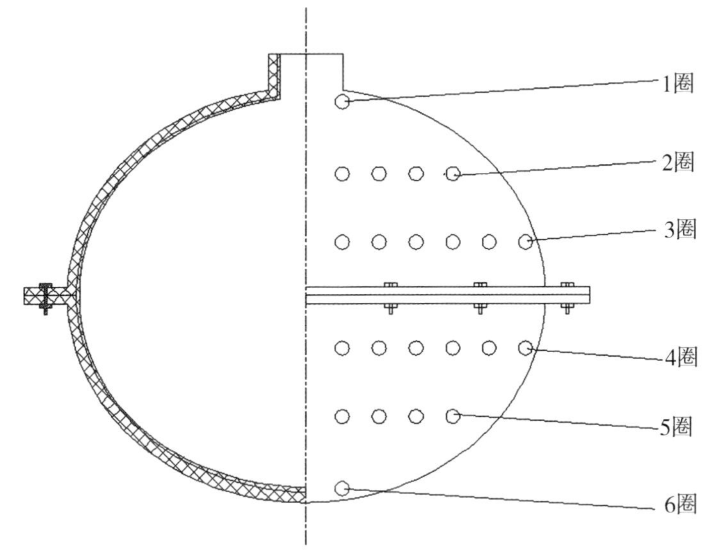

图 2 玻璃钢沼气池壁厚测量点分布图

1 圈和 6 圈取测量点 4 个；2 圈和 5 圈取测量点 6 个；

3 圈和 4 圈取测量点 10 个。

7.5 密封性能

7.5.1 玻璃钢沼气池密封性能按 GB/T 4751 规定执行。

7.5.2 玻璃钢拱盖在单独气密性试验的基础上，宜组合成玻璃钢拱盖沼气池后再

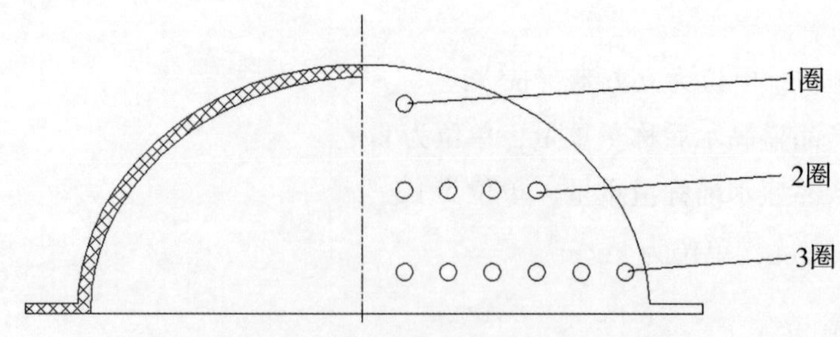

图3　玻璃钢拱盖壁厚测量点分布图

1圈取测量点6个；2圈取测量点14个；3圈取测量点20个。

进行一次整体密封性能试验。

7.5.3　修正压力降用式（2）计算。

$$\Delta P' = \left(1 - \frac{(P'_0 + P_2)(273.15 + t_1)}{(P_0 + P_1)(273.15 + t_2)}\right) \times 100\% \qquad (2)$$

式中：

$\Delta P'$——修正压力降，单位为百分比（%）；

P'_0——气密性试验结束时大气压力，单位为帕斯卡（Pa）；

P_2——气密性试验结束时压力表度数，单位为帕斯卡（Pa）；

t_1——气密性试验开始时密封气体温度，单位为摄氏度（℃）；

P_0——气密性试验开始时大气压力，单位为帕斯卡（Pa）；

P_1——气密性试验开始时压力表度数，单位为帕斯卡（Pa）；

t_2——气密性试验结束时密封气体温度，单位为摄氏度（℃）。

7.6　荷载试验

7.6.1　玻璃钢沼气池荷载能力试验可在生产现场进行，加载物为沙袋，加载方法见图4。

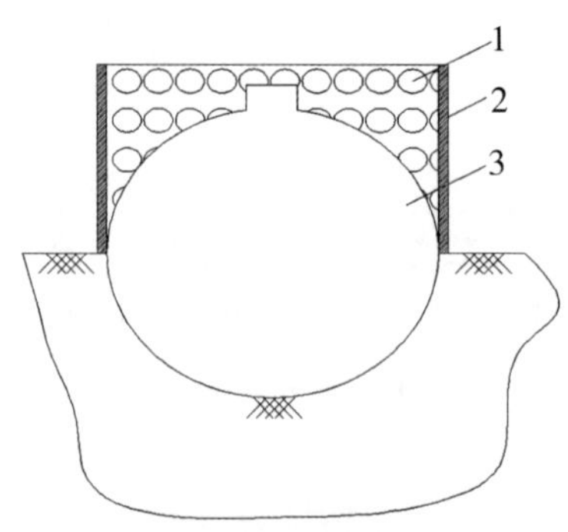

图4　荷载试验加载方法示意图

1-沙袋，2-铁箍，3-沼气池

7.6.2 荷载试验时沼气池应为空池。

7.6.3 试验荷载按表3执行。

7.6.4 荷载试验4h后，检查沼气池各部分的破坏情况。

7.7 产品安装

目测检查。

7.8 玻璃钢拱盖

玻璃钢拱盖按7.1、7.2、7.4、7.5、7.6和7.7执行。

8 检验规则

8.1 出厂检验

8.1.1 检验项目

出厂检验项目为6.2。

8.1.2 判定规则

出厂检验项目全部合格判定产品合格。

8.2 型式检验

8.2.1 型式检验的项目为本标准技术要求的所有项目，有下列情况之一时应进行型式检验：

a）新产品试制定型时；

b）改变产品结构、材料、工艺影响产品性能时；

c）正常生产情况下，半年进行一次；

d）国家质量监督机构提出型式检验要求时。

8.2.2 抽样

a）材料抽样

按测试项目执行的国家标准规定的尺寸，抽取产品同样材料和加工工艺的切割试样，对材料按表1规定的项目进行检验。

b）产品抽样

同一原料，配方和工艺条件下，手糊和喷射成型工艺每100个产品为一批，每批抽样1个，模压和缠绕成型工艺每500个为一批，每批抽样3个。产品数量不足上述标准时视为一批，产品抽检项目为本标准技术要求的所有项目。

8.2.3 判定规则

a）全部项目检验合格，该批产品合格。

b）手糊和喷射成型工艺，抽样样品测试结果为不合格时加倍抽样，测试结果仍不合格则判该批产品不合格。

c）模压和缠绕成型工艺，抽样样品中有1个产品不合格时加倍抽样，测试结果仍有1个产品不合格则判该批产品不合格。抽样样品中有2个产品不合格，则判定该批产品不合格。

9　标志、包装、运输和贮存

9.1　标志

产品标志应在显著位置标示，标志内容：

a）生产厂名和地址；

b）商标；

c）产品名称和型号；

d）制造日期或出厂编号。

9.2　包装

产品包装应保证产品在运输过程中不受损伤。

9.3　运输

产品在运输过程中，应加衬垫防止颠簸或相互碰撞。

9.4　贮存

产品贮存期间应有足够间隔，堆叠时应加衬垫。

9.5　产品文件

9.5.1　产品出厂时应附下列文件：

a）标志内容；

b）产品合格证；

c）附件清单；

d）说明书。

9.5.2　说明书内容应包括：

a）产品容积；

b）安装方法应符合6.8的规定；

c）使用方法；

d）注意事项；

e）通讯联系地址。

附录：农村能源相关标准汇总一览表

序号	标准编号	标准名称	合计	已颁布		编制中	待报	报批中	备注
				小计	修订中				
		合计	223	216	11	2	0	5	
一、沼气（合计58项）			65	58	7	0	0	3	
1	GB/T 3606—2001	家用沼气灶		1				1	已修订报批
2	GB/T 4750—2016	户用沼气池设计规范		1					
3	GB/T 4751—2016	户用沼气池质量检查验收标准		1				1	
4	GB /T 4752—2016	户用沼气池施工操作规程		1				1	
5	NY/T 2451—2013	户用沼气池运行维护规范		1					
6	NY/T 2450—2013	户用沼气池材料技术条件		1					
7	NY/T 90—2014	农村户用沼气发酵工艺规程		1					
8	NY/T 1639—2008	农村沼气“一池三改”技术规范		1					
9	NY/T 1496. 1—2015	农村户用沼气输气系统　第1部分：塑料管材		1					
10	NY/T 1496. 2—2015	农村户用沼气输气系统　第2部分：塑料管件		1					
11	NY/T 1496. 3—2015	农村户用沼气输气系统　第3部分：塑料开关		1					
12	NY/T 1496. 4—2014	农村户用沼气输气系统第4部分：设计与安装规范		1					国标GB/T 7636和GB/T 37改成农业行业标准

（续表）

序号	标准编号	标准名称	合计	已颁布		编制中	待报	报批中	备注
				小计	修订中				
13	NY/T 344—2014	户用沼气灯		1					
14	NY/T 858—2014	户用沼气压力显示器		1					
15	NY/T 859—2014	户用沼气脱硫器		1					
16	NY/T 860—2004	户用沼气池密封涂料		1					
17	NY/T 1638—2008	沼气饭锅		1					修订中
18	NY/T 465—2001	户用农村能源生态工程　南方模式设计施工和使用规范		1					
19	NY/T 466—2001	户用农村能源生态工程　北方模式设计施工和使用规范		1					
20	NY/T 2452—2013	户用农村能源生态工程西北模式设计施工与使用规范		1					
21	NY/T 1699—2016	玻璃纤维增强塑料户用沼气池技术条件		1					
22	NY/T 2910—2016	硬质塑料户用沼气池		1					
23	NY/T 667—2011	沼气工程规模分类		1					修订中
24	GB/T 51063—2014	大中型沼气工程技术规范		1					住建部
25	NY/T 1220.1—2006	沼气工程技术规范　第1部分：工艺设计		1	1				农业农村部沼气科学研究所修订报批
26	NY/T 1220.2—2006	沼气工程技术规范　第2部分：供气设计		1	1				
27	NY/T 1220.3—2006	沼气工程技术规范　第3部分：施工及验收		1	1				
28	NY/T 1220.4—2006	沼气工程技术规范　第4部分：运行管理		1	1				
29	NY/T 1220.5—2006	沼气工程技术规范　第5部分：质量评价		1	1				

（续表）

序号	标准编号	标准名称	合计	已颁布		编制中	待报	报批中	备注
				小计	修订中				
30	NY/T 1220.6—2014	沼气工程技术规范第6部分：安全使用		1					
31	NY/T 2854—2015	沼气工程发酵装置专用设备技术条件		1					
32	NY/T 2598—2014	沼气工程储气装置技术条件		1					
33	NY/T 2371—2013	农村沼气集中供气工程技术规范		1					
34	NY/T 1221—2006	规模化畜禽养殖场沼气工程运行、维护及其安全技术规程		1					
35	NY/T 1222—2006	规模化畜禽养殖场沼气工程设计规范		1					
36	NY/T 2599—2014	规模化畜禽养殖场沼气工程验收规范		1					
37	NY/T 2600—2014	规模化畜禽养殖场沼气工程设备选型技术规范		1					
38	NY/T 2141—2012	秸秆沼气工程施工操作规程		1					
39	NY/T 2142—2012	秸秆沼气工程工艺设计规范		1					
40	NY/T 2372—2013	秸秆沼气工程运行管理规范		1					
41	NY/T 2373—2013	秸秆沼气工程质量验收规范		1					
42	NY/T 2597—2014	生活污水净化沼气池标准图集		1					
43	NY/T 1702—2009	生活污水净化沼气池技术规范		1					
44	NY/T 2601—2014	生活污水净化沼气池施工规程		1					
45	NY/T 2602—2014	生活污水净化沼气池运行管理规程		1					
46	NY/T 2374—2013	大中型沼气工程沼渣沼液后处理技术规范		1					
47	NY/T 1916—2010	非自走式沼渣沼液抽排设备技术条件		1	1				

（续表）

序号	标准编号	标准名称	合计	已颁布		编制中	待报	报批中	备注
				小计	修订中				
48	NY/T 1917—2010	自走式沼渣沼液抽排设备技术条件		1	1				
49	NY/T 2855—2015	自走式沼渣沼液抽排设备试验方法		1					
50	NY/T 2856—2015	非自走式沼渣沼液抽排设备试验方法		1					
51	NY/T 1223—2006	沼气发电机组		1					
52	NY/T 1704—2009	沼气电站技术规范		1					
53	GB/T 30393—2013	秸秆预处理生产沼气复合菌剂		1					
54	NY/T 2853—2015	沼气生产用原料收储运技术规范		1					
55	NY/T 2596—2014	沼肥		1					修订中
56	NY/T 2065—2011	沼肥施用技术规范		1					修订中
57	NY/T 2139—2012	沼肥加工设备		1					
58	NY/T 1700—2009	沼气中甲烷和二氧化碳的测定 气相色谱法		1					
二、生物质能（合计 59 项）			63	59	1	0	0	0	
1	GB/T 30366—2013	生物质术语		1					林业科学院
2	NY/T 1701—2009	农作物秸秆资源调查与评价技术规范		1					
3	NB/T 34030—2015	农作物秸秆物理特性技术通则		1					
4	NY/T 1561—2007	秸秆燃气灶		1					
5	NY/T 443—2001	秸秆气化供气系统技术条件及验收规范（修订中）		1					
6	NYJ/T 09—2005	生物质气化集中供气站建设标准		1					

（续表）

序号	标准编号	标准名称	合计	已颁布		编制中	待报	报批中	备注
				小计	修订中				
7	NY/T 1017—2006	秸秆气化装置和系统测试方法		1					
8	NB/T 34004—2011	生物质气化集中供气净化装置性能测试方法		1					能源局
9	NY/T 2907—2016	生物质常压固定床气化炉技术条件		1					
10	NY/T 2908—2016	生物质气化集中供气运行与管理规范		1					
11	NY/T 12-1985	生物质燃料发热量测试方法（修订中）		1	1				
12	NY/T 1878—2010	生物质固体成型燃料技术条件		1					
13	NY/T 1879—2010	生物质固体成型燃料采样方法		1					
14	NY/T 1880—2010	生物质固体成型燃料样品制备方法		1					GB/T 28730—2012
15	NY/T 1881.1—2010	生物质固体成型燃料试验方法　第1部分：准则		1					
16	NY/T 1881.2—2010	生物质固体成型燃料试验方法　第2部分：全水分		1					
17	NY/T 1881.3—2010	生物质固体成型燃料试验方法　第3部分：一般分析样品水分		1					
18	NY/T 1881.4—2010	生物质固体成型燃料试验方法　第4部分：挥发分		1					
19	NY/T 1881.5—2010	生物质固体成型燃料试验方法　第5部分：灰分		1					GB/T 30725—2014
20	NY/T 1881.6—2010	生物质固体成型燃料试验方法　第6部分：堆积密度		1					
21	NY/T 1881.7—2010	生物质固体成型燃料试验方法　第7部分：密度		1					

（续表）

序号	标准编号	标准名称	合计	已颁布		编制中	待报	报批中	备注
				小计	修订中				
22	NY/T 1881.8—2010	生物质固体成型燃料试验方法　第8部分：机械耐久性		1					
23	NY/T 1882—2010	生物质固体成型燃料成型设备技术条件		1					
24	NY/T 1883—2010	生物质固体成型燃料成型设备试验方法		1					
25	NY/T 1915—2010	生物质固体成型燃料 术语		1					
26	NY/T 2909—2016	生物质固体成型燃料质量分级		1					
27	NB/T 34025—2015	生物质固体燃料结渣性试验方法		1					能源局
28	NB/T 34024—2015	生物质成型燃料质量分级		1					能源局
29	NB/T 34026—2015	生物质颗粒燃料燃烧器		1					能源局
30	GB/T 21923—2008	固体生物质燃料检验通则		1					煤炭科学院
31	GB/T 28730—2012	固体生物质燃料样品制备方法		1					煤炭科学院
32	GB/T 28731—2012	固体生物质燃料工业分析方法		1					煤炭科学院
33	GB/T 28732—2012	固体生物质燃料全硫测定方法		1					煤炭科学院
34	GB/T 28733—2012	固体生物质燃料全水分测定方法		1					煤炭科学院
35	GB/T 28734—2012	固体生物质燃料中碳氢测定方法		1					煤炭科学院
36	GB/T 30725—2014	固体生物质燃料灰成分测定方法		1					煤炭科学院
37	GB/T 30726—2014	固体生物质燃料灰熔融性的测定方法		1					煤炭科学院
38	GB/T 30727—2014	固体生物质燃料发热量测定方法		1					煤炭科学院
39	GB/T 30728—2014	固体生物质燃料中氮的测定方法		1					煤炭科学院

（续表）

序号	标准编号	标准名称	合计	已颁布		编制中	待报	报批中	备注
				小计	修订中				
40	GB/T 30729—2014	固体生物质燃料中氯的测定方法		1					煤炭科学院
41	NY/T 2369—2013	户用生物质炊事炉具通用技术条件		1					
42	NY/T 2370—2013	户用生物质炊事炉具性能试验方法		1					
43	NB/T 34005—2011	民用生物质固体成型燃料采暖炉具试验方法		1					能源局
44	NB/T 34006—2011	民用生物质固体成型燃料采暖炉具通用技术条件		1					能源局
45	NB/T 34021—2015	生物质清洁炊事炉具		1					能源局
46	NB/T 34007—2012	生物质炊事采暖炉具通用技术条件		1					能源局
47	NB/T 34008—2012	生物质炊事采暖炉具试验方法		1					能源局
48	NB/T 34009—2012	生物质炊事烤火炉具通用技术条件		1					能源局
49	NB/T 34010—2012	生物质炊事烤火炉具试验方法		1					能源局
50	NB/T 34011—2012	生物质气化集中供气污水处理装置技术规范		1					能源局
51	NB/T 34014—2013	生物质炊事大灶试验方法		1					能源局
52	NB/T 34015—2013	生物质炊事大灶通用技术条件		1					能源局
53	NY/T 2705—2015	生物质燃料成型机质量评价技术规范		1					江苏农机鉴定站
54	NB/T 34018—2014	环模式块状生物质燃料成型设备技术条件		1					能源局
55	NB/T 34019—2014	平模式块状生物质燃料成型设备技术条件		1					能源局
56	NB/T 34020—2014	活塞冲压式棒状生物质燃料成型设备技术条件		1					能源局
57	NB/T 42030—2014	生物质循环流化床锅炉技术条件		1					能源局

（续表）

序号	标准编号	标准名称	合计	已颁布		编制中	待报	报批中	备注
				小计	修订中				
58	NB/T 42031—2014	生物质能锅炉炉前螺旋给料装置技术条件		1					能源局
59	GB 50762—2012	秸秆发电厂设计规范		1					住建部
三、省柴节煤（合计 11 项）			11	11	0	0	0	2	
1	GB 16154—2005	家用炊事水暖煤炉通用技术条件		1				1	已修订
2	GB/T 16155—2005	家用炊事水暖煤炉热性能试验方法		1				1	已修订
3	NY/ T 8—2006	民用柴炉、柴灶热性能测试方法		1					
4	NY/T 58—2009	民用火炕性能试验方法		1					
5	NY/T 348-1999	节能烟叶初烤房标准图集		1					
6	NY/T 349-1999	节能烟叶初烤房质量检查验收标准		1					
7	NY/T 350-1999	节能烟叶初烤房施工操作规程		1					
8	NY/T 1001—2006	民用省柴节煤灶、炉、炕技术条件		1					
9	NY/T 1636—2008	高效预制组装架空炕连灶施工工艺规程		1					地标转行标
10	NY/T 1703—2009	民用水暖炉采暖系统安装及验收规范		1					
11	NB/T 34016—2014	生物质炕炉试验方法		1					能源局
四、太阳能（合计 46 项）			48	44	0	2	0	0	
1	GB/T 15405—2006	被动式太阳房热工技术条件和测试方法		1					
2	GB/T 18708—2002	家用太阳热水系统热性能试验方法		1					国家经贸委
3	GB/T 19064—2003	家用太阳能光伏电源系统 技术条件和试验方法		1					发改委能源研究所
4	NY/T 219—2003	聚光型太阳灶		1					

（续表）

序号	标准编号	标准名称	合计	已颁布		编制中	待报	报批中	备注
				小计	修订中				
5	GB/T 26975—2011	全玻璃热管真空太阳集热管		1					太阳能标委会
6	NY/T 343-1998	家用太阳热水器技术条件		1					
7	GB/T 25969—2010	家用太阳能热水系统主要部件选材通用技术条件		1					太阳能标委会
8	GB/T 19141—2011	家用太阳能热水系统技术条件		1					太阳能标委会
9	NY/T 513—2002	家用太阳热水器电辅助热源		1					
10	NY/T 514—2002	家用太阳热水器储水箱		1					
11	GB/T 28745—2012	家用太阳能热水系统储水箱试验方法		1					太阳能标委会
12	GB/T 28746—2012	家用太阳能热水系统储水箱技术要求		1					太阳能标委会
13	GB/T 26977—2011	太阳能空气集热器热性能试验方法		1					太阳能标委会
14	GB/T 26976—2011	太阳能空气集热器技术条件		1					太阳能标委会
15	GB/T 26971—2011	家用分体双回路太阳能热水系统试验方法		1					太阳能标委会
16	GB/T 26970—2011	家用分体双回路太阳能热水系统技术条件		1					太阳能标委会
17	GB 26969—2011	家用太阳能热水系统能效限定值及能效等级		1					太阳能标委会
18	GB/T 26849—2011	太阳能光伏照明用电子控制装置 性能要求		1					太阳能标委会
19	GB/T 26709—2011	太阳能热水器用硬质聚氨酯泡沫塑料		1					太阳能标委会
20	GB/T 26072—2010	太阳能电池用锗单晶		1					太阳能标委会
21	GB/T 26071—2010	太阳能电池用硅单晶切割片		1					太阳能标委会
22	GB 29551—2013	建筑用太阳能光伏夹层玻璃		1					建筑材料联合会

（续表）

序号	标准编号	标准名称	合计	已颁布		编制中	待报	报批中	备注
				小计	修订中				
23	GB/T 29724—2013	太阳能热水系统能量监测		1					太阳能标委会
24	GB/T 13539. 6—2013	低压熔断器　第 6 部分：太阳能光伏系统保护用熔断体的补充要求		1					太阳能标委会
25	GB/T 30153—2013	光伏发电站太阳能资源实时监测技术要求		1					电力企业联合会
26	GB/T 29759—2013	建筑用太阳能光伏中空玻璃		1					建筑材料联合会
27	NY/T 651—2002	家用太阳热水系统安装、运行维护技术规范		1					
28	NY/T 759—2003	承压式家用太阳热水器技术条件		1					
29	NY/T 805—2004	太阳灶镀铝薄膜反光材料技术条件		1					
30	NY/T 1146. 1—2006	家用太阳能光伏系统　第 1 部分：技术条件		1					
31	NY/T 1146. 2—2006	家用太阳能光伏系统　第 2 部分：试验方法		1					
32	NY/T 1913—2010	农村太阳能光伏室外照明装置技术条件（要求）		1					
33	NY/T 1914—2010	农村太阳能光伏室外照明装置安装规范		1					
34	NB/T 34001—2011	太阳能杀虫灯通用技术条件		1					能源局
35	NB/T 34002—2011	农村风光互补室外照明装置		1					能源局
36	NB/T 34003—2011	聚光型太阳灶通用技术条件		1					能源局
37	NB/T 32001—2012	光伏发电站环境影响评价技术规范		1					能源局
38	NB/T 32002—2012	太阳能草坪灯		1					能源局
39	NB/T 32003—2012	太阳能热利用自限温电热带		1					能源局
40	NB/T 32019—2013	太阳能游泳池加热系统技术规范		1					能源局

（续表）

序号	标准编号	标准名称	合计	已颁布		编制中	待报	报批中	备注
				小计	修订中				
41	NB/T 32018—2013	户用太阳能采暖系统技术条件		1					能源局
42	NB/T 32017—2013	太阳能光伏水泵系统		1					能源局
43	NB/T 32012—2013	光伏发电站太阳能资源实时监测技术规范		1					能源局
44	NB/T 32023—2014	太阳能热利用自限温电热带安装规范		1					能源局
45	NB 2013-80	便携式太阳能电源技术条件				1			能源局
46	NB 2013-81	太阳能喷灌滴管系统通用技术条件				1			能源局
五、小风电（合计 27 项）			27	27	0	0	0	0	
1	GB/T 16437—2013	小型风力发电机组结构安全要求		1					中国机械工业联合会
2	GB/T 17546—2013	小型风力发电机组安全要求		1					中国机械工业联合会
3	NY/T 1137 —2006	小型风力发电系统安装规范		1					
4	GB/T 10760. 1—2003	离网型风力发电机组用发电机　第 1 部分：技术条件		1					中国机械工业联合会
5	GB/T 10760. 2—2003	离网型风力发电机组用发电机　第 2 部分：试验方法		1					中国机械工业联合会
6	GB/T 19068. 1—2003	离网型风力发电机组　第 1 部分 技术条件		1					中国机械工业联合会
7	GB/T 19068. 2—2003	离网型风力发电机组　第 2 部分 试验方法		1					中国机械工业联合会
8	GB/T 19068. 3—2003	离网型风力发电机组　第 3 部分 风洞试验方法		1					中国机械工业联合会
9	GB/T 19115. 1—2003	离网型户用风光互补发电系统　第 1 部分：技术条件		1					中国机械工业联合会
10	GB/T 19115. 2—2003	离网型户用风光互补发电系统　第 2 部分：试验方法		1					中国机械工业联合会

（续表）

序号	标准编号	标准名称	合计	已颁布		编制中	待报	报批中	备注
				小计	修订中				
11	GB/T 20321. 1—2006	离网型风能、太阳能发电系统用逆变器　第 1 部分：技术条件		1					中国机械工业联合会
12	JB/T 6939. 1—2004	离网型风力发电机组用控制器　第 1 部分：技术条件		1					机械行业标准
13	JB/T 6939. 2—2004	离网型风力发电机组用控制器　第 2 部分：实验方法		1					机械行业标准
14	JB/T 10395—2004	离网型风力发电机组 安装规范		1					机械行业标准
15	JB/T 10396—2004	离网型风力发电机组 可靠性要求		1					机械行业标准
16	JB/T 10397—2004	离网型风力发电机组 验收规范		1					机械行业标准
17	JB/T 10398—2004	离网型风力发电系统 售后技术服务规范		1					机械行业标准
18	JB/T 10399—2004	离网型风力发电机组 风轮叶片		1					机械行业标准
19	JB/T 10400. 1—2004	离网型风力发电机组用齿轮箱　第 1 部分：技术条件		1					机械行业标准
20	JB/T 10400. 2—2004	离网型风力发电机组用齿轮箱　第 2 部分：实验方法		1					机械行业标准
21	JB/T 10401. 1—2004	离网型风力发电机组 制动系统　第 1 部分：技术条件		1					机械行业标准
22	JB/T 10401. 2—2004	离网型风力发电机组 制动系统　第 2 部分：实验方法		1					机械行业标准
23	JB/T 10402. 1—2004	离网型风力发电机组 偏航系统　第 1 部分：技术条件		1					机械行业标准
24	JB/T 10402. 2—2004	离网型风力发电机组 偏航系统　第 2 部分：实验方法		1					机械行业标准

（续表）

序号	标准编号	标准名称	合计	已颁布		编制中	待报	报批中	备注
				小计	修订中				
25	JB/T 10403—2004	离网型风力发电机组 塔架		1					机械行业标准
26	JB/T 10404—2004	离网型风力发电集中供电系统 运行管理规范		1					机械行业标准
27	JB/T 10405—2004	离网型风力发电机组 基础与联接技术条件		1					机械行业标准
六、微水电（合计 9 项）			9	9	3	0	0	0	
1	GB/T 17522—2006	微型水力发电设备基本技术要求		1					
2	GB/T 17523-1998	微型水力发电设备试验方法（修订中）		1	1				
3	GB/T 17524-1998	微型水力发电设备质量检验规程（修订中）		1	1				
4	GB/T 17525-1998	微型水力发电设备安装技术规范（修订中）		1	1				
5	NY 663—2003	微型水力发电设备质量分等		1					
6	NY 664—2003	微型水力发电设备电子式控制器技术条件		1					
7	NY/T 665—2003	微型水力发电设备鉴定规范		1					
8	NY/T 666—2003	微型水力发电设备安全操作规程		1					
9	NY/T 845—2004	微型水力发电机技术条件		1					
七、新型液体燃料（合计 7 项）			7	7	0	0	0	0	
1	GB 16663-1996	醇基液体燃料		1					国家技术监督局
2	NY 312-1997	醇基民用燃料灶具		1					
3	NY 313-1997	轻烃民用燃料		1					

（续表）

序号	标准编号	标准名称	合计	已颁布		编制中	待报	报批中	备注
				小计	修订中				
4	NY 314-1997	轻烃民用燃料灶具		1					
5	NY/T 652—2002	民用轻烃混合燃气工程技术规范		1					
6	NY/T 1637—2008	二甲醚民用燃料		1					
7	NB/T 34013—2013	农用醇醚柴油燃料		1					
八、综合类（合计 1 项）			1	1	0	0	0	0	
1	NY/T 2449—2013	农村能源术语		1